U0145865

锂电池定制化生产与智能管控技术

王子赟　王　艳　何志伟　纪志成　宋文龙　著

科　学　出　版　社

北　京

内 容 简 介

本书聚焦当前锂电池定制化生产趋势，以锂电池定制化制造为主线，针对电池定制化产线重组、生产工艺分析和制造能力预测等定制化生产典型问题，提供具有工程实践意义的新技术、新方法；同时，面向锂电池定制化制造过程，设计并提出智能工厂构建方案，针对国内知名的锂电池制造企业实际产线，融合全套生产设备和典型工艺信息点。本书主要包括锂电池概述、锂电池定制化生产流程、锂电池定制化产线重组、锂电池定制化生产工艺、锂电池定制化制造能力预测、锂电池定制化制造智能工厂及锂电池定制化制造智能管控平台等内容，相关技术方法均提供了实施案例及效果分析。本书各章内容既相互联系，又有一定的独立性，读者可以根据自己的需要进行学习。

本书适合于从事锂电池智能制造、自动化产线设计、定制化方案分析、智能决策等领域工作的工程技术人员使用，也可以作为自动化、能源与动力工程、计算机技术等相关专业高年级本科生、研究生的参考书籍。

图书在版编目(CIP)数据

锂电池定制化生产与智能管控技术 / 王子赟等著. — 北京 : 科学出版社, 2024. 3

ISBN 978-7-03-076876-6

Ⅰ. ①锂…　Ⅱ. ①王…　Ⅲ. ①锂电池-研究　Ⅳ. ①TM911

中国国家版本馆CIP数据核字(2023)第212961号

责任编辑：裴　育　朱英彪　李　娜 / 责任校对：任苗苗
责任印制：肖　兴 / 封面设计：蓝正设计

科学出版社出版
北京东黄城根北街16号
邮政编码: 100717
http://www.sciencep.com
北京九州迅驰传媒文化有限公司印刷
科学出版社发行　各地新华书店经销
*
2024年3月第　一　版　开本：720 × 1000　1/16
2024年3月第一次印刷　印张：14
字数：282 000

定价：128.00 元

(如有印装质量问题，我社负责调换)

前　言

锂电池是一类以锂金属或锂合金为正/负极材料、使用电解质溶液(简称电解液)的电池。随着科技的不断发展，锂电池已经成为现代社会中不可或缺的能源存储设备，广泛应用于电动汽车、智能手机、平板电脑、无人机等领域。因此，锂电池的品质和性能直接关系到这些产品的性能和用户体验。

在能源短缺日趋严重的当下，锂电池的高品质制造对解决能源危机显得愈发重要。首先，定制化生产可以满足不同行业对电池性能的特殊要求。例如，在电动汽车领域，对于电池的能量密度、充放电速度、循环寿命等方面有着更高的要求；而在消费电子领域，对于电池的轻薄化、安全性、充电速度等方面有着更高的追求。通过定制化生产，企业可以根据不同行业的需求，为其提供更加符合实际需求的电池产品，从而提高产品的市场竞争力。其次，高品质制造有助于提高电池的安全性能。通过高品质制造，企业可以从原料、生产工艺、质量等方面严格把关，确保电池的安全性能达到标准要求，降低安全事故的发生概率。与此同时，定制化高品质制造有助于延长电池的使用寿命。通过定制化高品质制造，企业可以为消费者提供具有更长使用寿命的电池产品，从而降低消费者的更换成本，提高产品的性价比。可见，在推动企业定制化生产的大背景下，不同客户需求将给锂电池制造的工艺稳定性和质量控制带来新的机遇和挑战。尽管围绕锂电池高品质制造，近年来已有一定数量的研究成果，但是锂电池定制化制造领域的研究却相对匮乏。

本书是在总结作者多年研究成果的基础上，针对锂电池定制化制造过程中的产线重组、工艺分析、制造能力预测及智能管控等工程问题，系统化凝练新方法和新技术，并开展相关的工程应用。本书的主要特点如下：

(1)强调技术研究和工程实践并重。全书从锂电池制造工艺出发，详细介绍定制化制造的工程难点，深入阐述定制化制造管控技术的底层逻辑，为工程应用提供理论依据，同时从全局角度分析锂电池定制化智能管控问题，激发读者探讨解决定制化制造难题的新技术、新方法。

(2)紧密围绕锂电池定制化制造主题，分析定制化制造带来的若干实际工程难题，设计多种智能控制算法，并突出先进控制算法理论与生产实际的内在联系，取材着眼于实际工程问题。

(3)面向锂电池定制化智能管控问题，着眼于智能工厂的顶层设计，详细阐述智能工厂各环节的主要功能，以及在国内知名锂电池制造企业的实际应用案例，为本领域其他企业的定制化制造智能管控提供技术依据和应用范例。

本书共 7 章。第 1 章简单介绍锂电池的构成、分类、电化学原理、发展和应用。第 2 章主要介绍锂电池订单定制化分离点，将主要生产工艺归类到大段生产模块，依次介绍锂电池生产工艺，为后续章节介绍锂电池实际定制化生产的产线重组技术提供基础。第 3 章主要介绍粒子群优化算法的基本原理及其在锂电池定制化产线重组问题中的应用，基于粒子群优化算法，设计多重对称学习法和改进变邻域搜索算法进行粒子全局搜索，在求解机器故障下的锂电池定制化产线重组问题时，在静态最优产线重组的基础上设计局部产线重组策略，降低机器故障对静态最优产线重组的影响。第 4 章主要讨论锂电池生产工艺能力分析问题，以成组电池的一致性为分析指标，利用层次分析法进行量化，将生产过程的理论经验量化，再利用粒子群优化算法进行智能寻优，求解工艺一致性评判矩阵，构建工艺一致性分析体系。第 5 章针对定制化条件下的锂电池制造能力预测问题，基于循环神经网络和长短期记忆网络，设计强化学习策略求解神经网络模型隐含层的层数并确定权重，得到锂电池定制化制造能力新型组合预测模型。第 6 章概括锂电池定制化制造的智能工厂设计方案，并重点介绍国内知名锂电池制造企业面向定制化生产数据的端级数采设备与其布置点位、面向数据通信和网络设计的管级网络与服务器安排，以及面向订单交互到实际排产的云级架构设计。第 7 章详细介绍锂电池定制化制造智能管控平台的设计方案，从平台架构出发对智能管控平台的设计及功能进行总体介绍，并介绍平台的主要功能模块，从设计思想、实现流程、字段确定以及效果展示等部分阐述锂电池定制化制造智能管控平台的设计思路。

本书受到国家重点研发计划项目(2020YFB1710600)、江苏省自然科学基金面上项目(BK20221533)和江南大学学术专著出版基金的支持，在此表示感谢。得益于绿色制造和高品质制造内涵的普及，锂电池定制化制造及智能管控技术将是今后相当长一段时间的研究热点。作者希望通过本书的出版，抛砖引玉，激发广大研究人员和一线工程师提出更多具有工程应用前景的新技术、新方法，持续提升我国锂电池智能制造水平。

受限于作者水平，书中难免存在不足之处，欢迎广大读者批评指正。

目　　录

前言
第 1 章　锂电池概述……1
1.1　锂电池的构成……1
1.1.1　锂电池正极材料……2
1.1.2　锂电池负极材料……2
1.1.3　锂电池电解液……3
1.1.4　锂电池隔膜……5
1.2　锂电池的分类……6
1.3　锂电池的电化学原理……8
1.4　锂电池的发展……10
1.4.1　国外锂电池的研究进展……11
1.4.2　国内锂电池的研究进展……12
1.5　锂电池的特点及应用……13
1.5.1　锂电池的特点……13
1.5.2　锂电池的应用……13
1.6　本章小结……15
参考文献……16
第 2 章　锂电池定制化生产流程……17
2.1　前段生产工艺……17
2.1.1　正负极制浆工艺……17
2.1.2　涂布工艺……21
2.1.3　干燥工艺……21
2.1.4　辊压和分切工艺……23
2.2　中段生产工艺……24
2.2.1　叠片工艺……25
2.2.2　入壳工艺……27
2.2.3　焊接工艺……28
2.2.4　烘烤工艺……28
2.2.5　注液工艺……29
2.2.6　封口焊接工艺……30
2.2.7　清洗干燥工艺……30

2.2.8 对齐喷码工艺……31
2.3 后段生产工艺……32
2.3.1 化成与老化工艺……33
2.3.2 分容工艺……34
2.3.3 检测与入库工艺……35
2.4 本章小结……35
参考文献……35
第 3 章 锂电池定制化产线重组……37
3.1 锂电池定制化产线重组问题描述……37
3.2 常用锂电池定制化产线重组算法……39
3.2.1 群智能算法……39
3.2.2 规则调度算法……40
3.2.3 数据驱动算法……40
3.3 无故障状态下的锂电池定制化产线重组……41
3.4 故障状态下的锂电池定制化产线重组……44
3.5 锂电池定制化产线重组案例……45
3.6 本章小结……50
参考文献……50
第 4 章 锂电池定制化生产工艺……52
4.1 锂电池定制化生产工艺分析……52
4.2 锂电池化成工艺分析……53
4.2.1 化成原理……53
4.2.2 化成特性……55
4.2.3 化成流程……55
4.2.4 DC/DC 化成器的建模……56
4.3 锂电池配组工艺常用算法……58
4.3.1 单参数配组法……58
4.3.2 多参数配组法……59
4.3.3 动态特性配组法……59
4.3.4 聚类算法……59
4.4 锂电池配组工艺分析……62
4.4.1 基于锂电池双参数的 K 均值聚类配组一致性分析算法……62
4.4.2 基于双编码动态培育遗传聚类的电池定制化配组……65
4.4.3 电池定制化配组工程案例……78
4.5 锂电池定制化生产工艺分析案例……84

4.6 本章小结……92
参考文献……92
第5章 锂电池定制化制造能力预测……95
5.1 锂电池定制化制造能力预测问题描述……95
5.2 常用预测算法……96
5.2.1 时间序列平滑预测算法……96
5.2.2 回归分析预测算法……97
5.2.3 灰色预测算法……98
5.2.4 人工神经网络预测算法……98
5.3 循环神经网络算法……99
5.3.1 RNN模型……99
5.3.2 LSTM神经网络模型……102
5.3.3 GRU神经网络模型……105
5.4 数据预处理算法……105
5.4.1 经验模态分解……106
5.4.2 变分模态分解……107
5.4.3 滑动窗口算法……108
5.5 强化学习机制……109
5.5.1 强化学习……109
5.5.2 *Q*-learning算法……110
5.6 锂电池定制化制造能力预测案例……110
5.6.1 基于强化学习的锂电池定制化制造能力预测……110
5.6.2 基于三层强化学习的锂电池定制化制造能力变权重组合预测……117
5.7 本章小结……130
参考文献……130
第6章 锂电池定制化制造智能工厂……132
6.1 锂电池定制化制造智能工厂设计方案……132
6.2 智能工厂端级架构设计方案……136
6.2.1 端级生产信息点采集……136
6.2.2 智能工厂设备布局与选型……153
6.2.3 智能工厂数据采集与通信……159
6.3 智能工厂管级架构设计方案……167
6.3.1 锂电池制造5G+互联网专网设计……167
6.3.2 服务器与工作站的分布设计……171
6.3.3 工业控制网络设计……173
6.4 智能工厂云级架构设计方案……178

6.4.1 云级智能管控平台设计 178
6.4.2 电子商务平台 179
6.4.3 云级数据中心 182
6.5 锂电池定制化制造智能工厂设计效益 187
6.6 本章小结 190
参考文献 191
第 7 章 锂电池定制化制造智能管控平台 193
7.1 平台架构 193
7.2 数字孪生模块 194
7.2.1 数字孪生平台概述 194
7.2.2 数字孪生的应用 195
7.2.3 数字孪生平台实现效果 197
7.3 设备/工艺监控模块 198
7.3.1 生产设备故障监控和诊断 198
7.3.2 生产工艺波动监控 202
7.4 生产工艺能力分析模块 205
7.4.1 生产工艺能力分析模块概述 205
7.4.2 生产工艺变更和生产线重组 207
7.5 制造能力预测模块 211
7.6 本章小结 214
参考文献 214

第1章　锂电池概述

锂电池是一类由锂金属或锂合金作为正负极材料和浸泡在电解液中的隔膜组成的电池。随着科学技术的不断发展，锂电池已经应用到人们生活的方方面面，小到手表、手机，大到电动公交车、无人机。锂电池作为电能的载体和设备的动力来源，其扮演的角色不可或缺。人们几乎每时每刻都会直接或者间接接触到锂电池，那么你是否了解锂电池的工作原理？锂电池有哪些分类？锂电池又是经过怎样一个漫长的研究过程才有了现在稳定高效的品质呢？

本章将从锂电池的构成、分类、电化学原理、发展、特点及应用等方面对其进行介绍。

1.1　锂电池的构成

锂电池主要由电芯和电池保护板构成。电芯是电池的核心部件，主要由正负极、电解液和隔膜构成。其中，正极通常为含锂化合物，如锰酸锂、磷酸铁锂等材料；负极通常为含碳材料，如石墨、碳纤维等[1]。电解液是锂电池在正负极之间发生扩散和转移等过程的载体，通常由锂盐和有机溶剂组成。隔膜主要是聚烯微多孔膜，在电池正负极之间起到电气隔离作用。保护电路用来保护电池不被损坏，主要由保护芯片、场效应管、电容和印制电路板(printed circuit board, PCB)等构成。锂电池的构成如图1.1所示。

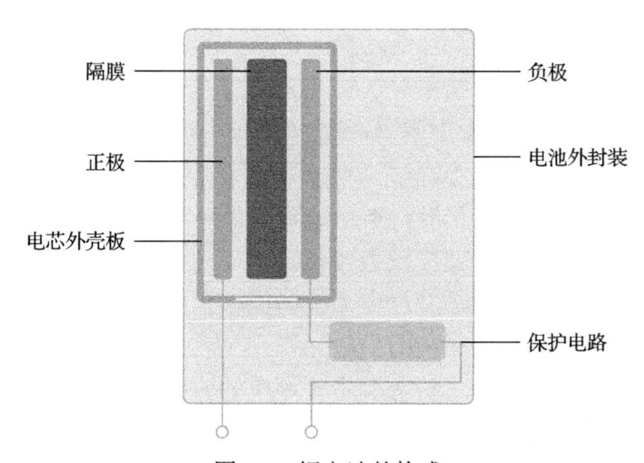

图1.1　锂电池的构成

1.1.1 锂电池正极材料

正极材料在锂电池的电芯中起着关键作用，电池的能量密度、充放电倍率等关键性能指标主要由正极材料决定。因此，为了使电池发挥优良的性能，正极材料通常需要满足如下要求：

(1)能量密度高。电量相同情况下电池的体积和重量更轻，使用范围更加广泛。

(2)价格低。价格低的正极材料可降低锂电池的成本。

(3)使用寿命长。正极材料的使用寿命越长，即在循环使用中的损耗越少，电池的循环寿命也越长。

(4)安全性好。不安全的正极材料容易引发电池热失控，导致诸多安全事故。

(5)环保，易于回收利用。

常见锂电池的正极材料及其性能比较见表 1.1。

表 1.1 常见锂电池的正极材料及其性能比较

材料主成分	磷酸铁锂	锰酸锂		钴酸锂	镍酸锂	三元锂
	$LiFePO_4$	$LiMn_2O_4$	$LiMnO_2$	$LiCoO_2$	$LiNiO_2$	$LiNiCoMnO_2$
能量密度/(W·h/kg)	90～120	100～150	460～600	150～200	240	150～220
电源电压/V	3.2～3.7	3.8～3.9	3.4～4.3	3.6	2.5～4.1	3.0～4.5
环保性	无毒	无毒	无毒	钴有毒	镍有毒	钴、镍有毒
安全性能	好	良好	良好	差	差	良好
热失控温度/℃	270	250	250	150	170	210

由表 1.1 可以看出，锰酸锂和磷酸铁锂具有更佳的热稳定性和更高的安全性。未来锂电池的正极材料也将朝着这个方向发展。

1.1.2 锂电池负极材料

负极材料在电池充电过程中起着能量存储与释放的作用。负极材料需要满足如下要求：

(1)化学电位低，可以与正极材料形成较大的电势差；

(2)锂离子的嵌入和脱出过程较为容易；

(3)在锂离子的嵌入和脱出过程中，电池能够具有稳定的充放电电压；

(4)具有良好的电子电导率和离子电导率；

(5)具有稳定的表面结构，对电解质有一定的兼容性；

(6)价格低，绿色无污染。

现阶段，锂电池负极材料主要分为碳材料和非碳类材料两大类。碳材料包括石墨、石墨烯、碳纳米管等。石墨具有良好的层状结构，适合锂离子的嵌入和脱出。由于结构特殊，石墨具有一些特殊性质，如耐高温性、导电性、润滑性。石墨烯具有非常优异的电化学性能，能够兼具硬碳和软碳的部分优良特性，同时可以表现出优异的电容器电化学性能。碳纳米管(carbon nano-tube, CNT)是一种具有较完整石墨化结构的特殊碳材料，其自身具有优良的导电性能和高的导热系数，使得负极在脱出锂离子时深度小、行程短、速度快，并且在大倍率大电流充放电时极化作用较小，对提高锂电池的大倍率快速充放电性能很有帮助。非碳类材料包括锂金属、锡基等。锂金属负极材料和锡基负极材料都具有高比容量，但都存在缺点，例如，锂金属负极材料在使用过程中会出现锂枝晶、负极沉淀等现象，电池的安全性无法得到保证；而锡基负极材料在充放电过程中会出现严重的体积膨胀、电极粉化和颗粒之间团聚等问题，从而导致锂电池容量迅速衰减和电导率降低[2]。有效地解决这些问题是发展非碳类负极材料锂电池的关键，也是其获得大规模应用的前提。

1.1.3 锂电池电解液

锂电池电解液主要由有机溶剂、锂盐和添加剂组成。

1. 有机溶剂

常见的有机溶剂主要分为碳酸酯类溶剂(如碳酸乙烯酯)和有机醚类溶剂(如乙二醇二甲醚)。有机溶剂需要具备以下性质：

(1)在电池的充放电过程中不与正负极发生电化学反应，稳定性好；

(2)有较高的介电常数，便于锂盐溶解，保证较高的溶解度，有较小的黏度，便于锂离子运输，保证高电导率；

(3)熔点低、沸点高、蒸气压低，从而使锂电池的工作温度范围较宽；

(4)与电极材料有较好的相容性，电极能够在其构成的电解液中表现出优良的电化学性能；

(5)价格低，绿色无污染。

2. 锂盐

锂盐主要分为无机锂盐和有机锂盐两种。锂盐需要具备以下性质：

(1)易溶解于有机溶剂，保证高电导率；

(2)化学稳定性好，不与电池等其他材料发生有害反应；

(3)价格低，绿色无污染。

用于锂电池的无机锂盐普遍具有价格低、不易分解、形成简单等优点。常见的电解质无机锂盐主要有高氯酸锂($LiClO_4$)、四氟硼酸锂($LiBF_4$)和六氟磷酸锂

($LiPF_6$)等。

$LiClO_4$是一种溶解度相对较高的锂盐，离子电导率较高，且具有相对较好的氧化稳定性，能够匹配一些高电压正极材料，从而使得锂电池具有高的能量密度。由于 $LiClO_4$中的 Cl 处于最高价态+7，极易与电解液中的有机溶剂发生氧化还原反应，从而造成锂电池燃烧、爆炸等安全问题，因此 $LiClO_4$在商用锂电池中应用较少。

$LiBF_4$具有相对较小的半径，不易与锂离子配位，在有机溶剂中容易解离，从而有助于提高锂电池的电导率，进而提升电池性能。但这也导致其极易与电解液中的有机溶剂发生配位，使得锂离子的电导率相对较低，因此 $LiBF_4$ 极少用于常温锂电池。但是，$LiBF_4$ 具有相对较高的热稳定性，在高温下不易分解，因此常用于高温锂电池。

$LiPF_6$是目前商用锂电池最常用的电解质锂盐，在非质子型有机溶剂中具有相对较好的离子电导率和电化学稳定性。基于 $LiPF_6$ 的碳酸酯电解液能够在石墨负极形成一层固态电解质界面，从而保护电解液与石墨负极之间不发生不良反应，促使锂电池具有优良的长循环性能。然而，$LiPF_6$的热稳定性较差，并且极易与痕量的水分发生反应，产生强酸 PF_5，而 PF_5极易与电解液中的有机溶剂发生副反应，造成电池性能衰减。

常见的电解质有机锂盐主要包括双草酸硼酸锂(lithium bis(oxalate) borate, LiBOB)、双三氟甲基磺酰亚胺锂(lithium bis(trifluorom-ethanesulfony) imide, LiFSI)等[3]。

LiBOB 具有离子电导率高、热稳定性好、循环稳定性好等优点。但是，LiBOB 具有明显的缺点，其在非质子型有机溶剂中的溶解度较低，导致所构成的电解液电导率较低，限制了基于 LiBOB 锂盐电池的倍率性能。

LiFSI 具有离子电导率高、对水敏感度低等优点，相比于 $LiPF_6$具有较高的分解温度和相对较好的安全性，目前已经在锂电池、全固态聚合物锂电池、锂-硫电池中得到了广泛应用。

3. 添加剂

使用添加剂是一种经济实用的改善锂电池相关性能的方法。在锂电池的电解液中添加较少剂量的添加剂，就能有针对性地提高电池的某些性能，如可逆容量、电极/电解液相容性、循环性能、倍率性能和安全性能等，在锂电池中起着非常关键的作用。电解液添加剂需要具备以下性质[4]：

(1)在有机溶剂中的溶解度较高；

(2)少量添加就能使一种或几种性能得到较大的改善；

(3)不与电池的其他组成成分发生有害副反应而影响电池性能；

(4) 成本低，无毒或低毒性。

添加剂按照功能分类，可以分为导电添加剂、过充保护添加剂、阻燃添加剂和固体电解质界面(solid electrolyte interface, SEI)成膜添加剂。

导电添加剂通过与电解质离子进行配位反应来促进锂盐溶解，提高电解液的电导率，从而改善锂电池的倍率性能。导电添加剂是通过配位反应作用的，所以又称为配体添加剂，根据作用离子不同可分为阴离子配体、阳离子配体及中性配体。

过充保护添加剂是提供过充保护或增强过充忍耐力的添加剂。过充保护添加剂按照功能分为氧化还原对添加剂和聚合单体添加剂两种。目前，氧化还原对添加剂主要是苯甲醚系列，其氧化还原电位较高，且溶解度很好。聚合单体添加剂在高电压下会发生聚合反应，释放气体，同时聚合物会覆盖于正极材料表面中断充电。聚合单体添加剂主要包括二甲苯、苯基环己烷等芳香族化合物。

阻燃添加剂的作用是通过提高电解液的着火点或终止燃烧的自由基链式反应来阻止燃烧。使用阻燃添加剂是降低电解液易燃性，增大锂电池使用温度范围，提高锂电池性能的重要途径之一。阻燃添加剂的作用机理主要有两种：一是在气相和凝聚相之间产生隔绝层，阻止气相和凝聚相的燃烧；二是捕捉燃烧反应过程中的自由基，终止燃烧的自由基链式反应，从而阻止气相间的燃烧反应。

SEI 成膜添加剂的作用是促进在电极材料表面形成稳定有效的 SEI 膜。SEI 膜的性能极大地影响了锂电池的首次不可逆容量损失、倍率性能、循环寿命等电化学性能。理想的 SEI 膜在对电子绝缘的同时允许锂离子自由进出电极，能阻止电极材料与电解液进一步反应且结构稳定，不溶于有机溶剂。

1.1.4　锂电池隔膜

在锂电池的结构中，隔膜是关键的内层组件之一。隔膜的主要作用是分隔电池正负极，防止两极接触而短路，同时还可使电解质离子通过。隔膜的性能决定了电池的界面结构、内阻等，直接影响电池的容量、循环以及安全性能等特性，性能优异的隔膜对提高电池的综合性能具有重要作用。锂电池隔膜需要具备以下性质：

(1) 具有电子绝缘性，保证正负极的机械隔离；

(2) 有一定的孔径和孔隙率，保证低电阻和高离子电导率，对锂离子有很好的透过性；

(3) 耐电解液腐蚀，有足够的化学稳定性和电化学稳定性；

(4) 对电解液的浸润性好，并具有足够的吸液保湿能力。

锂电池隔膜材料主要分为多孔聚合物薄膜(如聚丙烯)、无纺布(如合成纤维无纺布)和高孔隙纳米纤维膜等。

1.2　锂电池的分类

随着材料和技术的不断发展，市场衍生出多种类型的锂电池产品，根据不同的分类标准可以对锂电池进行分类。常见的分类标准有外形、使用温度、电解质状态、外壳材质、正极材料等，本节将对锂电池的常见分类进行介绍。

1. 按照外形分类

按照电池外形，通常可以将锂电池分为方形锂电池、扣式锂电池和圆柱形锂电池。

方形锂电池，常用于手机、数码相机等领域，如图 1.2(a)所示。

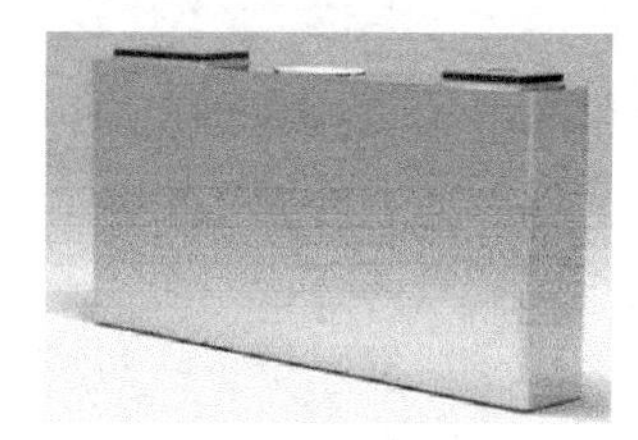

(a) 方形锂电池

(b) 扣式锂电池

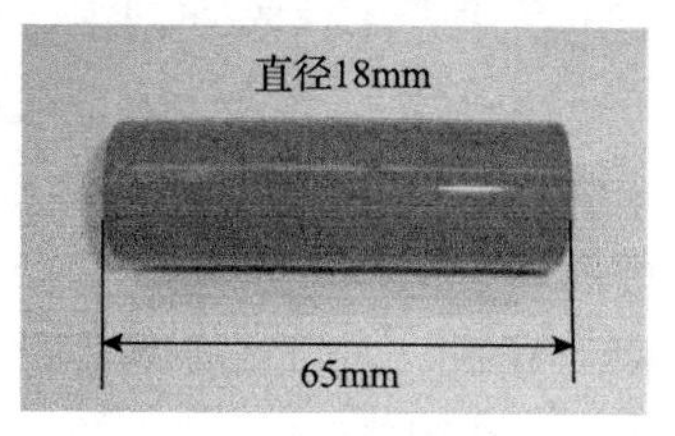

(c) 18650型锂电池

图 1.2　锂电池

扣式锂电池，常用于计算器、摄像机等对比容量和薄型化要求较高的领域，如图 1.2(b)所示。

圆柱形锂电池通常用五位数字表示，从左边起，第一、二位数字是指电池直径，第三、四位数字是指电池高度，第五位数字表示圆柱形。目前主要的圆柱形锂电池型号有 18650 型和 26650 型。

(1) 18650 型锂电池：直径为 18mm，长度为 65mm，容量为 1200～3600mA·h。它最大的特点是拥有非常高的能量密度，几乎达到 170W·h/kg，工艺成熟且质量稳定性较好，广泛适用于 10kW·h 左右的电池容量场合，如手机、笔记本电脑等小型电器。图 1.2(c)为 18650 型锂电池。

(2) 26650 型锂电池：直径为 26mm，长度为 65mm，常见的 26650 型锂电池采用镍钴锰、磷酸锂铁作为正极材料，其容量为 3000～4500mA·h。它的特点是容量较大且一致性高，广泛应用于大型电动工具、储能设备、医疗设备等。

2. 按照使用温度分类

按照使用温度进行分类，锂电池可以分为高温锂电池和常温锂电池。其中，高温锂电池采用特种耐高温材料、超低温下强活性材料及特殊的密封技术，具有极宽的温度适应范围。相较于一般的锂电池，高温锂电池的存储容量非常大，所以供电容量大，可以是常温锂电池的数倍，使用寿命也更长。此外，高温锂电池的最大优点是环保性能好，不仅在加工和使用过程中很少产生有毒或有害物质，而且报废对环境造成的危害较小。常见的高温锂电池产品有耐高温聚合物锂电池、耐高温磷酸铁锂电池和耐高温三元锂电池，主要应用于军工、航天等领域，此外在汽车的导航定位系统上也有应用。

3. 按照电解质状态分类

按照电解质状态进行分类，锂电池可以分为液态锂电池、聚合物锂电池以及全固态锂电池。其中，液态锂电池以有机溶剂和锂盐为电解质；聚合物锂电池以固态的聚合物(如聚乙二醇或聚丙烯腈所携带的有机溶液)为电解质。相比于液态锂电池，聚合物锂电池的制造成本更低、包装形状更有弹性、更加耐用和可靠，但缺点是充电容量较小。全固态锂电池是一种基于固体电极材料和电解质材料，且不含有任何液体的锂电池。全固态锂电池又可分为全固态锂离子电池和全固态金属锂电池，前者负极不含金属锂，后者负极为金属锂。全固态锂电池相比液态锂电池安全性能更好、能量密度更高、循环寿命更长。

4. 按照外壳材质分类

按照外壳材质进行分类，锂电池可以分为如下几类：

金属外壳锂电池。这种锂电池的外壳由金属制成，如铝、钢、铜等。金属外壳锂电池具有高强度、高安全性、高可靠性等特点，广泛应用于电动汽车、储能系统等领域。

聚合物锂电池。这种锂电池的外壳由聚合物制成，如聚乙烯、聚氯乙烯等。聚合物锂电池具有轻量化、柔软性、透明性等特点，广泛应用于手机、笔记本电脑、移动电源等领域。

塑料外壳锂电池。这种锂电池的外壳由塑料制成，如聚乙烯、聚丙烯等。塑料外壳锂电池具有轻量化、成本低、环保等特点，广泛应用于电动自行车、储能系统等领域。

玻璃外壳锂电池。这种锂电池的外壳由玻璃制成，如硼硅酸盐玻璃、钠钙玻璃等。玻璃外壳锂电池具有高强度、高可靠性、耐高温等特点，广泛应用于航空航天、汽车等领域。

5. 按照正极材料分类

按照正极材料进行分类，锂电池可以分为三元锂电池、锰酸锂电池和磷酸铁锂电池[5]。三元锂电池是以锂镍钴锰三元材料为正极材料的锂电池，三元材料综合了钴酸锂、镍酸锂和锰酸锂三类材料的优点，具有结构稳定、容量高等优点，缺点是安全性差、成本非常高，主要用于中小型号电芯，广泛应用于笔记本电脑、手机等小型电子设备中。对于锂电池，金属钴是必不可少的材料，但是其价格高，且存在毒性，无论是日韩企业还是中国电池厂商近年来都致力于锂电池的“少钴化”。在这种趋势下，以镍盐、钴盐、锰盐为原料制备而成的镍钴锰酸锂三元材料逐渐受到推崇。从化学性质的角度出发，三元材料属于过渡金属氧化物，电池的能量密度较高。尽管在三元材料中，钴的作用仍不可缺少，但含量通常控制在20%左右，成本显著下降，而且同时兼具钴酸锂和镍酸锂的优点。近年来，随着国内外厂商不断加码生产，以三元材料为正极材料的锂电池取代商用钴酸锂电池的趋势已十分明显。

锰酸锂电池以锰酸锂为正极材料，相比于钴酸锂等传统正极材料，锰酸锂倍率性能优异，安全性好，对环境污染较小，但能量密度低，高温性能强，这也限制了其产业化[6]。锰酸锂主要包括尖晶石型锰酸锂和层状结构锰酸锂，其中尖晶石型锰酸锂结构稳定，易于实现工业化生产，如今市场产品均为此种结构；尖晶石型锰酸锂属于立方晶系，由于具有三维隧道结构，锂离子可以可逆地从尖晶石晶格中脱出，不会引起结构的塌陷，所以具有优异的倍率性能和稳定性。

磷酸铁锂电池以磷酸铁锂为正极材料，具有工作电压高、能量密度大、循环寿命长、安全性能好、自放电率小以及无记忆效应等优点，但也存在材料批量化生产很难达到较高的一致性且低温放电性能较差的问题。

1.3　锂电池的电化学原理

锂电池每进行一次充放电，正负极上就会发生相应的氧化还原反应。充电时，正极的锂离子氧化物被氧化，即锂离子从正极中脱出，通过电解液和隔膜嵌入负极，负极的碳素材料被还原。放电时，正极的锂离子氧化物被还原，负极的碳素材料被氧化，即锂离子从负极中脱出，通过电解液和隔膜嵌入正极。以 $LiCoO_2$ 锂电池为例，正、负极充放电化学反应以及总化学反应分别如式(1.1)～式(1.3)所示。

正极化学反应：

$$LiCoO_2 \underset{\text{放电}}{\overset{\text{充电}}{\rightleftharpoons}} Li_{1-x}CoO_2 + xLi^+ + xe^- \tag{1.1}$$

负极化学反应：

$$C + xLi^+ + xe^- \underset{\text{放电}}{\overset{\text{充电}}{\rightleftharpoons}} Li_xC \tag{1.2}$$

总化学反应：

$$LiCoO_2 + C \rightleftharpoons Li_xC + Li_{1-x}CoO_2 \tag{1.3}$$

具体而言，在电池充电时，位于电池外部的电子由正极经由电路传导至负极。正极的锂离子脱出，穿过电解液和隔膜来到负极，并且与外部的电子相互作用形成碳锂化合物，此时电能转化为化学能。在电池放电时，负极的锂离子脱出，穿过电解液和隔膜再次回到正极，此时化学能转化为电能[7]。图 1.3 为锂电池工作原理。

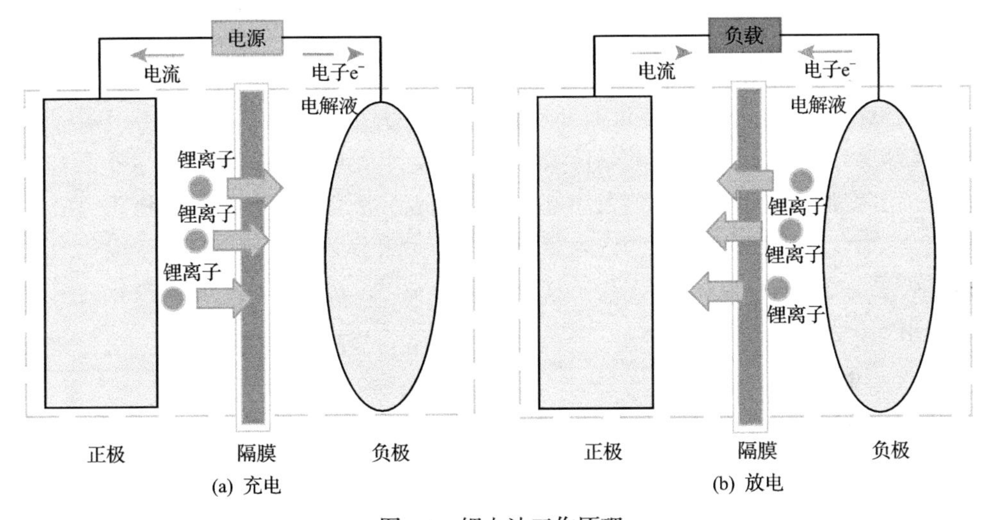

图 1.3　锂电池工作原理

锂电池的性能指标主要包含电池电压、电池容量、电池内阻以及电池的放电曲线和放电深度等。

1. 电池电压

电池电压包含开路电压、工作电压及终止电压。开路电压是指电池处于开路状态下(即电池不接负载时)正负极之间的电压值。电池的正负极在电解质中建立的电位不是平衡电位，而是稳定电极电位，因此开路电压在数值上略低于电动势的值，但可以近似认为开路电压值就是电动势值。工作电压又称为端电压，是指电池在工作状态下(即外接负载时)正负极之间的电压值。在电池放电工作状态下，当电流流过电池内部时，需克服电池内阻造成的阻力，故工作电压总是低于开路电压，充电时则与之相反。终止电压是指在电池充电阶段的上限电压值或放电阶段的下限电压值。终止电压是一个极限值，为延长电池的使用寿命，尽量避免电池工作在终止电压下。

2. 电池容量

电池容量是指在一定条件下电池释放电量的多少，单位一般为 mA·h 或 A·h。电池容量按照不同条件分为额定容量、实际容量与剩余容量。额定容量是电池在额定工作状态下长期持续工作的电量值。实际容量是电池在当前工作条件下充放电过程中测出的电量值，若工作环境是变化的，则测出的实际容量也是不同的，与标定的额定容量存在一定差异。剩余容量是指电池在使用一段时间后，通过放电实验测出的电池释放的电量大小。

3. 电池内阻

电池内阻是电池在工作时，电流流过电池内部所受到的阻力。电池内阻类型包含欧姆内阻和极化内阻。其中，欧姆内阻是指电极、电解质、隔膜等电池零件之间接触形成的等效电阻，其具体数值与电池大小及连接形式有关，在外界温度不发生突变的情况下，其阻值大小基本保持不变。极化内阻是指在电池正负极进行电化学反应极化时所引起的内阻，可以划分为浓差极化内阻、电化学极化内阻两种类型。浓差极化内阻是锂离子从正负极中脱出形成的，而电化学极化内阻是在电解质中形成的。

4. 电池的放电曲线和放电深度

放电曲线表示在一定放电条件下，电池的工作电压随时间变化的关系曲线。放电曲线可以帮助用户了解电池的放电特性，如电池的容量、电池的内阻等。不同型号和不同种类的电池，放电曲线可能有所不同。

放电深度是指电池已经放出的电量占其额定容量的百分比。放电深度越深，电池的损耗就越大，同时可能导致电池的寿命缩短。因此，用户在使用时需要合理控制电池的放电深度，以保证电池的使用寿命。

1.4　锂电池的发展

1800 年，意大利科学家伏特(Volta)将不同的金属与电解液接触制成伏打电池，这被认为是人类历史上第一套电源装置。1859 年，法国科学家普兰特(Plante)成功试制出铅酸蓄电池，化学电源便进入了萌芽状态。1868 年，法国科学家勒克朗谢(Leclanché)发明了以氯化铵为电解液的锌-二氧化锰干电池；1899 年，尤格涅尔(Jungner)发明了镉-镍电池；1902 年，爱迪生(Edison)成功研制出铁-镍蓄电池。20 世纪后，电池理论和技术的发展一度处于停滞状态，但在第二次世界大战之后，随着一些基础研究在理论上取得突破、新型电极材料的开发和各类电器日新月异的发展，电池理论和技术又进入了一个快速发展时期，科学家首先发明了碱性锌锰电池。20 世纪 60 年代，燃料电池研制成功。进入 20 世纪 80 年代，科学技术的发展越发迅速，对化学电源的要求也日益增多，例如，集成电路的发展要求化学电源必须小型化；电子器械、医疗器械和家用电器的普及不仅要求化学电源体积小，而且要求其能量密度高、密封性和储存性能好、电压精度高。因此，电池的研究重点转向蓄电池。1988 年，镍镉电池实现商品化；1992 年，锂电池实现商品化；1999 年，聚合物锂电池进入市场。

1.4.1　国外锂电池的研究进展

20 世纪 60 年代末，国外开始研究常温二次锂电池，锂具有密度小、相对原子质量小等优点，因此以锂为负极的电池具有比能量高、使用时间长等特性，适用于各个领域。1977～1979 年，美国 Exxon Mobil 公司推出了扣式锂合金二次电池，并将其应用于手表和小型设备中，但后来由于安全问题，扣式锂合金二次电池市场没有得到开拓。20 世纪 80 年代末期，Moli Energy 公司推出锂/二硫化钼(Li/MoS_2)二次电池。然而，由于 Li/MoS_2 二次电池发生起火事故且后续的安全问题一直没有得到解决，锂金属二次电池的发展基本处于停滞不前的状态。随后的研究表明金属锂电池起火爆炸的主要原因是金属锂会在负极上沉积，产生锂枝晶，造成电池内部短路。为了解决这一问题，研究人员采用了两种方案：一种是用高聚物固体电解质代替液体电解质；另一种是用嵌入化合物代替锂。20 世纪 80 年代到 90 年代是锂电池技术的发展阶段。1980 年，Goodenough 团队发现了钴酸锂($LiCoO_2$)，$LiCoO_2$ 的峰值理论容量为 274mA·h/g，然而并不是所有的锂离子都能够可逆脱出，过量的锂离子会导致材料的层状结构坍塌，在 Goodenough 团队的努力下，超过半数锂离子能够可逆脱出，进而 $LiCoO_2$ 的可逆容量可以稳定在 140mA·h/g 以上。基于此，1990 年，日本索尼集团公司发明了以嵌锂材料为正极的新型锂离子电池，并快速实现了商品化。此类以 $LiCoO_2$ 为正极材料的电池，至今仍在广泛使用。另一种采用高聚物固体电解质取代液体电解质的方案就是全固态锂电池，利用固态电解质的高剪切强度阻断金属锂负极的枝晶生长，从而避免内短路的发生。全固态锂电池的发展先后经历了锂固体聚合物电解质电池与锂离子凝胶聚合物电解质电池两个阶段。锂离子凝胶聚合物电解质电池在 1994 年出现，并在 1999 年实现商品化。聚合物锂电池以其在安全性上的独特优势，正在逐步取代液体电解质锂电池，成为锂电池的主流[8]。

锂电池的较为安全的正极材料最早为 $LiCoO_2$，该材料最开始被发现只能在 400～450℃的高温环境下正常工作，但是不久后，研究人员发现如果使用有机电解液，$LiCoO_2$ 材料能够在常温下稳定工作。$LiCoO_2$ 的出现将锂电池的工作电压提高到了 4V 以上。与 $LiCoO_2$ 材料同一时间发展起来的正极材料还有尖晶石结构的锰酸锂（$LiMn_2O_4$）材料，该材料在成本上具有优势，并且热稳定性更优，功率特性更好，毒性更小。当然，$LiMn_2O_4$ 材料也有其不足之处，如放电电压低、体积膨胀和锰溶解等，因此其应用受到了很大的限制，在 2005 年市场份额仅为 10%，到 2016 年下降到了 8%。目前，$LiMn_2O_4$ 材料的应用主要集中在一些电动工具，最为典型的是日产聆风电动汽车的电池，将 $LiMn_2O_4$ 材料与其他材料进行混合，以降低成本，提高热稳定性。得克萨斯大学奥斯汀分校的研究人员在 1997 年合成了磷酸铁锂（$LiFePO_4$）、磷酸锂钴（$LiCoPO_4$）和磷酸镍锂（$LiNiPO_4$）材料，在这几种材料中只有 $LiFePO_4$ 材料能够可逆地嵌入和脱出锂离子，该材料凭借着低成本和良好的热稳定性优势在动力锂电池领域得到了广泛应用，2016 年，其市场占有率已经达到 36%。镍基正极材料镍酸锂（$LiNiO_2$）具有与 $LiCoO_2$ 类似的层状结构，是在追求高能量密度下催生的另一种材料，其能量密度能够达到 220mA·h/g，远高于其他材料，同时镍相比于钴价格更低，因此镍酸锂材料在成本上更具有优势。当然镍酸锂材料的首次效率低、循环稳定性差等缺点限制了其大规模应用，研究表明，钴、铝、锰等元素替代部分镍元素能够显著提高镍酸锂材料的稳定性[9]。镍基材料主要分为两大类：一类由镍（nickel）、钴（cobalt）、锰（manganese）三种材料组合而成，简称 NCM；另一类由镍（nickel）、钴（cobalt）、铝（aluminum）三种材料组合而成，简称 NCA。凭借着高容量和良好的循环稳定性，两种材料在动力电池领域迅速得到了广泛应用，尤其是 NCM 材料。镍基材料的容量与其中的镍含量具有密切的关系，因此在目前极致追求能量密度的大背景下，镍基正极材料的镍含量也在不断提高，从最初的 NCM111 材料迭代至 NCM532、NCM622，随着动力电池能量密度向 300W·h/kg 迈进，NCM811 材料的应用也已经日益普遍。

1.4.2 国内锂电池的研究进展

自 1950 年以来，我国电池工业从无到有，从弱到强，形成了比较完备的工业体系，其发展历程大致可分为三个时期。第一个时期是 20 世纪 50 年代，标志性事件是研发了铅酸蓄电池。第二个时期是 20 世纪 60 年代，成功开发了镉镍碱性蓄电池，该系列电池具有高功率、长寿命以及良好的低温性能，广泛应用于航海、通信、电力、铁路等诸多领域。第三个时期指 20 世纪 90 年代至今，20 世纪 90 年代初期，我国已有研制锂电池的初级产品，开始有自己规模化生产的、可供军方使用的安全可靠的锂电池。20 世纪 90 年代末期，我国对锂电池的研究有了突破性的进展，比亚迪股份有限公司、深圳邦凯新能源股份有限公司、深圳市比克动力电池有限公司等都在大规模生产液态锂电池，目前产品的技术水平已达到或超过日本同类电池的水平，同时厦门宝龙工业股份有限公司自行设计开发了日产 1 万只聚合物锂电池的生产线，这也是世界上第三条形成规模的聚合物锂电池生产线。步入 21 世纪，在《国家中长期科学和技术发展规划纲要（2006—2020）》中，动力锂电池被列为高效能源材料技术的优先发展方向。在一系列国家政策的支持下，我国的锂电池产业进入快速成长阶段。比亚迪股份有限公司、深圳市比克动力电池有限公司、天津力神电池股份有限公司等锂电池企业迅速崛起[10]。高工产研锂电研究所的统计数据显示，2021 年中国锂电池出货量为 327GW·h，同比增长 130%。2022 年，中国锂电池出货量超过 600GW·h，同比增速超过 80%。预计 2025 年，中国锂电池市场出货量将超过 1450GW·h，四年复合增长率超过 43%。

1.5　锂电池的特点及应用

1.5.1　锂电池的特点

锂电池主要具有如下特点。

(1) 能量密度高。能量密度是指单位质量或单位体积电池所获得的能量。锂电池的工作电压是镍镉电池、镍氢电池的 3 倍，是铅酸电池的近 2 倍。在同等能量密度条件下，铅酸电池质量是锂电池质量的 3～4 倍，因此锂电池的能量密度高。

(2) 循环寿命长。一般情况下，锂电池的循环次数能够达到 1000～3000 次，寿命为 300～500 个充电周期，是铅酸电池的 2～3 倍。

(3) 自放率低。自放率是指电池在开路状态下，电池所储存的电量在一定条件下的保持能力。锂电池的自放率约为 1%。

(4) 环保。锂电池在生产、使用和报废过程中都不会产生铅、镉等有害物质，不会对环境造成污染，是一种绿色电池。

(5) 无记忆。相比镍镉电池，锂电池不存在记忆效应，即在充电之前，锂电池不需要放电，可以做到随时充电，全充全放。

(6) 安全性差。锂电池长期在高温下工作，内部放热反应会加剧，容易引发电池内短路，可能会导致电池泄漏、冒烟和爆炸等安全问题。此外，电池失效起鼓、外壳破裂等都会引起安全问题。

(7) 成本高。锂电池的材料中含有稀有金属，这些原料价格较高，此外锂电池的生产成本较高，因此相同电压和容量的锂电池的价格是铅酸电池的 3～4 倍。

1.5.2　锂电池的应用

自锂电池商业化后，随着材料技术和电池技术的不断发展，锂电池的应用范围不断扩大。在电子产品方面，锂电池应用于手机、笔记本电脑等便携式电子产品；在交通工具方面，锂电池应用于电动自行车和电动汽车等电动交通工具；在军事上，锂电池在机器战士、航天航空以及储能等方面都得到了应用[11]。

从锂电池销量来看，根据《中国锂离子电池行业发展白皮书(2024 年)》数据，

2021 年我国锂电池出货量达 324GW·h，同比增长 104.42%；2022 年我国锂电池出货量 655GW·h，同比增长 102.16%；2023 年我国锂电池出货量 887.4GW·h，同比增长 35.48%。图 1.4 为 2016～2023 年我国锂电池出货量情况。

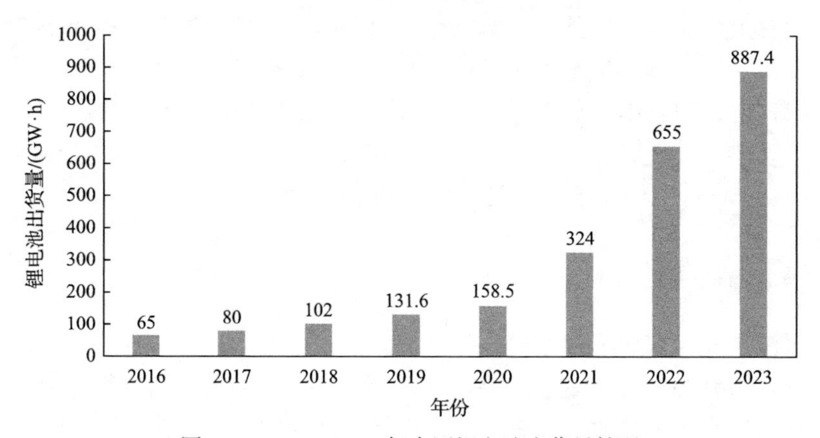

图 1.4　2016～2023 年中国锂电池出货量情况

从图 1.5 所示的下游出货量结构来看，动力电池占比最高。在我国 2023 年锂离子出货量中，消费、动力、储能型锂电池产量分别为 80GW·h、675GW·h、185GW·h。2024 年 1、2 月，储能电池产量超过 17GW·h，新能源汽车用动力型锂电池装车量约 50GW·h。

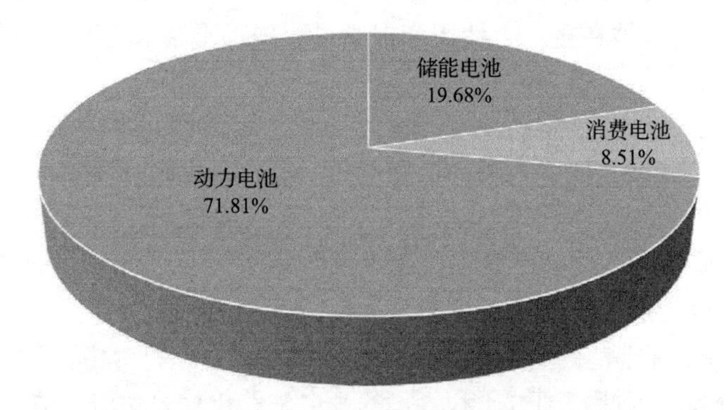

图 1.5　2023 年中国锂电池出货量结构占比情况

据海关总署数据，从锂电池进出口贸易来看，我国是全球重要出口国，出口大于进口。2023 年我国锂电池累计出口数量超过 36.21 亿只，同比减少 3.8%，出口额达 650.06 亿美元，同比增长 27.77%，如图 1.6 所示。2024 年 1、2 月，我国锂电池累计出口额为 87.24 亿美元，累计出口数量为 5.95 亿只。

从动力型锂电池市场来看，2023 年，我国动力型锂电池累计产量为 778.1GW·h，其中磷酸铁锂电池产量为 531.4GW·h，三元材料锂电池产量为 245.1GW·h，其他类锂电池产量为 1.6GW·h，如图 1.7(a)所示；动力型锂电池累计装车量 387.7GW·h，其中磷酸铁锂电池装车量 261GW·h，占总装车量的 67.32%，同比增长 42.1%，如图 1.7(b)所示。

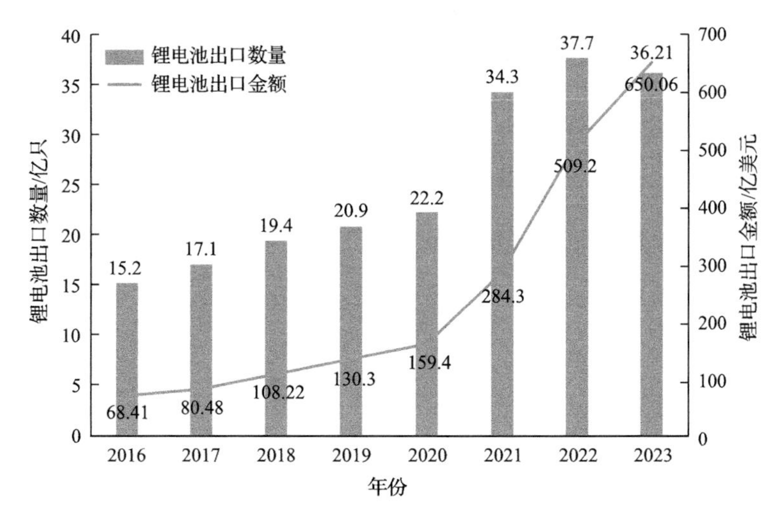

图 1.6　2016～2023 年中国锂电池出口数量及金额情况

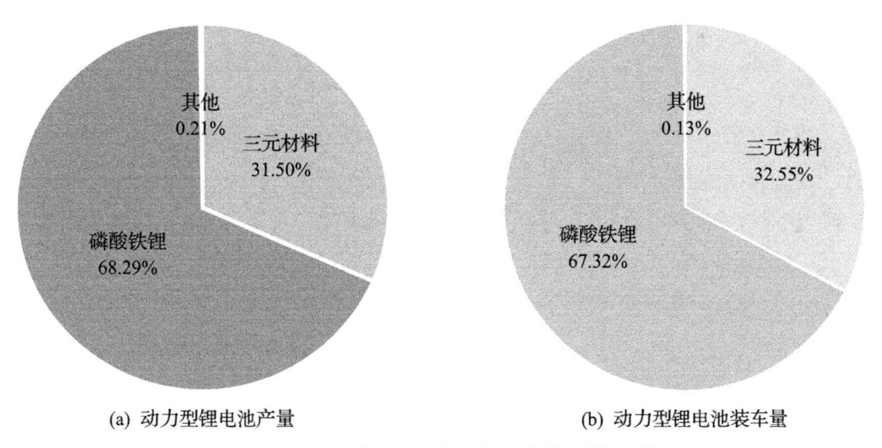

图 1.7　2023 年中国动力电池产量及装车量

1.6　本章小结

本章主要从电池构成、分类、电化学原理、发展、特点及应用等方面介绍锂电池。以外形、使用温度、电解质状态、外壳材质和正极材料为区分标准，将常见的锂电池进行分类并详细描述各类的特点；从电化学原理角度出发，简单介绍了锂电池充放电过程；总结了锂电池的探索与发展历史，结合关键人物与事件，阐明我国锂电行业的发展情况；最后与其他材料电池进行对比说明，介绍锂电池独特的特点与应用。

参 考 文 献

[1] 牛飞, 徐文彬, 谭杰, 等. 废旧磷酸铁锂电池再生及湿法回收技术研究进展[J]. 矿冶工程, 2022, 42(6): 146-152.

[2] 童乐, 王敬丰, 王金星, 等. 可充镁电池负极与电解液相容性的研究进展[J]. 材料导报, 2023, 37(24): 7-13.

[3] 王海婷, 郝星辰, 凤睿, 等. 混合盐电解液对锂离子电容器性能的影响[J]. 电池, 2023, 53(6): 643-646.

[4] 张荣刚, 张玉玺, 吴承燕, 等. 电解液添加剂对锂离子电池性能的影响[J]. 电池, 2020, 50(6): 516-519.

[5] 梅华贤, 伍泽广, 陈核章, 等. 废旧磷酸铁锂电池正极材料浸出回收锂工艺[J]. 环境工程学报, 2022, 16(12): 4121-4129.

[6] 张灿, 申升, 陈凡, 等. 我国退役动力电池回收系统构建的问题分析与对策研究[J]. 能源与环保, 2022, 44(12): 147-152.

[7] 庞莹, 王婷婷. 锂离子电池剩余寿命预测方法研究进展[J]. 环境技术, 2022, 40(6): 23-27.

[8] 翁雅青, 龙光武, 李娅, 等. 退役动力电池综合回收研究进展及发展趋势[J]. 生物化工, 2022, 8(6): 139-146, 152.

[9] 崔岩, 高超, 胡春龙, 等. 新能源镀镍电池壳清洗剂和防护剂的研制及应用[J]. 清洗世界, 2023, 39(4): 71-73, 76.

[10] 马静, 江依义, 沈旻, 等. 锂离子电池储能产业发展现状与对策建议[J]. 浙江化工, 2022, 53(12): 17-23.

[11] 李建林, 邸文峰, 李雅欣, 等. 长时储能技术及典型案例分析[J]. 热力发电,2023, 52(11): 85-94.

第2章　锂电池定制化生产流程

以方形锂电池为例，常见的方形锂电池生产流程分为三大工艺：前段、中段、后段，分别对应极片制备、电芯制备、电池装配阶段，并以此为订单分离点进行定制化分解。每一批方形锂电池订单以前、中、后拆解为三段小订单，每段根据小订单编号进行排序，以电池型号匹配相应的每段工艺方案，结合订单紧急度指标，按照先后顺序下放车间排产，从而进行产线重组。

2.1　前段生产工艺

锂电池的前段生产工艺主要进行电池生产的原料处理与前期准备工作，为中段锂电池的电芯制备进行物料上的工艺准备。因此，前段生产工艺的好坏直接影响到中段的电芯质量。前段生产工艺包括：正负极配料与搅拌制浆、正负极涂布、干燥、辊压、极片分切等。前段生产工艺流程图如图2.1所示。

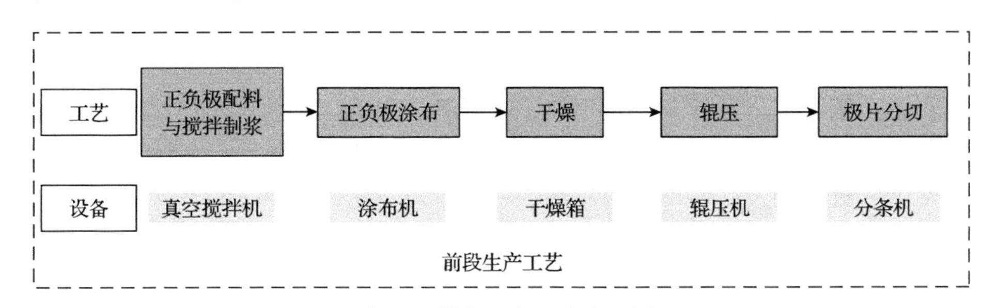

图2.1　前段生产工艺流程图

2.1.1　正负极制浆工艺

1. 制浆工艺的重要性

锂电池的性能上限是由所采用的化学体系(正极活性物质、负极活性物质、电解液)决定的，其实际的性能表现关键取决于极片的微观结构，而极片的微观结构主要是由浆料的微观结构和涂布过程决定的，其中浆料的微观结构占主导。在制造工艺对锂电池性能的影响中，前段生产工艺的影响占70%以上，而前段生产工艺中制浆工艺的影响至少占70%，也就是说，制浆工艺对锂电池的整体制造质量有显著的影响。

2. 浆料的组成

锂电池的电极材料包括活性物质、导电剂和黏结剂三种主要成分，其中，活性物质占总重的绝大部分，一般在 90%～98%，导电剂和黏结剂的占比较小，一般在 1%～5%。这三种主要成分的物理性质和尺寸相差很大，其中活性物质的颗粒大小一般在 1～20μm，而导电剂绝大部分是纳米碳材料，如常用的炭黑直径只有几十纳米，碳纳米管的直径一般在 30nm 以下，黏结剂则是高分子材料，有溶于溶剂的，也有在溶剂中形成微乳液的。

3. 制浆的微观过程

锂电池的制浆过程就是将活性物质和导电剂均匀分散到溶剂中，并且在黏结剂分子链的作用下形成稳定的浆料。从微观上看，锂电池的制浆过程通常包括润湿、分散和稳定化三个主要阶段。

润湿阶段是使溶剂与粒子表面充分接触的过程，也是将粒子团聚体中的空气排出，并由溶剂来取代的过程。这个过程的快慢和效果一方面取决于粒子表面与溶剂的亲和性，另一方面与制浆设备及制浆工艺密切相关。

分散阶段是将粒子团聚体打开的过程。这个过程的快慢和效果一方面与粒子的直径、比表面积、粒子之间的相互作用力等材料特性有关，另一方面与分散强度及分散工艺密切相关。

稳定化阶段是高分子链吸附到粒子表面上，防止粒子之间再次发生团聚的过程。这个过程的快慢和效果一方面取决于材料特性和配方，另一方面与制浆设备及制浆工艺密切相关。

需要特别指出的是，在整个制浆过程中，并非所有物料都是按上述三个阶段同步进行的，而是会出现浆料的不同部分处于不同阶段的情况，例如，一部分浆料已经进入稳定化阶段，另一部分浆料还处于润湿阶段，这也是造成制浆过程复杂性高、不易控制的原因之一。

4. 湿法制浆工艺和干法制浆工艺

制浆工艺对于锂电池浆料的性能影响很大，最典型的是采用不同的加料顺序所得到的浆料性能可能有很大不同，例如，采用两种不同的加料顺序来制备镍钴锰三元正极材料的浆料，不同加料顺序制浆方法如图 2.2 所示，图中，PVDF 为聚偏二氟乙烯，NCM 为镍锰钴酸锂，NMP 为 N-甲基吡咯烷酮，是 PVDF 必需的配套溶剂，CB 为炭黑。

两种加料顺序所得到的浆料特性和电极性能相差很大。第二种加料顺序所得到的浆料固含量更高，且电极的剥离强度和电导率都要高很多，其原因在于导电

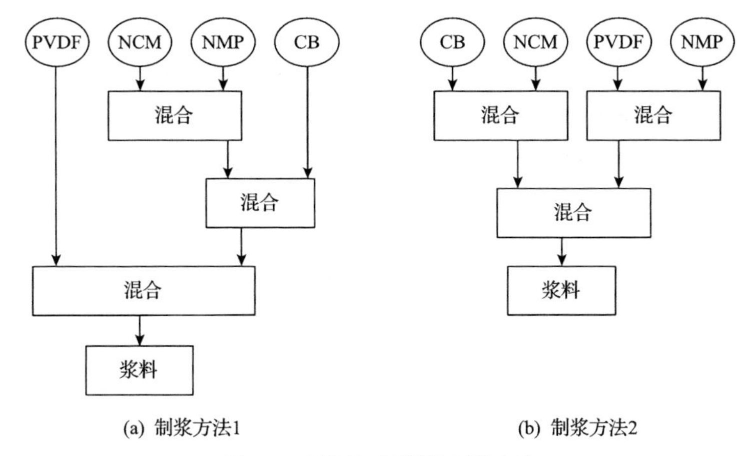

图 2.2　不同加料顺序制浆方法

剂与主材料先进行干混，能够使导电剂包覆在主材料表面，减少了游离的导电剂，这样一方面降低了浆料的黏度，另一方面减少了干燥后导电剂的团聚，有利于形成良好的导电网络。

目前，锂电行业常用的制浆工艺有两大类，分别为湿法制浆工艺和干法制浆工艺，其区别主要在于制浆前期浆料固含量的高低，湿法制浆工艺前期的浆料固含量较低，而干法制浆工艺前期的浆料固含量较高[1]。这两类制浆工艺的典型工艺流程如图 2.3 所示。

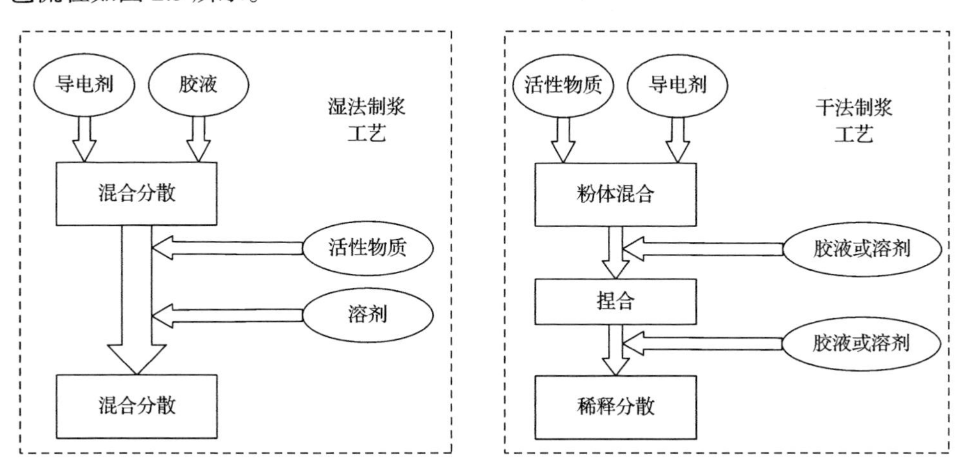

图 2.3　湿法制浆工艺与干法制浆工艺的典型工艺流程

湿法制浆工艺的流程是先将导电剂和黏结剂进行混合搅拌，充分分散后再加入活性物质进行充分的搅拌分散，最后加入适量溶剂进行黏度的调整以适合涂布。黏结剂的状态分为粉末状和溶液状，先将黏结剂制成胶液有助于黏结剂的作用发挥，但也有公司直接采用粉末状的黏结剂。需要指出的是，当黏结剂的分子量大且颗粒较大时，黏结剂的溶解需要较长的时间，此时先将黏结剂制成胶液是必要的。

干法制浆工艺的流程是先将活性物质、导电剂等粉末状物质进行预混合，之后加入部分胶液或溶剂，进行高固含量、高黏度状态下的搅拌(捏合)，然后逐步加入剩余的胶液或溶剂进行稀释分散，最后加入适量溶剂进行黏度的调整以适合涂布。干法制浆工艺的特点是制浆前期要在高固含量、高黏度状态下进行混合分散，此时物料处于黏稠的泥浆状，搅拌机施加的机械力很强，同时颗粒之间也会有很强的内摩擦力，能够显著促进颗粒的润湿和分散，达到较高的分散程度。因此，干法制浆工艺能够缩短制浆时间，而且得到的浆料黏度较低，与湿法制浆工艺相比可以得到更高固含量的浆料。但干法制浆工艺中物料的最佳状态较难把控，当原料的粒径、比表面积等物性发生变化时，需要调整中间过程的固含量等工艺参数才能达到最佳的分散状态，这会影响到生产效率的一致性[2]。

5. 正负极制浆工艺流程

我国动力锂电池企业一般选择钴酸锂、镍酸锂、磷酸铁锂等作为电池的正极材料，正极制浆工艺流程示意图如图 2.4 所示，图中 SBR 是一种阴离子型聚合物分散体。

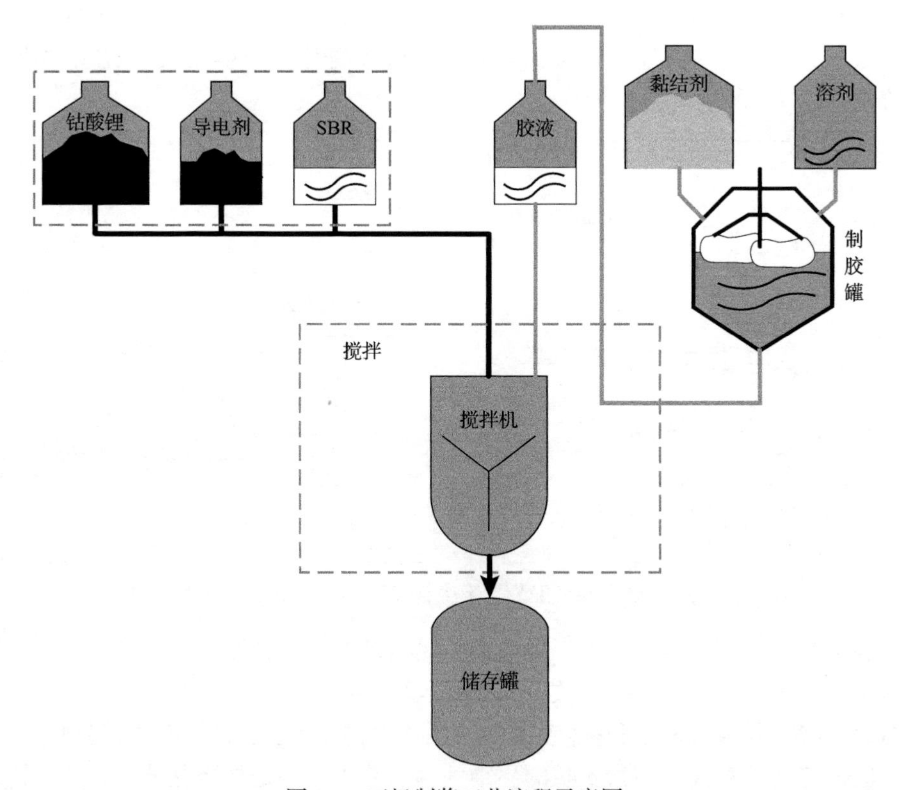

图 2.4 正极制浆工艺流程示意图

对于负极材料的选择，一般采用石墨，负极浆料制备与正极浆料制备的工艺流程基本一致，但由于原料不同，为避免交叉污染，不能共用设备。负极制浆工艺流程示意图如图 2.5 所示。

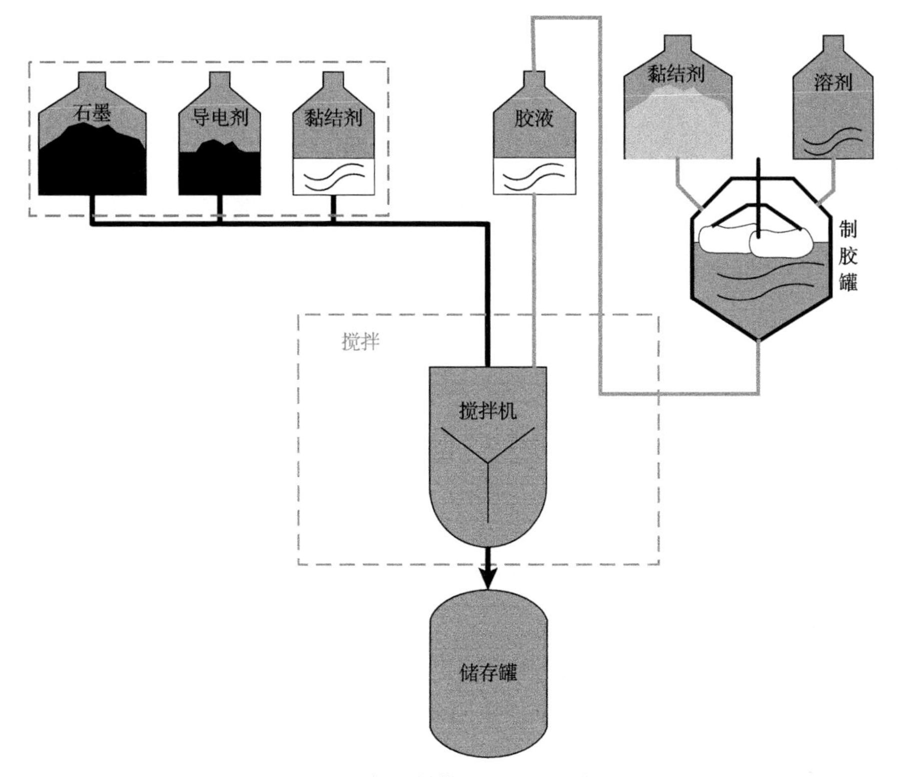

图 2.5　负极制浆工艺流程示意图

2.1.2　涂布工艺

涂布工艺是将已经静置过一定时间的稳定浆料，均匀涂抹到铜箔上下两面。在该过程中，涂布厚度和重量的准确至关重要，直接影响到电池的一致性。涂布设备需要和测厚仪集成，实时采集每一批次的涂布厚度，保证涂布均匀性。该环节需要在无尘车间进行，防止颗粒、杂质、粉尘等混入极片，涂布完成后直接进入干燥阶段。涂布工艺流程示意图如图 2.6 所示。

2.1.3　干燥工艺

锂电池涂布后的干燥工艺是一项关键的生产过程，它有助于去除极片表面的溶剂和水分，增加极片表面的平整度，提高极片的性能一致性和使用寿命。干燥工艺通常分为以下几个阶段[3]：

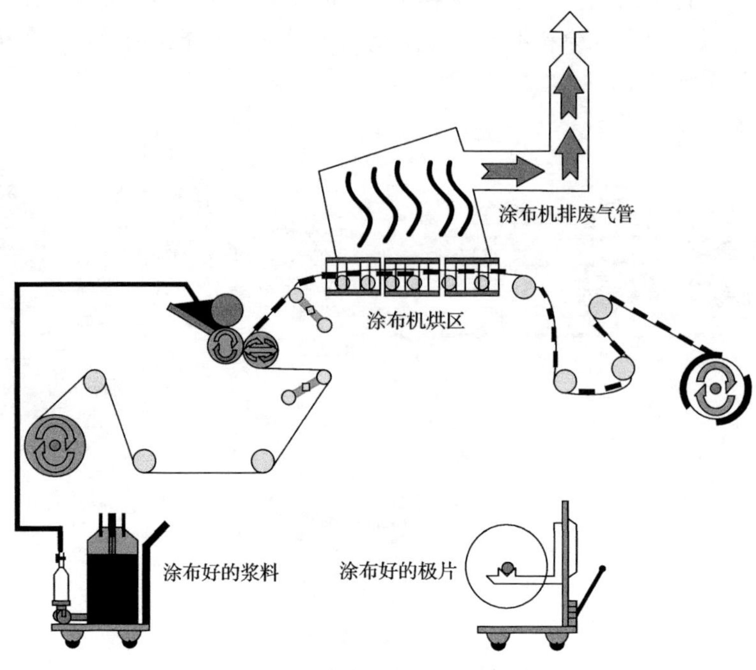

图 2.6　涂布工艺流程示意图

(1) 预热阶段。在干燥开始前，首先需要对极片进行预热，以便将极片表面的温度提高到溶剂蒸发的温度以上，从而加速溶剂的蒸发，去除极片表面的气泡。

(2) 加热阶段。在预热阶段后，需要进行加热，此时需要将极片表面温度提高到溶剂蒸发的温度以上，并进行持续加热，以使溶剂完全蒸发，去除极片表面的水分。

(3) 恒速率干燥阶段。在加热阶段后，需要进行恒速率干燥，此时需要将极片表面温度控制在一定的范围内，并保持稳定的干燥速率，以确保极片表面的水分完全去除。

(4) 降速干燥阶段。在恒干燥速率阶段后，需要进行降速干燥，此时需要将极片表面温度逐渐降低，并保持较低的干燥速率，以确保极片表面的水分不会重新吸收。

干燥工艺的参数需要根据极片的特性和产品的具体要求进行针对性调整，以确保干燥效果和质量。同时，在干燥过程中需要严格控制温度、湿度和空气流速等环境因素，以确保干燥效果和极片的安全性。因此，干燥工艺需要专业的干燥箱，并严格按照电池生产参数设计调整干燥参数与干燥时间。干燥工艺流程示意图如图 2.7 所示。

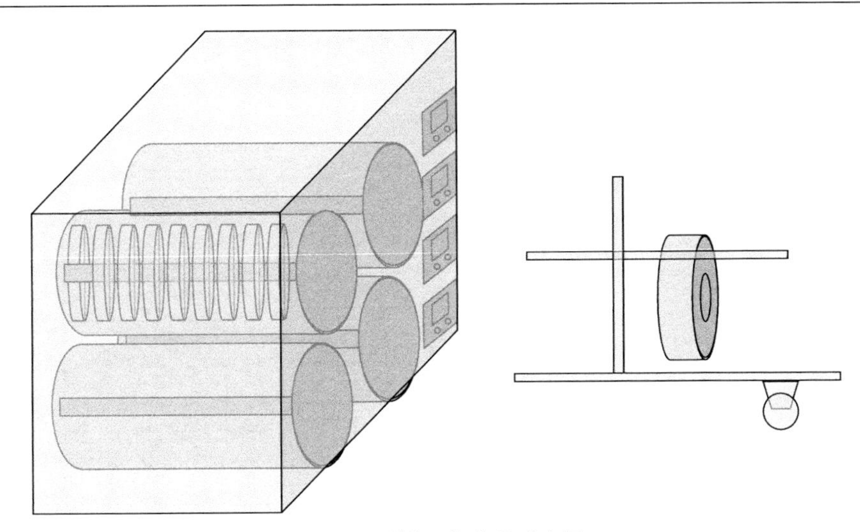

图 2.7　干燥工艺流程示意图

2.1.4　辊压和分切工艺

在实际生产中，辊压和分切工艺的生产往往结合在一起。极片在经过干燥后，为了使涂布的材料与铜箔之间的附着更加紧密，要将极片放入辊压机进行对辊，要严格控制收放卷张力、压力、辊缝宽度和辊压速度，对辊压厚度、反弹率、延伸率进行检测。辊压工艺流程示意图如图 2.8 所示。

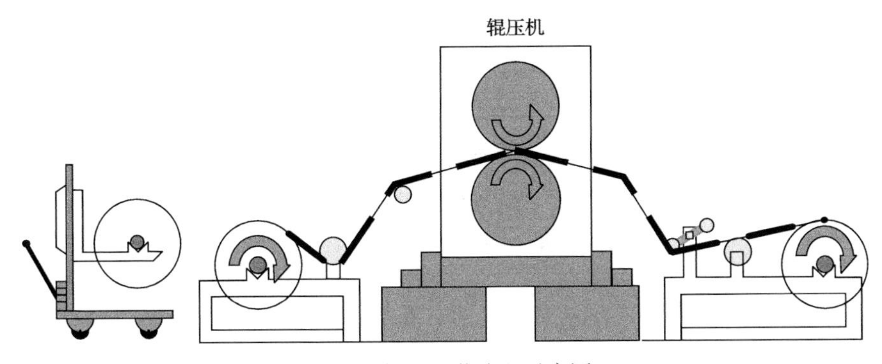

图 2.8　辊压工艺流程示意图

分切在辊压后进行，在恒定张力的情况下，将锂电池的电池极片分切至所需要的尺寸规格，并保证一定工艺的生产要求。极片分切的尺寸精度要求高，在确保检测的辊压厚度、反弹率、延伸率等品质达标后，按照具体宽度要求进行极片的分切，再借助测量仪全面检测切片毛刺，确保毛刺长度小于隔膜厚度的 1/2，防止出现毛刺扎穿隔膜的情况。分切的性能指标主要包括分切精度、分切装机精度、刀模调整范围等，实际生产时应控制以上指标在合理区间范围内[4]。分切工艺流程示意图如图 2.9 所示。

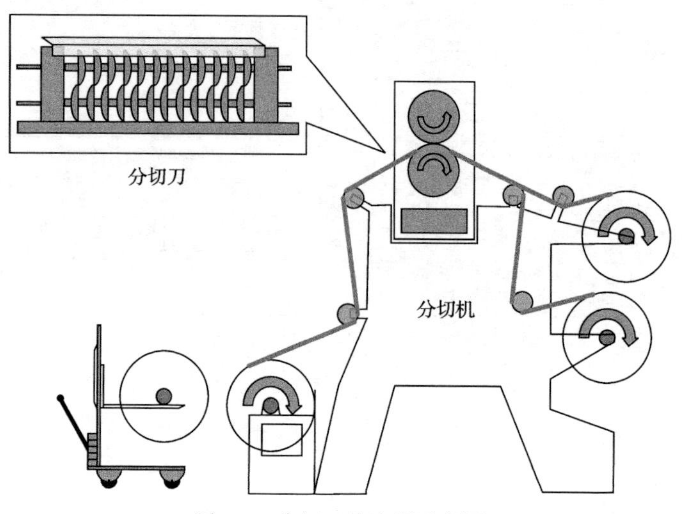

图 2.9　分切工艺流程示意图

电池极片分切完，就意味着电池制备的前段生产工艺全部结束，锂电池的制备准备工作初步完成，接下来就是锂电池核心——电芯的生产制作环节。电芯质量的好坏与前段生产工艺的优劣息息相关，同时电芯质量直接影响最终电池的电压、电流、容量、内阻等质量指标[5]。

2.2　中段生产工艺

方形锂电池的中段生产工艺包括叠片、入壳、焊接、烘烤、注液、封口焊接、清洗干燥、对齐喷码等一系列步骤。相比于圆柱形锂电池常用的卷绕工艺，叠片工艺更适合方形锂电池的制备。本节重点介绍方形锂电池制造过程中的叠片工艺，同时简要介绍圆柱形锂电池制造过程中采用的卷绕工艺并进行对比。

经过分切的正负极片和隔膜进入全自动叠片机后，通过叠片的方式组合成裸电芯，然后将叠片完成后的电芯内核标准入壳，并进行焊接，焊接过程中，为防止出现错位，需要对极耳间距、长度、倾斜度等进行检测和校正[6]。为确保电池在整个寿命周期的性能发挥和安全工作，需要对电芯进行多次真空烘烤，对电芯内部的水分进行实时检测上传，在电芯水分达标后进入注液环节，电芯在真空手套箱内按照实验量进行注液，该过程要对电芯的质量进行精密检测，严格符合设计标准。中段生产工艺流程如图 2.10 所示。

下面结合实际锂电池生产进行的中段生产工艺，介绍对应的工艺流程。

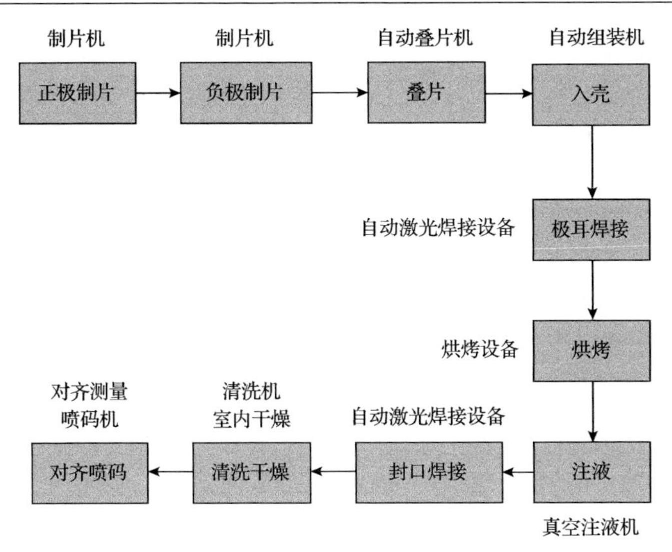

图 2.10　中段生产工艺流程

2.2.1　叠片工艺

叠片工艺是将正负极片裁成需求尺寸的大小，随后将正极片、隔膜、负极片叠合成小电芯单体，最后将小电芯单体叠放并联成电池模组。叠片工艺示意图如图 2.11 所示。

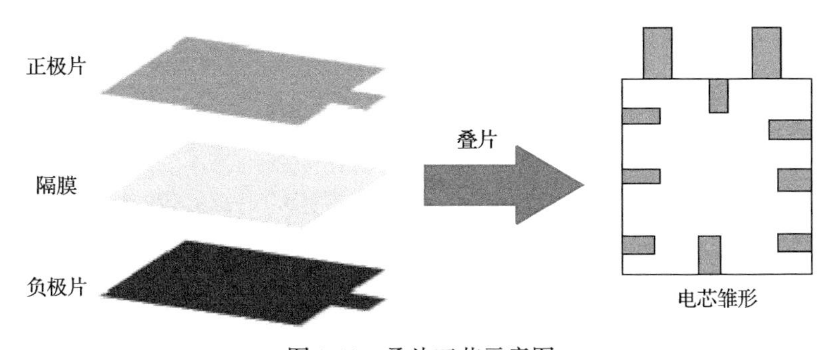

图 2.11　叠片工艺示意图

叠片工艺具有较多优势：

(1) 容量密度高，锂电池内部空间利用充分，因而与卷绕工艺相比，体积比容量更高；

(2) 能量密度高，放电平台和体积比容量都高于卷绕工艺锂电池，所以能量密度也相应较高；

(3) 尺寸灵活，可根据锂电池尺寸来设计每个极片的尺寸，从而使得锂电池可以制成任意形状。

目前，主要叠片制造工艺可以分为两大类：Z 形叠片和复合叠片。Z 形叠片机可以分为单工位 Z 形叠片机、多工位 Z 形叠片机、摇摆式 Z 形叠片机和模切 Z 形叠片一体机。Z 形叠片的工作机理是通过叠台对往复高速运动的隔膜材料进行压紧操作。这个过程会出现电芯内部界面较差、隔膜拉伸变形不均匀等问题，导致变形破坏的风险增加。此外，Z 形叠片需要下料和尾卷的辅助时间，降低了电芯的制造效率。为提升效率，Z 形叠片往往采用多工位的制作方式。但是多工位 Z 形叠片机存在较复杂的极片调度系统，整机的实际利用率较低。复合叠片机可以分为复合卷绕机、复合堆叠机和复合折叠机。复合叠片的工作机理是通过压力和温度将极片与双面涂胶隔膜(如水系或油系隔膜)黏附在一起形成复合单元，再使用不同的方式进行电芯成型。复合叠片工艺解决了复合卷叠问题，简化了制造工艺,可以在一台设备内实现叠片电芯的制作[7]。复合叠片工艺流程示意图如图 2.12 所示。

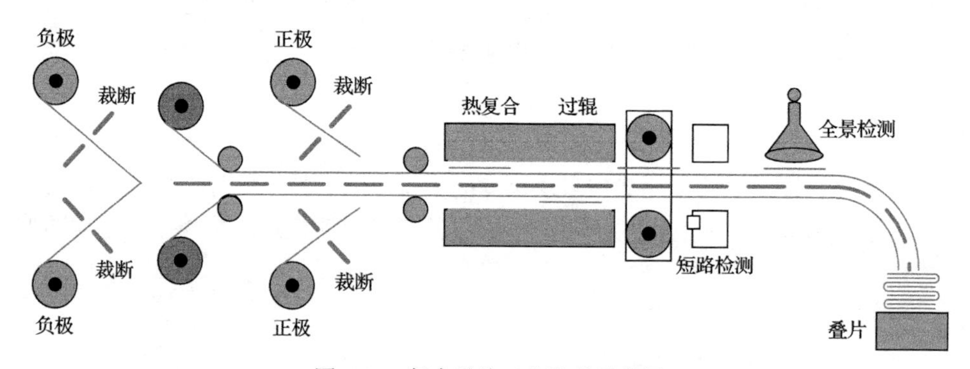

图 2.12　复合叠片工艺流程示意图

电池叠片工艺是将多层电极材料交替叠放在一起，形成电池的正极、负极和隔膜，然后将电池叠片封装成电芯。电池叠片工艺的特点是制造过程简单、生产效率高、成本低，适用于低电压、小容量的电池，如纽扣电池和微电池等。在本章介绍的方形锂电池制造中，主要采用叠片工艺进行电池极片的制备。

当然，在实际生产过程中也存在着电池卷绕工艺。电池卷绕工艺是指将多层电极材料交替卷绕在一起，形成电池的正极、负极和隔膜。卷绕时需要严格控制电极材料的卷绕密度和松紧度，以确保电池的性能和质量，然后将电池卷绕封装成电池。电池卷绕工艺适用于高电压、大容量的电池，如锂电池和钠离子电池等。电池卷绕工艺的特点是制造过程复杂、生产效率低、成本高。

电池卷绕工艺相对于电池叠片工艺，具有更高的生产效率和电池质量。但是，电池卷绕工艺需要将多层电极材料交替卷绕在一起，需要更高的技术和精度来控制电池的结构和质量，同时还需要严格控制电池的卷绕密度和松紧度以确保电池的性能和可靠性[8]。电池卷绕工艺流程示意图如图 2.13 所示。

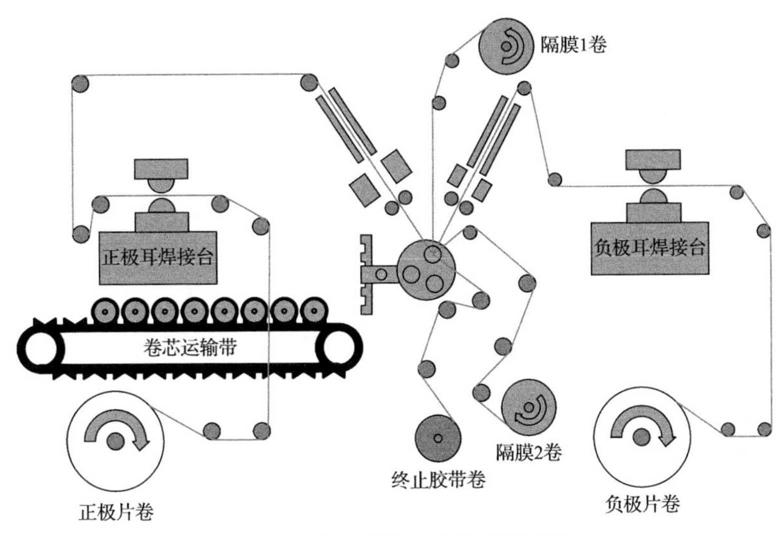

图 2.13　电池卷绕工艺流程示意图

2.2.2　入壳工艺

在叠片工艺后，需要将电芯放置到电芯壳中，随后通过液压冲压将电芯压缩密封到电芯壳中。电池的入壳工艺需要严格控制电芯的数量和位置，以确保电池的性能和可靠性。同时，需要采用密封材料以确保电池的安全性和可靠性。电池的入壳工艺相对于电池叠片工艺和电池卷绕工艺，需要更高的生产效率和更优的电池质量控制。传统的电芯入壳装置结构较为复杂，在电芯入壳时，往往需要人工手动将电芯放置到电芯壳腔一侧，然后通过液压缸压缩进行电芯入壳，加工效率低。目前，锂电池生产线常用的方式是自动入壳方式。入壳工艺流程示意图如图 2.14 所示。

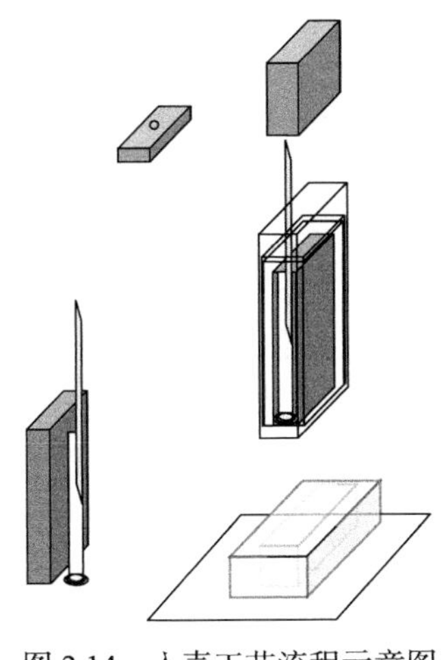

图 2.14　入壳工艺流程示意图

2.2.3　焊接工艺

通常要求锂电池的外壳轻便、散热良好、价格低，商业上多采用铝壳，铝壳焊接通常采用激光焊接工艺，激光焊接是将高能量密度的激光束以脉冲或连续的方式入射到振镜上，通过控制反射镜的反射角度，促使激光束进行偏转运动，经聚焦后辐射至工件表面，利用所产生的热使工件焊缝两侧铝材熔化，达到特定强度下密封焊接的目的，是一种高效精密的焊接方法。

焊接工艺将电芯的铝壳拼接处的缝隙精密缝合，防止漏气。焊接工艺流程示意图如图 2.15 所示。

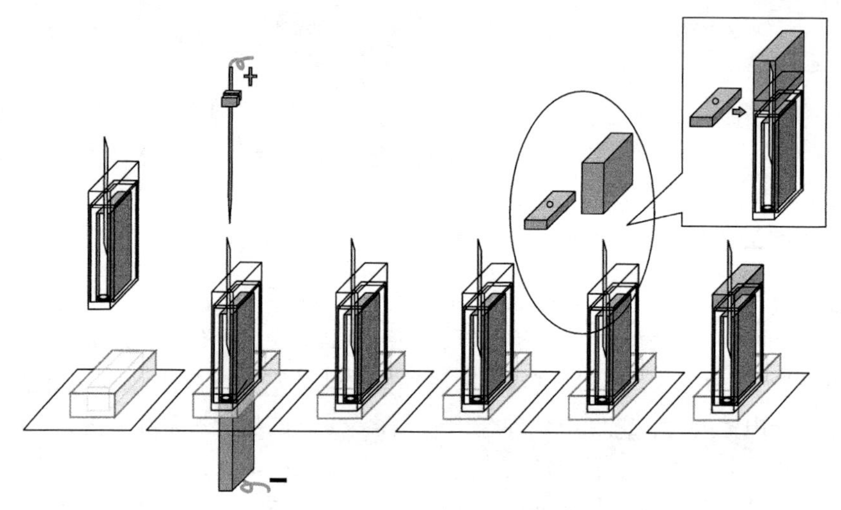

图 2.15　焊接工艺流程示意图

2.2.4　烘烤工艺

单体锂电池在极耳焊接后、注液前需要保证单体电池干燥，因此需要经历高温烘干。烘烤工艺是指将初步封装的单体电池进行干燥处理，以去除电池模块中的水分，确保电池注液效果不受影响。

烘烤工艺主要涉及以下步骤。

预热：将单体电池模块放入烘烤箱中，加热至适当的温度，通常为 100～150℃。

干燥：将单体电池模块加热至干燥温度，通常为 180～200℃。在此温度下，单体电池模块中的水分将被蒸发并排出。

冷却：将电池模块从烘烤箱中取出，自然冷却至室温。

烘烤工艺需要严格控制温度和时间，以确保单体电池模块中的水分被完全蒸发并排出，因此需要选择合适的烘干设备和工艺，以确保单体电池模块的质量和可靠性，以便后续工艺的正常进行。烘烤工艺流程示意图如图 2.16 所示。

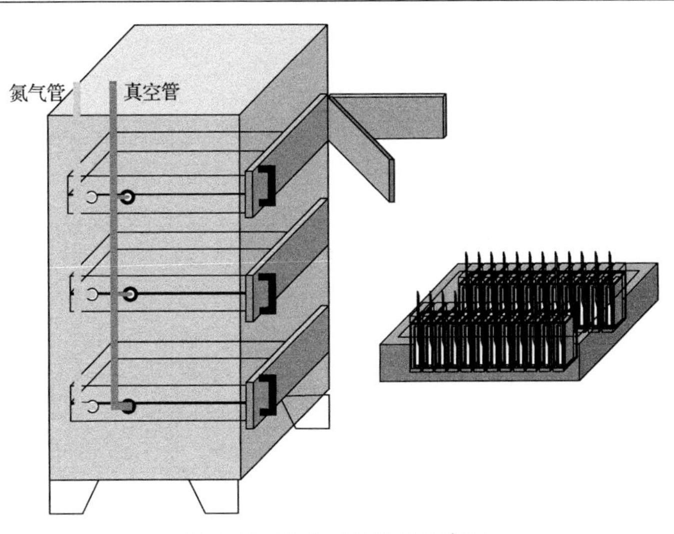

图 2.16　烘烤工艺流程示意图

2.2.5　注液工艺

锂电池的电解液可以看作正负极之间的导通离子，起到锂离子传输介质的作用，相当于肺部的血液作为氧气和二氧化碳交换的介质，是锂电池的重要组成部分，是锂电池获得高电压、高能量密度、高循环性能等的基础。

常用的电解液由无机锂盐电解质、有机碳酸酯和添加剂组成。电池注液的主要参数有注液量、浸润效果、注液精度，而它们是由注液机直接控制完成的。注液工艺流程示意图如图 2.17 所示。

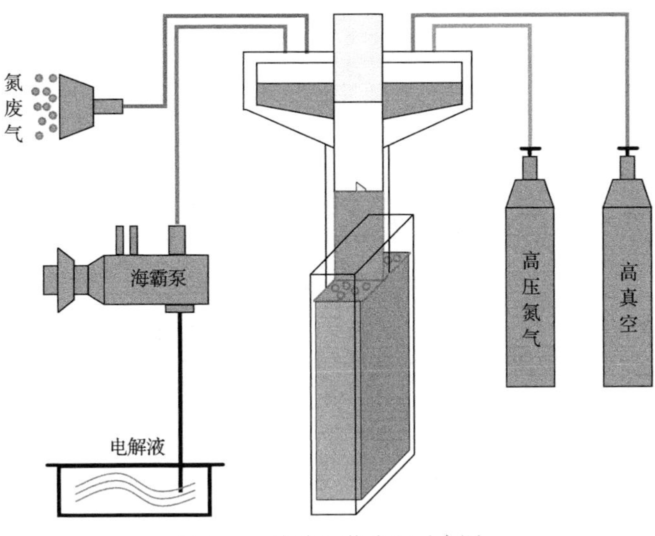

图 2.17　注液工艺流程示意图

2.2.6 封口焊接工艺

封口焊接工艺是在电池注液完成之后，将开口化成后的电池封好胶钉，并在胶钉外覆盖铝质材料，之后将铝质材料焊接在电池盖上进行封口。通过封口焊接工艺，电芯内部被完全包裹。封口焊接工艺的质量与电池的密封程度相关，封口焊接工艺不良，则会导致电池漏液、析锂、电池外观缺陷等。封口焊接工艺流程示意图如图 2.18 所示。

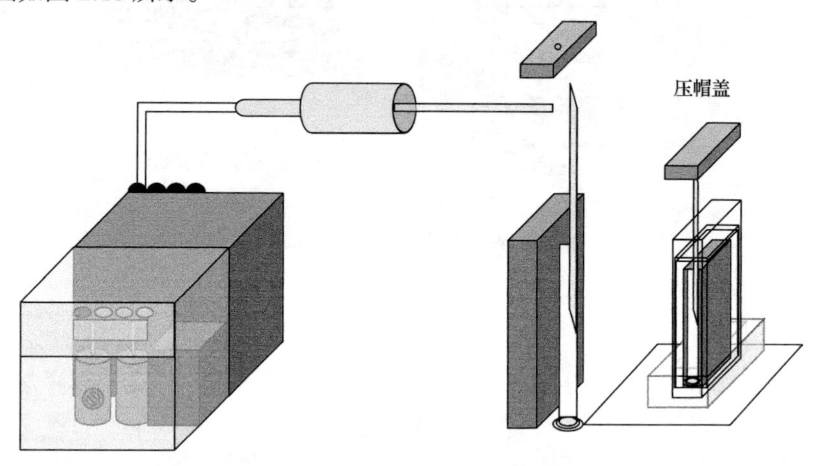

图 2.18　封口焊接工艺流程示意图

2.2.7 清洗干燥工艺

经历过封口焊接工艺的单体电池，在进入下一工艺流程之前，需要将其外表清洗干净，清除之前的工艺流程对电池表面造成的污渍，以保证进入喷码时电池表面清洁和干燥。

目前，清洗多采用清洗液与纯净水混合清洁，并依据自动化产线保证电池清洁彻底。清洗干燥工艺流程示意图如图 2.19 所示。

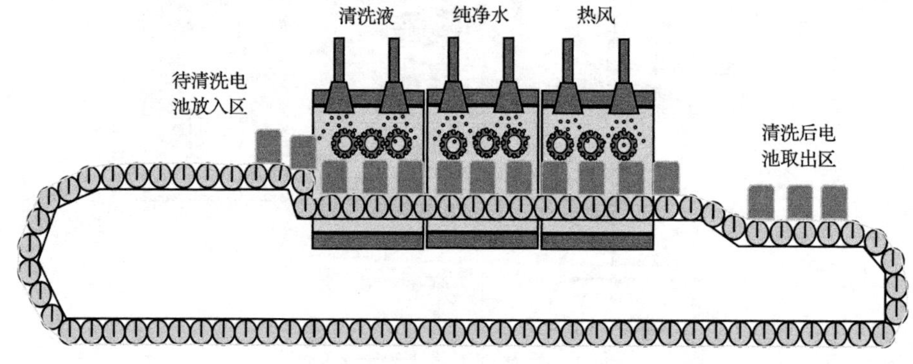

图 2.19　清洗干燥工艺流程示意图

对于清洁后的单体电池，需进行一定程度的干燥。为避免温度对后续电池生产工艺的影响，多采用室温静置干燥，通常选取整洁干燥的环境进行电池静置。

2.2.8　对齐喷码工艺

对齐喷码工艺包括电池生产的对齐度检测工艺和壳体喷码工艺两个环节。其中，电池生产的对齐度检测工艺是一种用于检测电池组件对齐度的技术。电池组件对齐度是指电池在组件中的位置和相对大小，对电池的性能和可靠性都有重要的影响。对齐度的检测通常在电池中段生产工艺后期进行，以确保电池组件的质量和性能。

电池生产的对齐度检测工艺主要涉及以下步骤。

准备：将待检测的电池组件放置在检测台上，并准备进行检测。

检测：使用传感器和成像技术对电池组件进行检测，以获取电池组件中的对齐度信息。

数据处理：对检测获取的数据进行处理，以提取对齐度信息，并进行数据分析和处理。

结果评估：根据检测结果进行评估，以确保电池组件的对齐度符合要求。

电池生产的对齐度检测工艺可以确保电池组件的质量和性能。对齐度检测工艺流程示意图如图 2.20 所示。

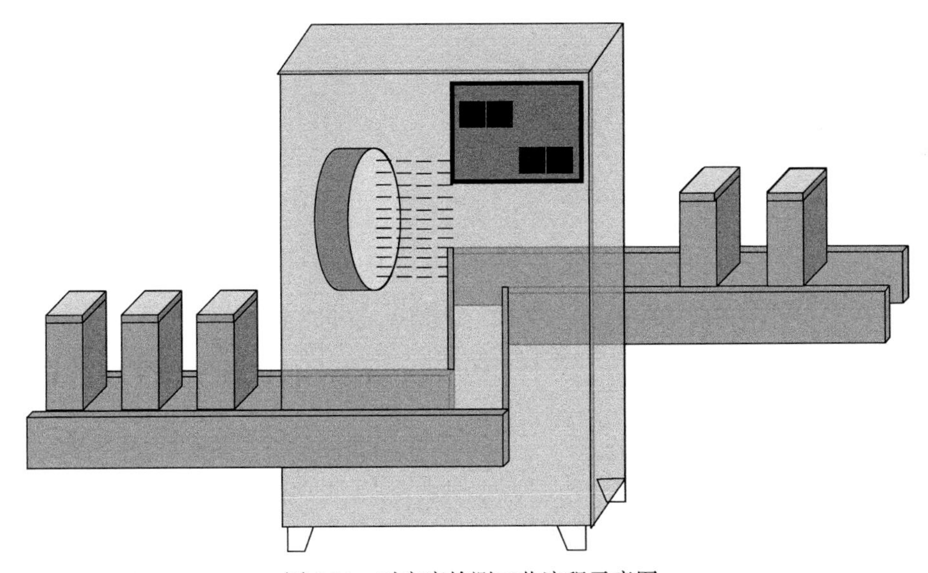

图 2.20　对齐度检测工艺流程示意图

对于通过对齐度检测的单体电池，需要进行电池壳体喷码。电池生产壳体喷码工艺是一种在电池上进行标识的工艺，主要用于标识电池的型号、电压、生产日期等信息。喷码工艺可以确保电池的标识清晰、不易脱落、耐高温等特点，从而保证电池的质量和可靠性[9]。

电池生产的壳体喷码工艺主要涉及以下步骤。

准备：将待喷码的电池放置在工作台上，并准备进行喷码。

喷码：使用喷码机对电池进行喷码，喷码机通常采用高压力、高流量的喷码头进行喷码，以保证喷码的质量和效率。

处理：对喷码后的电池进行处理，例如，放置于高温烘烤箱中，以去除电池表面的油渍和杂质等。

检测：对喷码后的电池进行检测，以确保电池的标识清晰、不易脱落、耐高温等。

电池生产的壳体喷码工艺可以提高电池的标识质量和可靠性，从而确保电池的质量和可靠性。壳体喷码工艺流程示意图如图 2.21 所示。

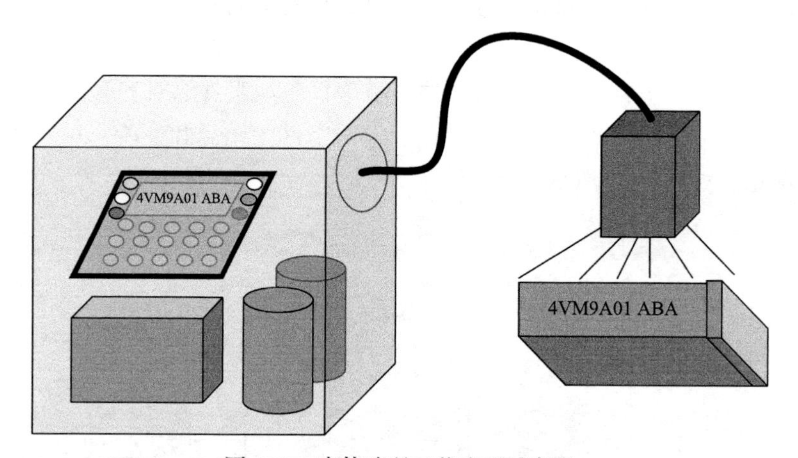

图 2.21　壳体喷码工艺流程示意图

至此，电芯制备环节结束，接下来，制备好的电芯将随着工业生产的进度安排进入后段生产工艺。

2.3　后段生产工艺

锂电池经过繁杂的前段生产工艺、中段生产工艺，生成半成品电芯后，还需要经过特定工艺激活内部的活性物质，才能正常使用，同时，需要对不同品质的电池进行筛选分类。后段生产工艺总流程如图 2.22 所示。

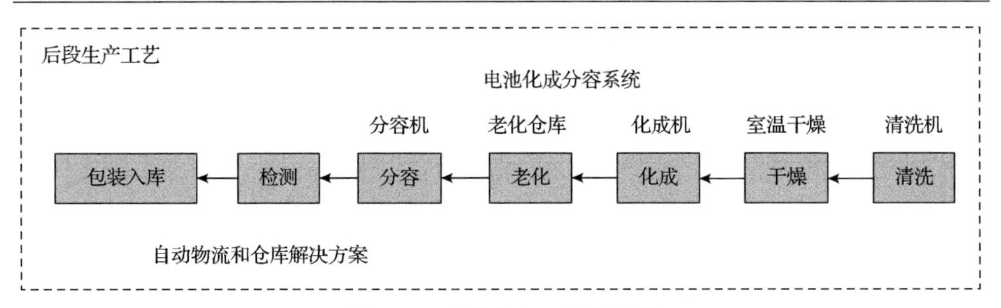

图 2.22 后段生产工艺总流程

2.3.1 化成与老化工艺

在化成工艺中，会第一次对锂离子进行小电流充电，将其内部正负极活性物质激活，在负极表面形成一层 SEI 膜。SEI 膜只允许锂离子通过，不溶于有机溶剂，因此可以防止电解液侵蚀电极，使负极电极在电解液中稳定存在，大大提高了电池的循环性和使用寿命[10]。化成工艺流程示意图如图 2.23 所示。

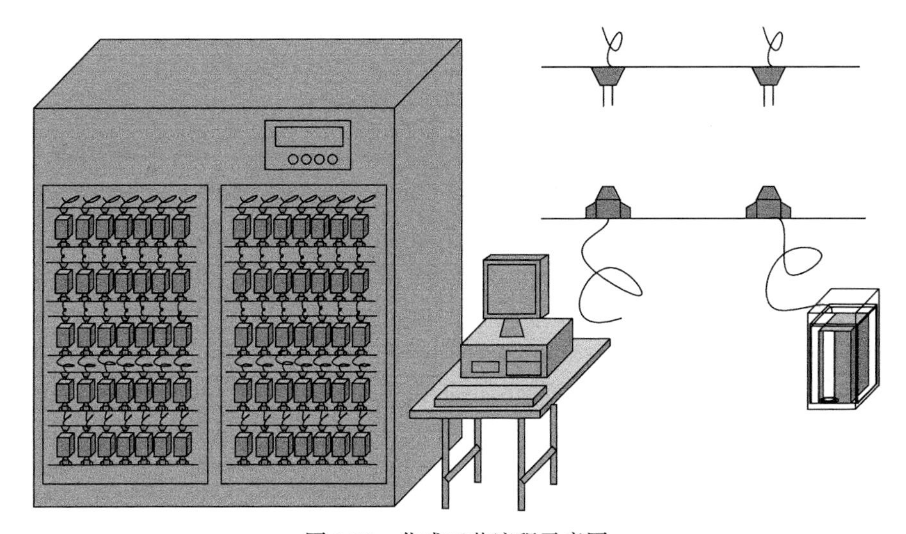

图 2.23 化成工艺流程示意图

通常采用小电流的充电方式进行预充，这种方法有助于形成稳定的 SEI 膜。SEI 膜的形成受诸多因素的影响，如化成电流的大小，当化成电流较大时，电化学反应速度加快，SEI 膜的生长速度加快，但这种条件下形成的 SEI 膜比较疏松，一致性不好且不稳定；当化成电流较小时，形成的 SEI 膜较致密、稳定。同样，温度也会对 SEI 膜的形成产生影响，当电芯处于适宜温度环境时，形成的 SEI 膜较致密；而在高温化成时，SEI 膜的生长速度较快，形成的 SEI 膜较疏松、不稳定。

此外，当电芯以开口的方式化成时，虽然便于化成时产生的气体排出，但此时电芯的注液口始终处于常压开放状态，如果环境控制不严格，可能使电池中的水分过高或杂质混入，从而导致形成的 SEI 膜不稳定。所以，化成过程中要有效地控制温度、电流和环境湿度等参数。化成过程中形成的 SEI 膜并不是稳定不变的，SEI 膜会在循环过程中缓慢增厚，这不仅会导致电池内阻增大，而且增厚的过程要消耗锂离子和电解液，进一步造成不可逆的容量损失。此外，当电池使用不当，如过充、过放或者温度过高时，SEI 膜会分解，负极表面与电解液发生剧烈的化学反应，放出大量的热，致使电池失控，引发起火爆炸。SEI 膜会直接影响电池的循环寿命、稳定性、自放电性和安全性等电化学性能。电池只有经过化成后才能体现其真实性能，电芯不经过化成工艺就不能正常地进行充放电。

老化工艺简单来说就是静置，分为常温静置和高温静置，使化成工艺形成的 SEI 膜进行充分的后续反应，需要注意的是常温车间与高温车间的温度控制，对设备与工艺的需求不高。

2.3.2　分容工艺

分容可以简单地理解为容量分选、性能筛选分级，主要通过电池充放电设备对每一只成品电池进行充放电测试和定容，即在设备上按工艺设定的充放电工步进行充满电、放空电。通过放空电所用的时间乘以放电电流可得到电池的容量。只有当电池的测试容量大于等于设计容量时，电池才是合格的。通过电池容量筛选出合格电池的过程就是分容。在分容时，若容量测试不准确，则导致电池组的容量一致性较差[11]。图 2.24 为分容工艺流程图，其中 OCV 表示开路电压(open circuit voltage)。

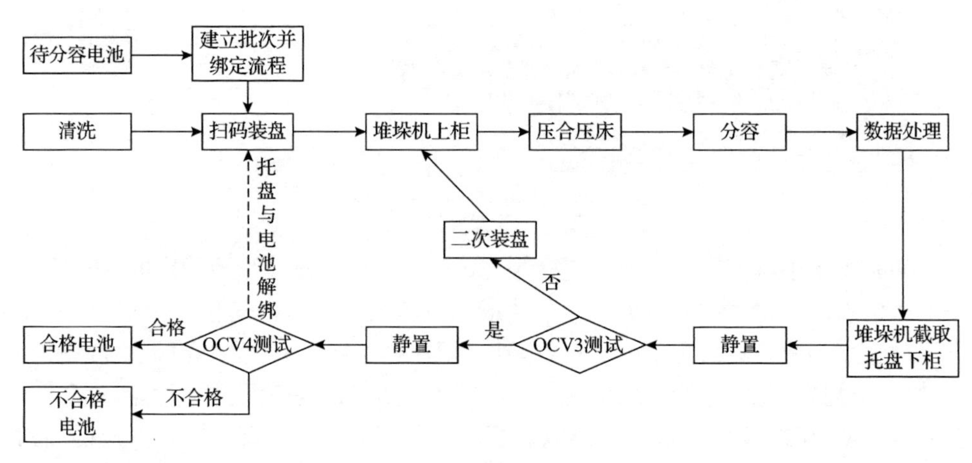

图 2.24　分容工艺流程

目前，锂电池制造商所进行的分容不再是手工检测分容，而是采用自动分容一体机进行直接分容操作，人工设定分容指标，依据相应容量、内阻或电压等指标，按照不同等级进行相应的分组，为后续的配组打包做准备。

2.3.3 检测与入库工艺

锂电池质量的检测方法有很多种，第一种检测方法是测试电池的内阻和最大放电电流，这也是最快的检验方法，采用 20A 量程的万用表，直接短接锂电池的两个电极，观察电流大小，如果电流在规定范围内，且能保持一段时间的相对稳定，则说明锂电池质量好；第二种检测方法是首先观察电池外观的丰满程度(如查看做工是否精细以及包装是否良好)判断电池的好坏，例如，一般 2000mA·h 左右的锂电池，体积偏大；然后是硬度，可以用手轻捏或者适度捏取锂电池中间部分，硬度适中，无柔软挤压感，则证明电芯比较优质；接着看重量，称取电池质量，查看锂电池的质量是否在正常范围内；最后观察发热情况，在锂电池带电工作过程中持续放电 10min 左右，测量电池放电温度，看放电温度是否正常。检测完成后，将电池按照规格以及容量档次入库。

2.4 本章小结

本章以方形锂电池为例初步介绍了订单定制化分离点，将方形锂电池生产分解为前、中、后三段，将小工艺绑定到大段生产，对应方形型号匹配小段工艺方案，并从前、中、后三段生产流程依次介绍方形锂电池的生产工艺，说明锂电池实际定制化生产的产线重组工艺流程。

参考文献

[1] 孙仁诣. 工业车辆锂电池模组生产的研究[J]. 电池工业, 2022, 26(6): 305-308.

[2] 刘巧云, 祁秀秀, 郝卫强. 锂电池用正极材料钴酸锂改性研究进展[J]. 电源技术, 2022, 46(12): 1357-1359.

[3] 陈磊. 动力锂电池步进移载式烘烤技术研究[J]. 河南科技, 2021, 40(27): 75-78.

[4] 薛有宝, 万柳, 张凯博, 等. 温度对磷酸铁锂电池化成效果的影响[J]. 能源研究与管理, 2022, 14(4): 104-109.

[5] 陈佳慧, 王飞, 危荃, 等. 锂电池安全性能无损检测技术研究进展[J]. 无损检测, 2022, 44(12): 72-75.

[6] 王磊, 张祥功. 表面焊接技术在锂电池制备中的应用和发展[J]. 船电技术, 2022, 42(12): 54-57.

[7] 刘润泽, 周楠, 李志勇, 等. 新能源汽车供能电池技术的应用分析[J]. 中国设备工程, 2022, (21): 208-210.

[8] 侯丹, 邹磊, 郭峻臣, 等. 高温高湿环境下锂电池生产工艺流程中除湿方法研究[J]. 上海节能, 2022, (10): 1315-1320.

[9] 陈燕, 杨艳, 董坤, 等. 基于投影变换的锂电池喷码字符检测定位[J]. 佳木斯大学学报(自然科学版), 2021, 39(2): 79-82, 97.

[10] 王晓飞. 锂电池负极材料生产中 VOC 废气处理的自动控制应用[J]. 中国设备工程, 2022, (20): 134-136.

[11] 郎林. 动力电池分容测试工艺优化分析[J]. 内燃机与配件, 2021, (14): 46-47.

第 3 章　锂电池定制化产线重组

随着对锂电池需求量的逐年增加，锂电池的生产效率显得尤为重要。如何解决锂电池生产车间的定制化产线重组问题，是目前动力电池高品质定制化生产领域的研究热点[1,2]。

3.1　锂电池定制化产线重组问题描述

锂电池的生产过程包括前段生产工艺、中段生产工艺和后段生产工艺，其中后段生产工艺集中在电池化成、静置等工序，因此锂电池定制化产线重组问题集中在前中段生产工艺。前中段生产工艺包括制浆、涂布、制片、烘烤等 6 道工序，每道工序对应的并行加工设备有配料机、涂布机、制片机等 6 组。假设共有 n 种锂电池生产订单需求，在 J 道工序上按顺序加工，每道工序有并行的 M_j（$M_j \geqslant 1$, $j=1,2,\cdots,J$）台机器，任意订单在第 j 道工序时可以选择该道工序并行机器的任一台进行加工。锂电池定制化产线重组问题描述如图 3.1 所示。

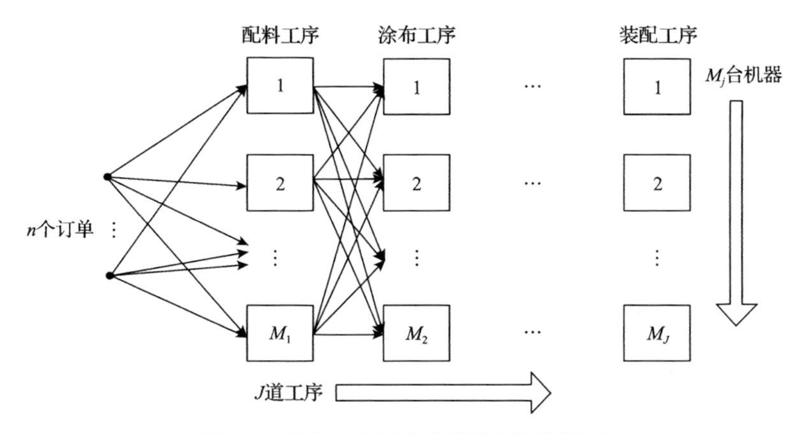

图 3.1　锂电池定制化产线重组问题描述

锂电池定制化产线重组问题将所有订单的最长完工时间作为优化目标，即

$$C_{\max} = \min\left\{\max\left\{E_{i,j} \middle| i = 1,2,\cdots,n\right\}\right\} \tag{3.1}$$

其中，$C_{\max}$ 表示所有订单的最长完工时间；$E_{i,j}$ 表示订单 i 在第 j 道工序的完工时间。

因此，锂电池定制化产线重组问题是分别在无故障生产状态和故障生产状态下设计合理的调度策略，使所有订单的最长完工时间最小。调度策略是指对 n 个订单在每道工序上的加工顺序与机器选择的安排[3]。

根据实际生产情况，在无故障生产状态下，锂电池定制化产线重组问题主要有以下分配约束条件：

$$x_{i,j,m} \in \{0,1\} \tag{3.2}$$

$$\sum_{m=1}^{M_J} x_{i,j,m} = 1 \tag{3.3}$$

$$E_{i,j} = B_{i,j} + T_{i,j} \tag{3.4}$$

$$E_{i,j} \leqslant B_{i,j+1} \tag{3.5}$$

$$\sum_{m=1}^{M_j} N_{j,m} = n \tag{3.6}$$

其中，$i=1,2,\cdots,n$，$j=1,2,\cdots,J$，$m=1,2,\cdots,M_J$；$E_{i,j}$ 表示订单 i 在第 j 道工序的完工时间；$B_{i,j}$ 表示订单 i 在第 j 道工序的开始时间；$T_{i,j}$ 表示订单 i 在第 j 道工序的加工时间；$N_{j,m}$ 表示第 j 道工序的机器 m 上的订单数量；$x_{i,j,m}$ 表示订单 i 在第 j 道工序的机器 m 上是否加工，$x_{i,j,m}=1$ 表示加工，$x_{i,j,m}=0$ 表示不加工；$\sum_{m=1}^{M_J} x_{i,j,m}=1$ 表示每个订单在每道工序上的加工只能选择一台机器进行。

式(3.4)表示对于任何订单，在任何工序上的完成时间等于该工序上的加工开始时间和加工时间之和；式(3.5)表示任何订单下一工序的开始时间大于等于前一个工序订单完工时间；式(3.6)表示对于每道工序，分配给工序内所有机器运行的订单数之和为 n。

在故障生产状态下，锂电池定制化产线重组问题还需要考虑故障约束。当检测到第 j 道工序的机器 m 发生故障时，机器开始修复，修复时间为 $T_{\text{fix},m}$，机器 m 发生故障的时刻为 $t_{\text{fault},m}$，因此修复结束的时刻 $t_{\text{fix},m}$ 可以表示为

$$t_{\text{fix},m} = t_{\text{fault},m} + T_{\text{fix},m} \tag{3.7}$$

机器 m 在 $t_{\text{fault},m} \sim t_{\text{fix},m}$ 时间内不工作，因此故障约束为

$$x_{i,j,m} = 0,\quad i=1,2,\cdots,n,\ t \in \left[t_{\text{fault},m}, t_{\text{fix},m}\right] \tag{3.8}$$

3.2　常用锂电池定制化产线重组算法

解决产线重组问题常采用精确法，但对锂电池定制化产线重组这类大规模重组问题来说求解成本较高，而且效率低。现阶段，主要采用近似法求解锂电池定制化产线重组问题。对于近似法的求解，主要从群智能算法、规则调度算法和数据驱动算法三个方面进行研究。

3.2.1　群智能算法

群智能(swarm intelligence, SI)算法是一种通过模拟蚁群、鱼群、鸟群等动物种群的自然活动来进行工作的智能算法[4]。近年来，关于群智能算法(如遗传算法[5-7]、粒子群优化算法[8-10]等)在求解锂电池定制化产线重组问题上的应用有了较好的研究成果。

1995 年，Kennedy 和 Eberhart[11]通过模拟鸟群行为发展提出了粒子群优化(particle swarm optimization, PSO)算法。鸟群在捕食过程中，有一个共同的目标是空间中仅有的一块食物，鸟群中的每只鸟都有自己的飞行速度和位置信息，同时这些信息在鸟群中是可以共享的。一开始鸟群并不知道食物的位置，只知道自己所处的位置与食物之间的距离。因此，对食物的位置信息掌握较准确的鸟会将自己的飞行速度与位置信息共享给鸟群中的其他鸟，其他鸟接收到这一信息后便迅速向指向的食物源方向汇集。基于此特性，粒子群优化算法将鸟群中的每只鸟抽象为一个没有质量的粒子，每个粒子只拥有速度和位置两个属性。速度表示粒子移动的快慢，位置表示粒子移动的方向。在 N 维目标空间中随机赋予每个粒子速度和位置。每个粒子根据自己的速度和位置在目标空间中移动搜索，试图寻找最优解，并且保持个体最优解(personal best, Pbest)。同时，每个粒子会将个体最优解与其他粒子共享。粒子群中最好的个体最优解就是全局最优解(global best, Gbest)。所有的粒子根据当前个体最优解和全局最优解以及当前自身的位置和速度来调整之后自己的位置和速度。同时，所有粒子都有一个由优化函数决定的适应值(fitness value)。

粒子 p 的速度和位置更新公式如下：

$$V_{pd}^{k+1} = wV_{pd}^{k} + c_1 r_1 \left(\text{Pbest}_{pd}^{k} - X_{pd}^{k}\right) + c_2 r_2 \left(\text{Gbest}_{pd}^{k} - X_{pd}^{k}\right) \tag{3.9}$$

$$X_{pd}^{k+1} = X_{pd}^{k} + V_{pd}^{k+1} \tag{3.10}$$

其中，w 为惯性常数，决定了粒子先前的速度对当前速度的影响，一般取值为

0.8～1.2；c_1 为自我学习因子；c_2 为种群学习因子；r_1、r_2 为区间[0,1]上均匀分布的随机数；X_{pd}^k 为粒子 p 在第 k 次迭代中第 d 维的位置；Pbest_{pd}^k 为粒子 p 在第 k 次迭代中第 d 维的个体最优位置；Gbest_{pd}^k 为种群粒子在第 d 维的全局最优位置。

粒子群优化算法的基本步骤如下。

步骤 1：随机初始化粒子，设置相关参数。

步骤 2：计算每个粒子的适应度值。

步骤 3：更新个体最优值和全局最优值。

步骤 4：按照式(3.9)和式(3.10)更新粒子的速度和位置。

步骤 5：判断是否达到终止条件，若达到，则输出结果；否则，返回步骤 2。

3.2.2 规则调度算法

规则调度算法是指系统运行时，根据一定的规则和策略来决定下一步操作的调度算法，是一种启发式调度规则[12,13]。规则调度算法的优点是简单实用、易于实现，因此在实际生产中得到了广泛应用[14]。表 3.1 为调度规则的分类。

表 3.1 调度规则的分类

调度规则	描述	特点
简单优先规则	通常只包含一个车间系统参数	最短加工时间、最早交货期
组合规则	综合考虑多种规则共同做出决策	最短加工时间与最早交货期组合
加权规则	将简单优先规则进行线性组合	加工时间与交货期线性组合
启发式规则	有赖于系统配置的规则	考虑系统配置

3.2.3 数据驱动算法

数据驱动的产线重组算法(简称数据驱动算法)是基于目前智能工厂获取到的大量生产数据做出更好的决策。常见的数据驱动算法包括基于仿真的算法和人工智能算法。

基于仿真的算法是利用计算机软件对一系列已有的调度规则进行仿真[15]，选择性能最好的调度规则用于产线重组问题中与仿真系统环境相似的产线重组过程。

步骤 1：找到调度规则与生产车间环境的对应关系；

步骤 2：将其应用于与实际环境相似的产线重组问题中。

人工智能算法是将已有的仿真结果作为训练数据，通过训练结果为每个未知系统状态确定相应的最好规则，同时做出智能决策。常见的算法有专家系统、机器学习和人工神经网络[16]。

步骤 1：确定表示系统状态的属性；

步骤 2：训练得到系统状态与规则(或决策)的对应关系，如决策树、BP 神经网络等；

步骤 3：实现实时生产状态与产线重组的动态匹配，指导混合车间的实时产线重组过程。

3.3　无故障状态下的锂电池定制化产线重组

锂电池定制化产线重组是离散问题，它需要确定n个订单在每个加工工序中的加工顺序，其结果由s个 1～n的整数排列组成。设置目标优化函数为

$$f(\cdot)=\frac{1}{C_{\max}} \tag{3.11}$$

粒子群优化算法求解的是连续问题的最优解，因此采用实数编码的方式，假设某N维粒子的实数位置向量已知，而每一位实数对应的订单编号是按照该实数在位置向量中的数值大小确定的，其中最小的数值对应订单号 1，次小的数值对应订单号 2，最大的数值对应订单号N，例如，工件 5 对应的粒子位置向量为(1.25, 0.28, 1.37, 0.82, 0.56)，因为它们从小到大的排序结果为(0.28, 0.56, 0.82, 1.25, 1.37)，所以可以确定工件 5 的加工顺序为(2, 5, 4, 1, 3)。本节编码只表示订单在锂电池第一阶段(配料工序)的加工顺序，后续工序的加工顺序由下面的解码规则确定。

(1)先到先加工规则。对于配料工序，订单完全按照由算法得到的初始调度结果的顺序优先选择合适的机器进行加工，而对于剩下的工序，则按照先到先加工原则，即按照订单到达该工序的先后顺序安排其加工顺序，若有多个订单同时到达该工序，则优先安排剩余未加工时间最长的订单，直至安排完该工序的所有订单顺序，最终得到每个工序的调度顺序。

(2)并行机器选择规则。对于任何工序上的并行机器，优先选择将当前订单最先完成的机器，即先比较当前订单上一工序的完成时间和当前工序所有并行机器的最早开始时间，得出可最早加工的时间，再加上当前订单在各个并行机器对应的加工时间，对比得出其中完成时间最短的机器，若多个并行机器完成的时间均最短，则选择加工时间最短的机器进行加工。

基于上述编码和解码规则，可以构成一个完整的锂电池产线重组方案。考虑到标准粒子群优化算法开始运行时粒子具有较快的收敛速度，随着迭代的进行，算法常常由于其粒子更新停滞而陷入局部最优。为避免更新停滞的粒子陷入局部最优，本节提出一种多重对称学习策略，求解该粒子的多个邻域粒子。

对于N维向量$S=\left(x_1,x_2,\cdots,x_N\right)$，其中$x_d\in\left[-a_d,a_d\right]$，$d\in\{1,2,\cdots,N\}$，随机

生成 1～N之间不相同的整数b和c，形成由x_b轴到x_c轴的对称平面，则对称向量S'的坐标分量表示为

$$\begin{cases} x'_d = -x_d, & d \neq b \wedge d \neq c \\ x'_d = x_d, & d = b \vee d = c \end{cases} \tag{3.12}$$

对于N维更新停滞粒子$p=(x_1,x_2,\cdots,x_N)$，令$\{p'_1,p'_2,\cdots,p'_{n_1}\}$为$p$的$n_1$个对称粒子，$N$维更新停滞粒子进行更新时会随机生成$n_1$对不相同的整数，形成$n_1$个对称平面，利用式(3.12)即可得到$n_1$个对称粒子$\{p'_1,p'_2,\cdots,p'_{n_1}\}$。若某个对称粒子满足

$$f\left(p'_g\right) \geqslant f(p), \quad g \in \{1,2,\cdots,n_1\} \tag{3.13}$$

则说明该更新停滞粒子的目标优化值不是最优的，可选择目标优化值更优的对称粒子p'_g进行后续迭代。但可能会出现多个目标优化值更优的对称粒子。

在满足式(3.13)的对称粒子中，若某个对称粒子同时满足

$$f\left(p'_g\right) \geqslant f\left(p'_{g_1}\right), \quad g_1 \in \{1,2,\cdots,n_1\}, \quad g_1 \neq g \tag{3.14}$$

则说明该对称粒子的目标优化值优于其自身且优于其他对称粒子的目标优化值，用该对称粒子替换原来粒子进行后续迭代寻找最优值，从而避免陷入局部最优。

因此，若出现某个对称粒子满足

$$\begin{cases} f\left(p'_g\right) \geqslant f(p), & g \in \{1,2,\cdots,n_1\} \\ f\left(p'_g\right) \geqslant f\left(p'_{g_1}\right), & g_1 \in \{1,2,\cdots,n_1\}, \quad g_1 \neq g \end{cases} \tag{3.15}$$

则说明该更新停滞粒子的目标优化值不是最优的，可选择目标优化值更优的对称粒子进行后续迭代。但可能会出现多个目标优化值更优的对称粒子。

为防止粒子飞出解空间，设置粒子p的搜索空间$X_{pd} \in \left[-X_{\max,d}, X_{\max,d}\right]$，$d \in \{1,2,\cdots,N\}$。若粒子飞出解空间，则粒子$p$第$d$维的位置的边界处理方法如下：

$$\begin{cases} X_{pd}^{k+1} = X_{pd}^{k} + \left(X_{\max,d} - X_{pd}^{k}\right) \times \text{rand}, & X_{pd}^{k+1} > X_{\max,d} \\ X_{pd}^{k+1} = X_{pd}^{k} + \left(-X_{\max,d} - X_{pd}^{k}\right) \times \text{rand}, & X_{pd}^{k+1} < -X_{\max,d} \end{cases} \tag{3.16}$$

将目标优化值最好的个体粒子视为种群最优粒子，对个体粒子进行多重对称学习处理后，种群最优粒子仍有可能陷入早熟收敛，所以有必要进行进一步的全局搜索。同时，为了避免因过度搜索导致算法优化效率的降低，首先要判断种群

最优粒子是否陷入早熟收敛。针对这一问题，本节提出改进变邻域搜索算法，以提高算法的搜索效率。

为弥补传统变邻域搜索算法局部搜索能力不强的缺陷，设计以下 3 个邻域结构。

(1)多重对称学习 ξ_1：对于某个粒子，随机生成多个对称平面得到邻域粒子，由该邻域粒子位置向量得到对应的邻域粒子编码。

(2)反向学习 ξ_2[17]：对于某个粒子，求出该粒子的反向解，由该反向粒子的位置向量得到对应的反向粒子编码。

(3)逆序变异 ξ_3[18]：对于某个粒子，随机选择粒子位置向量中的两个位置点，将这两点之间的片段逆序得到逆序粒子，由该逆序粒子的位置向量得到对应的逆序编码。

在确定邻域结构后，为了避免整个算法进行无效搜索，提高算法的搜索效率，利用多次抖动搜索判断种群最优粒子是否陷入早熟收敛。若种群最优粒子陷入早熟收敛，则保存抖动后的最优粒子进行下一步的局部搜索；反之，无须局部搜索直接输出此种群最优粒子。

本节提出混合变邻域粒子群优化(hybrid variable neighborhood particle swarm optimization, HVNPSO)算法，具体步骤如下。

步骤 1：参数初始化。设定迭代次数为 gen，迭代次数上限为 Gen，种群规模为 Psize，惯性常数为 w，学习因子为 c_1、c_2，搜索最大边界为 $X_{\max}$，多重对称学习搜索次数为 n_1，改进变邻域搜索的搜索次数为 n_2、n_3，以及停滞次数判断为 l。设迭代次数初始值 gen = 0。

步骤 2：种群初始化。随机生成 Psize 个粒子，构造初始粒子种群，将各初始粒子作为初始的个体最优粒子 Pbestp，由式(3.11)计算出个体最优粒子值 Pbestv，根据各粒子值得出种群最优粒子 Gbestp 和种群最优粒子值 Gbestv。初始化个体粒子的停滞次数 count_P 和种群粒子的停滞次数 count_g。

步骤 3：令 gen = gen+1，对 Psize 个粒子进行速度和位置的更新，利用式(3.16)对飞出边界的粒子进行边界处理。

步骤 4：计算更新后各粒子的目标优化值，并更新个体最优粒子 Pbestp、个体最优粒子值 Pbestv、种群最优粒子 Gbestp、种群最优粒子值 Gbestv、个体粒子停滞次数值 count_P、种群粒子停滞次数值 count_g。若 $\text{count}_P = \lfloor \text{gen}/l \rfloor$，则跳至步骤 5，若 $\text{count}_g = \lfloor \text{gen}/l \rfloor$，则跳至步骤 6。其中，$\lfloor \cdot \rfloor$ 为向下取整符号。

步骤 5：利用式(3.12)和式(3.13)跳出局部最优，得到改进后的个体最优粒子 Pbestp 和个体最优粒子值 Pbestv。

步骤 6：利用改进变邻域搜索算法和多重对称学习邻域搜索算法得到改进后的种群最优粒子 Gbestp 和种群最优粒子值 Gbestv。

步骤 7：淘汰目标优化值较差的粒子，并随机产生新的粒子加入种群中。

步骤 8：判断迭代次数 gen 是否达到设定的上限 Gen ，若未达到，则返回步骤 3；若达到算法迭代次数上限，则输出种群最优粒子 Gbestp 和种群最优粒子值 Gbestv，算法结束。

3.4 故障状态下的锂电池定制化产线重组

当动力电池生产车间某并行机器 m 在时刻 t 发生故障时，机器 m 在时间 $t \in \left[t_{\text{fault},m}, t_{\text{fix},m}\right]$ 内是不工作的，不同订单的工序任务可能处于三种状态，分别是已完工、未加工和正在加工，此时仅对受到故障影响且正在加工和未加工的工序进行调整。基于 3.3 节提出的 HVNPSO 算法，本节提出基于局部重调度的混合变邻域粒子群优化算法(hybrid variable neighborhood particle swarm optimization based local rescheduling method, HVNPSO-LRM)，针对受影响的订单工序进行重新调度，以降低机器故障对最小化最长完工时间产生的影响。局部重调度法将受影响的工序进行机器的重新选择，即利用先到先加工规则和并行机器选择规则进行重新调度，例如，在图 3.2 中，当工序 2 的并行机器 2 号在时刻 $t_{\text{fault},2}$ 发生故障时，正在加工的订单 4 的工序 2 需要重新进行加工，以及还未加工的订单 3、订单 1 的工序 2 和工序 3 也需要重新安排加工的顺序。传统的右移策略示意图如图 3.3 所示，考虑到机器的修复时间 $t_{\text{fix},2}$，采用解码规则对受影响的订单 4、订单 3、订单 1 的工序 2 和工序 3 进行资源重新分配，得到的动态调度结果如图 3.4 所示。

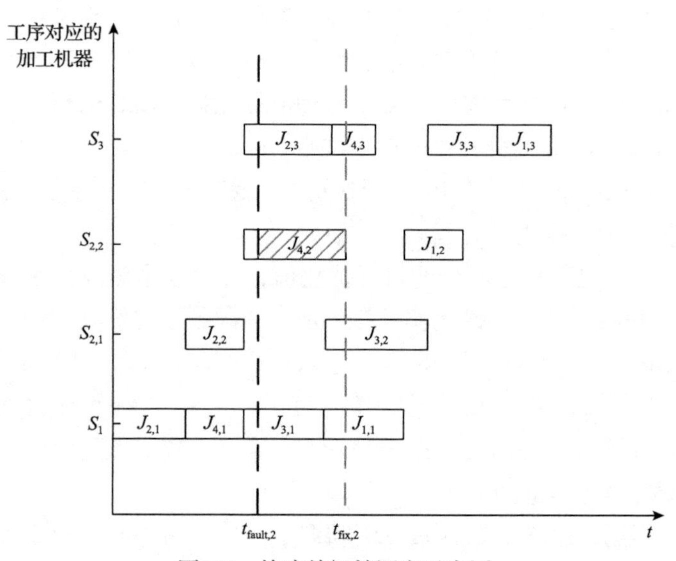

图 3.2 故障前初始调度示意图

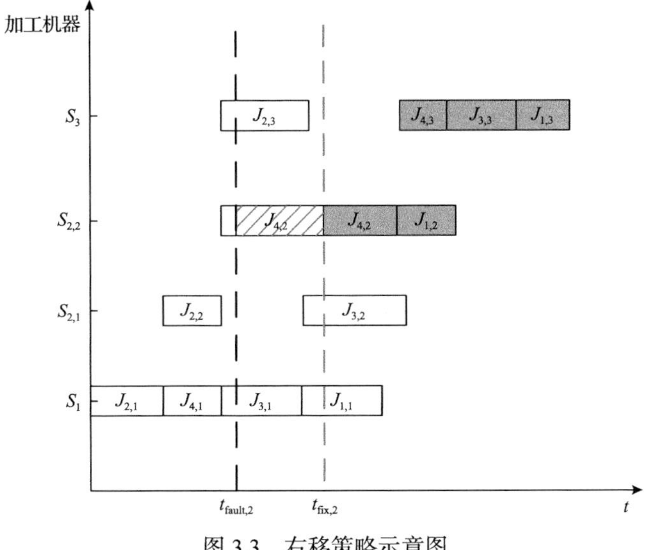

图 3.3　右移策略示意图

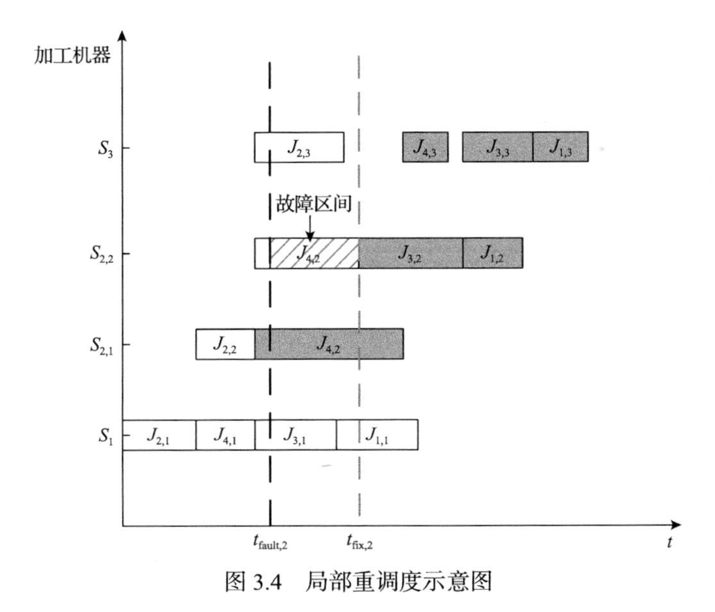

图 3.4　局部重调度示意图

3.5　锂电池定制化产线重组案例

对某电池生产公司中的软包电池生产的前中段进行定制化产线重组，首先获取该公司的相关数据，该公司在前、中段 6 道工序上对应的并行机器个数分别为 2、3、2、3、2、2，共 14 台机器，获取该公司 10 个待加工的订单加工时间。不同电池订单需求在不同工序下的加工时间如表 3.2 所示。

表 3.2　不同电池订单需求在不同工序下的加工时间

工序	机器号	不同电池订单的加工时间/h									
		J_1	J_2	J_3	J_4	J_5	J_6	J_7	J_8	J_9	J_{10}
配料工序	1	6	6.2	5.8	5.4	6	6	7	6.2	6.5	6
	2	4	3.8	4.2	4.4	4.4	4.8	3.2	3.5	2.5	3
涂布工序	3	2.2	2.1	3.8	4.3	2.5	2.5	2.2	2.3	2.4	2.2
	4	2.9	2.8	3.4	2.5	1.8	2.6	3.4	3.2	3.3	3.1
	5	2.6	2.1	2.8	2.3	2.5	3	3.2	2.3	2.4	2.9
制片工序	6	2.2	2.8	2.4	2.5	2.8	1.6	2	2.9	3.5	3.3
	7	2.2	2.1	2.8	2.3	2.5	2.4	2.5	2.3	2.4	2.9
烘烤工序	8	8	8.1	8.8	8.3	7.5	8.5	8.2	8.3	7.4	7.8
	9	6	5.1	6.8	5.3	6.5	5.5	6.2	5.3	5.4	5.9
	10	5.8	5.4	6.2	5.8	6.2	5	7.2	6.2	7.2	6
叠片工序	11	1.7	2.4	1.5	2.5	2.8	3.3	2	3.2	2.3	2.3
	12	2	2	1.8	2.3	2.5	2.1	2.2	2.1	2.4	1.9
装配工序	13	2.2	2.1	2.4	2.5	2.3	2.3	2	2.1	2.3	3.1
	14	2.2	2.1	2.4	2.5	2.3	2.3	2	2.1	2.3	3.1

采用 HVNPSO 算法求解这 10 个订单生产的静态最优产线重组方案，其初始参数的设置如表 3.3 所示，与标准 PSO 算法和反向粒子群优化(inverse particle swarm optimization, IPSO)算法生成的最优产线重组结果进行对比，所得结果如图 3.5～图 3.7 所示，并用 3 种算法分别求解 10 次取平均值进行收敛性分析，分析结果如图 3.8 所示。

由图 3.5～图 3.7 可以看出，HVNPSO 算法的初始最优产线重组的完工时间为 36.9h，PSO 算法的完工时间为 40.3h，IPSO 算法的完工时间为 39h。由图 3.8 可以看出，HVNPSO 算法的收敛性明显好于其他两种对比算法，可以更快地实现粒子寻优。在图 3.5 所示的静态最优产线重组基础上，当 $t=15$ 时，检测到涂布设备中的 3 号机器发生故障，考虑到此机器的修复时间为 5h，采用 HVNPSO-LRM 进行重产线重组，并与右移策略(right shift strategy, RSS)算法进行比较，获得的动态产线重组结果如图 3.9 和图 3.10 所示。

表 3.3　HVNPSO 算法初始参数的设置

参数	数值	参数	数值
初始种群 Psize	50	惯性常数 w	0.9
迭代次数 gen	200	自我学习因子 c_1	1.8
边界 X_{max}	10	种群学习因子 c_2	1.6
多重对称学习次数 n_1	3	改进变邻域搜索次数 n_2, n_3	2,6

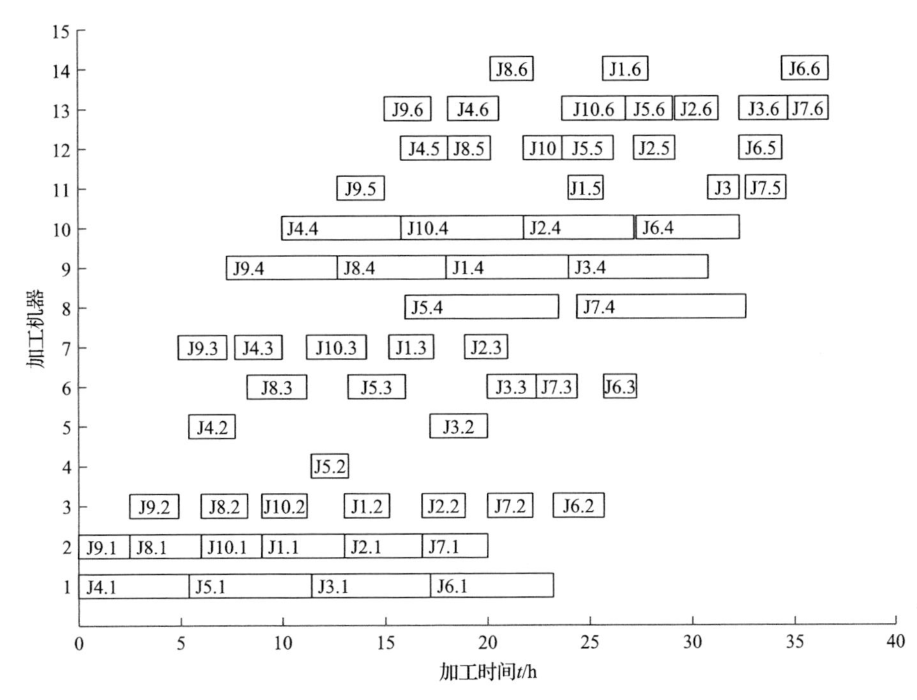

图 3.5　HVNPSO 算法产线重组甘特图

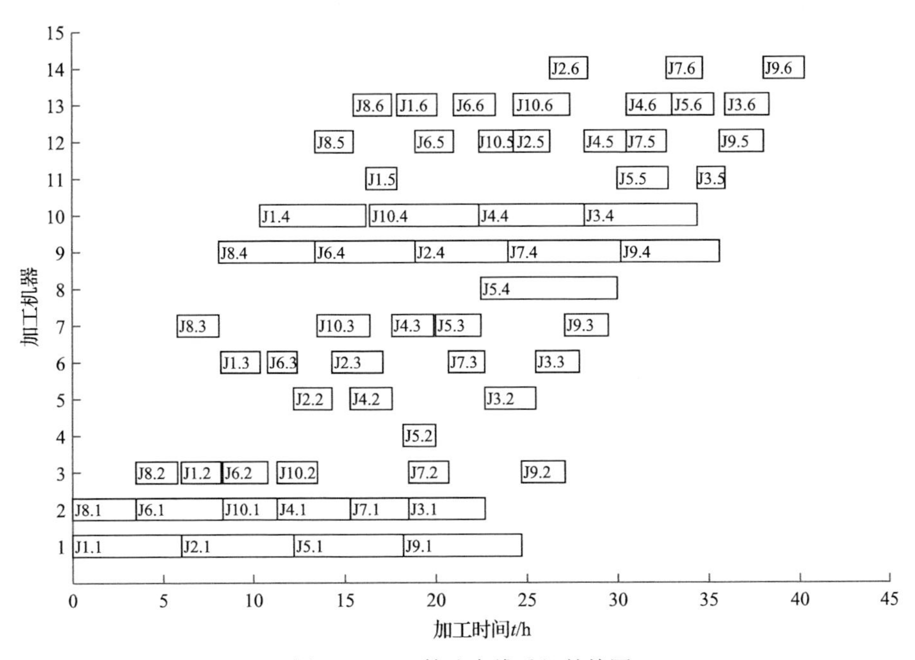

图 3.6　PSO 算法产线重组甘特图

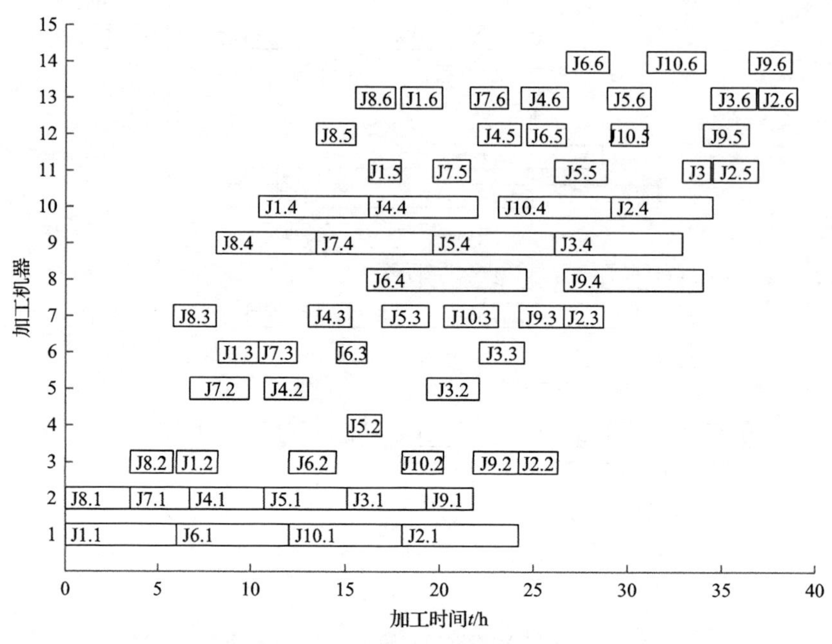

图 3.7 IPSO 算法产线重组甘特图

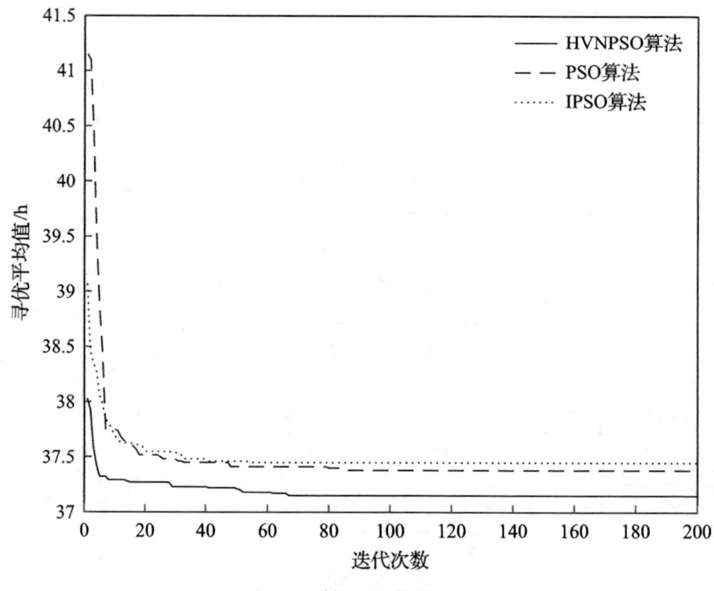

图 3.8 算法收敛性对比

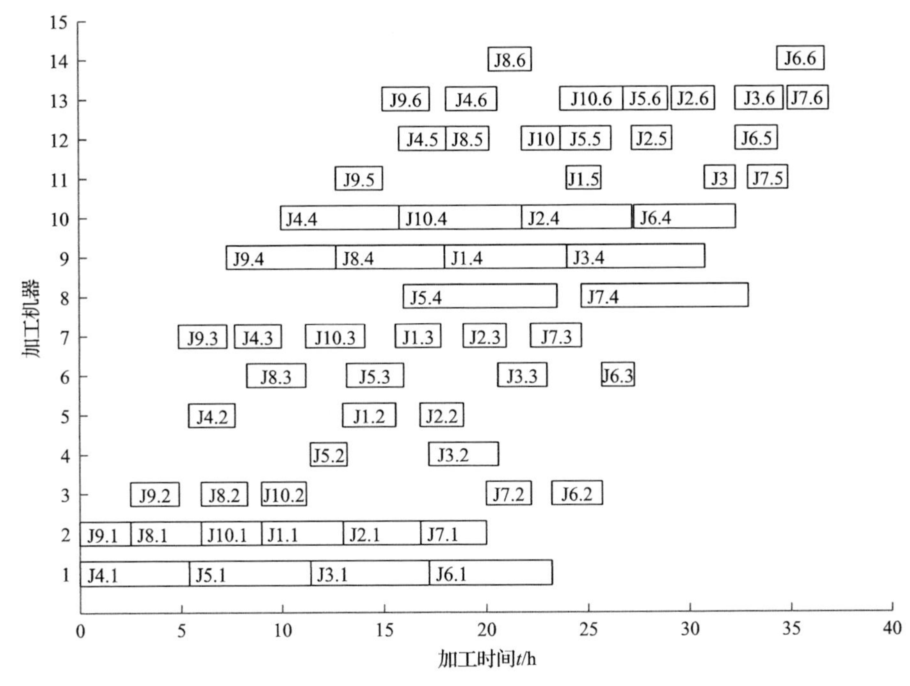

图 3.9　HVNPSO-LRM 重产线重组甘特图

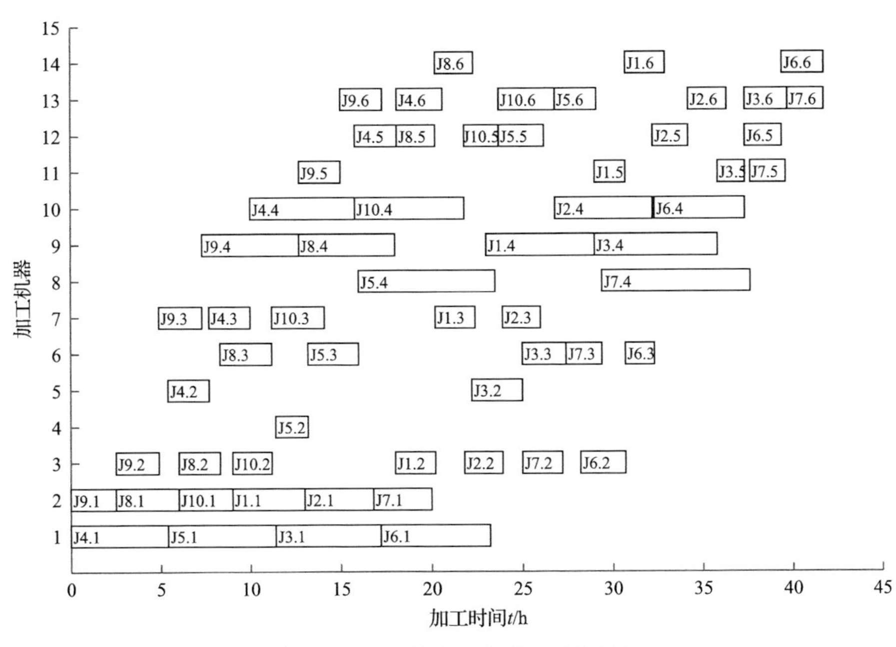

图 3.10　RSS 算法重产线重组甘特图

由图 3.9 和图 3.10 可以看出，采用 HVNPSO-LRM 进行重调度的最长完工时间为 36.9h，仅比静态最优调度推迟了 0.2h，而采用 RSS 算法进行重调度的最长完工时间为 41.7h。

3.6 本章小结

本章主要介绍了粒子群优化算法的基本原理及其在锂电池定制化产线重组问题中的应用。基于粒子群优化算法，设计多重对称学习法和改进变邻域搜索算法进行粒子全局搜索，避免出现个体粒子陷入局部最优和整个种群最优个体陷入早熟收敛的情况。求解机器故障下的锂电池定制化产线重组问题时，在静态最优产线重组的基础上设计局部重产线重组策略，以降低机器故障对静态最优产线重组的影响。

参考文献

[1] 李凡, 何山, 车晋伟, 等. 大规模定制模式下动力锂电池生产计划策略与算法研究[J]. 制造业自动化, 2021, 43(1): 4-7, 16.

[2] 吴梦晗. 动力电池自动化生产化成段调度方法研究[D]. 武汉: 武汉理工大学, 2018.

[3] 李俊青, 李文涵, 陶昕瑞, 等. 时间约束混合流水车间调度问题综述[J]. 控制理论与应用, 2020, 37(11): 2273-2290.

[4] 张青. 群智能算法及应用研究[D]. 武汉: 中国地质大学, 2009.

[5] Chamnanlor C, Sethanan K, Gen M, et al. Embeddingant system in genetic algorithm for re-entrant hybrid flow shop scheduling problems with time window constraints[J]. Journal of Intelligent Manufacturing, 2015, 28(8): 1915-1931.

[6] 闫萍, 刘梦诗. 基于免疫遗传算法的停机位动态再分配优化[J]. 计算机仿真, 2021, 38(10): 53-57.

[7] 罗苇杭. 基于非支配排序遗传算法的时变时间窗多目标车辆路径问题研究[D]. 济南: 山东大学, 2020.

[8] 孙滢. 若干最优化问题的粒子群算法及应用研究[D]. 合肥: 合肥工业大学, 2021.

[9] 秦琪, 赵帅, 陈绍炜, 等. 基于粒子群优化粒子滤波的电容剩余寿命预测[J]. 计算机工程与应用, 2018, 54(20): 237-241.

[10] 苏守宝, 陈秋鑫, 王池社, 等. 群活性反馈的变异自适应分数阶粒子群优化[J]. 中国科学技术大学学报, 2020, 50(7): 1026-1034.

[11] Kennedy J, Eberhart R. Particle swarm optimization[C]. International Conference on Neural Networks, Perth, 1995: 1942-1948.

[12] 高丽, 周炳海, 杨学良. 基于多规则资源分配的柔性作业车间调度问题多目标集成优化方法[J]. 上海交通大学学报, 2015, 49(8): 1191-1198.

[13] 龙田, 王俊佳. 基于调度规则和免疫算法的作业车间多目标调度[J]. 信息与控制, 2016, 45(3): 278-286.

[14] Ranke J, Nguyen S, Pickardt C. Automated design of production scheduling heuristics: A review[J]. IEEE Transactions on Evolutionary Computation, 2015, 20(1): 110-124.

[15] 宋筱轩, 冯天恒, 黄平捷, 等. 基于动态数据驱动的突发水污染事故仿真方法[J]. 浙江大学学报(工学版), 2015, 49(1): 63-68, 78.

[16] 李浩楠, 刘勇. 模糊神经网络的优化及其应用[J]. 哈尔滨理工大学学报, 2020, 25(6): 142-149.

[17] 余修武, 张可, 刘永, 等. 基于反向学习的群居蜘蛛优化 WSN 节点定位算法[J]. 控制与决策, 2021, 36(10): 2459-2466.

[18] 崔琪, 吴秀丽, 余建军. 变邻域改进遗传算法求解混合流水车间调度问题[J]. 计算机集成制造系统, 2017, 23(9): 1917-1927.

第4章 锂电池定制化生产工艺

常见的锂电池生产过程主要由以下步骤组成：预处理、材料搅拌、涂布、辊压、切片、极耳焊接、叠片、成型封边、真空干燥、注电解液、化成、老化、配组[1]。在定制化生产过程中，部分参数无法量化，且难以维持生产过程中每个步骤的完全一致，每个步骤都可能使电池的各项参数产生偏差，从而导致单体电池之间的性能差异。例如，在混料过程中，正负极材料的密度难以通过搅拌过程达成完全一致；在辊压过程中，压杆存在的细微抖动会导致布上材料厚度的不均匀，从而导致单体电池之间的性能差异。可见，锂电池的生产是一个工序很多的复杂过程，对最终的电池组而言，配组工艺是生产工艺方案确定后对电池组性能产生关键性影响的工序，如何既能保证电池配组性能，又能满足电池定制化生产的需求，一直是锂电池生产行业中的研究热点。另外，在生产过程中，针对不同规格电池的定制化生产需求，所生产的锂电池具备不同的容量、电压、功率等，体型也存在差异。在根据定制化需求改变生产方案时，应尽可能减小电池生产工艺各个步骤的差异，提高电池的一致性以保障电池生产的稳定性与产品质量。电池生产过程中各个工艺环节对电池的一致性影响程度没有明确的区分，更多地是依靠工程师的实际经验主观判断，会存在一定的偏差。因此，量化分析各个工艺环节对电池一致性的影响程度是十分必要的。

4.1 锂电池定制化生产工艺分析

锂电池定制化生产工艺流程主要包括13个工艺环节，可分为制片工艺阶段、装配工艺阶段、分选组装工艺阶段[2]，如图4.1所示。

制片工艺阶段包括材料的预处理、材料搅拌、涂布、辊压、切片五个工艺环节，主要作用是先对基础材料进行处理，然后涂布、辊压得到成组的电池极片，最后根据电池的定制化生产需要进行切片得到电池极片。

装配工艺阶段包括极耳焊接、叠片、成型封边、真空干燥、注电解液五个工艺环节，主要作用是在基础材料的基础上完成电池的成型制造，得到软包电池。

分选组装工艺阶段包括化成、老化和配组分选三个工艺环节，主要是对成型的电池进行激活，再根据一致性要求对电池进行检测分选，得到合格的成组电池产品。

不同的工艺环节对于成组的锂电池一致性有着不同的影响，在进行定制化生产时，要根据不同的定制化需求及时调整工艺方案。其中，化成工艺环节会激活

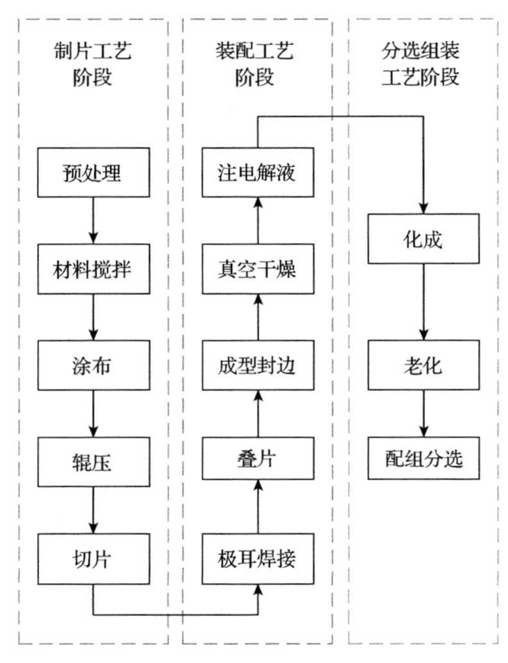

图 4.1　锂电池定制化生产工艺流程图

单体电池，之后利用配组工艺组成电池组，得到最终的电池产品，这个过程会直接影响到电池的电压、容量、功率等性能[3]。本章主要从锂电池的分选组装工艺阶段着手，对锂电池的生产工艺进行分析。

4.2　锂电池化成工艺分析

化成工艺是指在锂电池的生产制造中，通过双向直流-直流(direct current/direct current，DC/DC)化成器反复给电池进行阶梯式充电和放电的过程，其目的是激活电池内部的化学能以及在电极表面特别是碳负极形成稳定的 SEI 膜[4]。本节从锂电池化成原理入手，以使读者可以更好地理解化成过程。

4.2.1　化成原理

以磷酸铁锂电池为例，给锂电池反复充电和放电的化成原理如图 4.2 所示。

磷酸铁锂电池的正极材料是橄榄石结构的 $LiFePO_4$，用铝箔连接，负极材料是石墨，用铜箔连接。正负极之间是电解质，中间是聚合物隔膜。

锂电池化成过程的电极反应式如下。

(1) 正极：

$$LiFePO_4 \rightleftharpoons Li_{1-x}FePO_4 + xLi^+ + xe^- \tag{4.1}$$

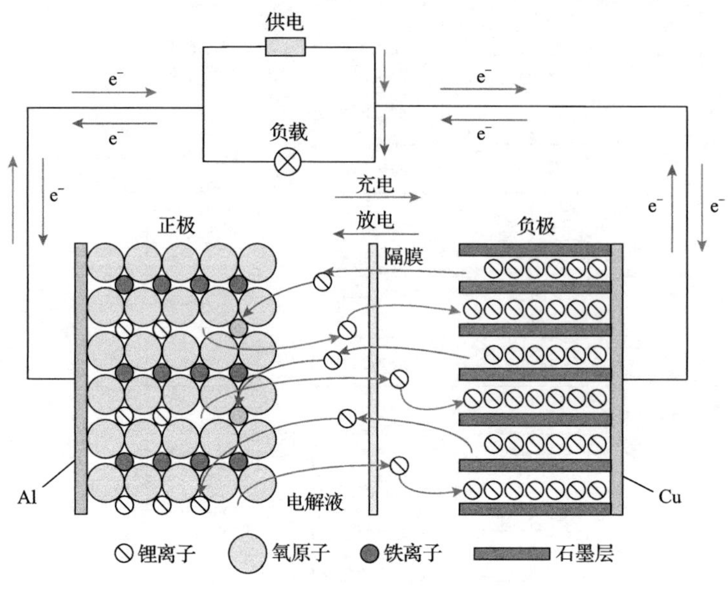

图 4.2　锂电池化成原理

(2) 负极：

$$6C+xLi^{+}+xe^{-} \rightleftharpoons Li_xC_6 \tag{4.2}$$

因此，总反应为

$$LiFePO_4 + 6C \rightleftharpoons Li_{1-x}FePO_4 + Li_xC_6 \tag{4.3}$$

其中，x表示生成物和反应物的对应数量关系。

通过反应式可以看出，充电时，锂离子逐渐从 $LiFePO_4$ 晶格中脱出，进入电解液并渗透隔膜，最终在电力场作用下迁移到负极的石墨表面，与石墨层镶嵌形成 Li_xC_6。为弥补负极材料因添加正电荷的锂离子产生的电荷不均衡现象，电子通过外在导体由正极移动到负极。放电时的反应过程则相反，锂离子从负极的 Li_xC_6 脱出，经隔膜迁移至正极。

锂电池初次生产出来后，锂离子仍在正极材料晶格中，在首次充电的过程中迁移到碳负极表面。此时，在电压作用下，锂离子、电解质、碳负极三者会发生一系列的电化学反应，并最终在负极表面形成 SEI 膜[5]。它的形成对电池性能的影响巨大，一方面它不溶于有机溶剂，可以防止电解质与碳负极发生反应，从而保护负极，使其不易坍塌；另一方面消耗了负极反应所需的锂离子，从而降低了充放电效率。通常需要对锂电池进行反复地充放电才能形成 SEI 膜，这个过程称为化成。

4.2.2 化成特性

锂电池化成充电的一个循环可以分为四个阶段，分别是预充电、恒流充电、恒压充电和涓流充电[6]。预充电阶段采用涓流充电方式，目的是针对长期未使用的电池或电压远低于设定阈值的电池进行恢复性充电和保护性充电。由于锂电池的能量密度较高，若直接采用大电流快充，则会损害电池性能，降低电池使用寿命。实验表明，锂电池在 0%～20%的荷电状态(state of charge, SOC)值时，能接受的最大充电效率较低，涓流充电完全满足电池的需要。在电压达到设定阈值后，提高充电电流为 1/3*C*(*C* 为充电倍率，即充电电流相对电芯额定容量的倍数)，此时电池进入快速充电状态。一般恒流充电的电流范围为 0.2*C*～1*C*, SOC 为 20%～90%。电池电压在恒流充电阶段逐步上升，直至达到充电截止电压。此时的电压并不是实际电压值，其中包含极化电压，若停止充电，则电池并未充满。为了去除极化电压，还需保持 3.6V 的恒压充电。此阶段电流逐渐减小，这就是去极化的过程。同时，恒压充电也可以防止过充的情况发生。当电流下降到额定容量的 10%时，采用涓流充电。为弥补自放电造成的能量损失，最后在化成的一个周期结束时采用小电流充电方式，可以延长电池的使用寿命。

4.2.3 化成流程

锂电池化成工艺的总体流程如图 4.3 所示。

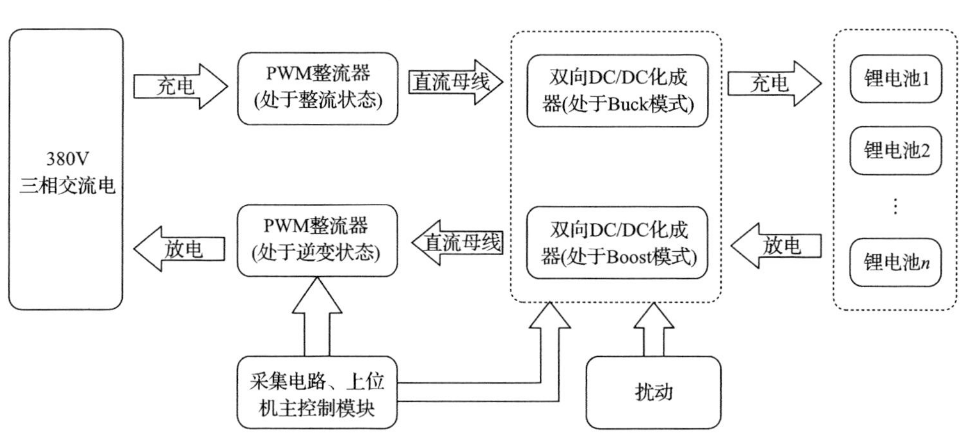

图 4.3　锂电池化成工艺的总体流程

对锂电池反复进行充放电的过程是通过脉宽调制(pulse width modulation, PWM)整流器、双向 DC/DC 化成器等模块共同完成的[7]。采集电路、上位机主控制模块负责采集模块返回的参数，并通过控制器局域网(controller area network, CAN)总线控制模块状态。一般情况下，在锂电池充电时，电网侧的 380V 三相交流电先经过 PWM 整流器模块整流成 350～400V 的直流电，再通过上位机控制双向 DC/DC 化成器处于 Buck 模式，将直流电的电压降低为可直接施加在锂电池两侧的充电电压。在锂电池放电时，上位机控制双向 DC/DC 化成器处于 Boost 模式，将释放的直流电的电压升高，再由 PWM 整流器逆变成交流电，最终将锂电池释放的能量反馈回电网。这种方式消除了传统使用电阻消耗锂电池释放的多余电能的弊端，使得大量电能回收再利用，也称为能量回馈式的化成系统。

然而，这种化成方式也无法避免复杂生产环境下未知噪声对化成系统的干扰问题，如采集电路对模块的误采样、控制模块对双向 DC/DC 化成器的误控制、电磁干扰等。

4.2.4 DC/DC 化成器的建模

一种典型的非隔离型双向 DC/DC 化成器的电路拓扑图在化成过程中的作用如图 4.4 所示。

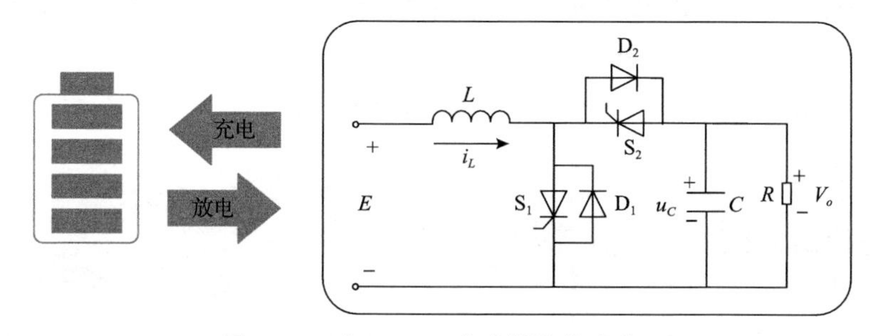

图 4.4 双向 DC/DC 化成器的化成过程

图 4.4 中，i_L 和 u_C 分别是电感电流和电容电压，E 、L 、C 、R 、V_o 分别是恒压源、电感、电容、负载电阻和输出电压，S_1 和 S_2 代表功率开关器件，常用的有金属-氧化物-半导体场效应晶体管（metal-oxide-semiconductor field effect transistor, MOSFET）、绝缘栅双极型晶体管（insulated gate bipolar transistor, IGBT）等，D_1 和 D_2 代表二极管。S_1 和 S_2 的切换通断组合使双向 DC/DC 化成器工作在 Buck 模式或 Boost 模式，以完成对锂电池的充电或放电，如图 4.5 所示。

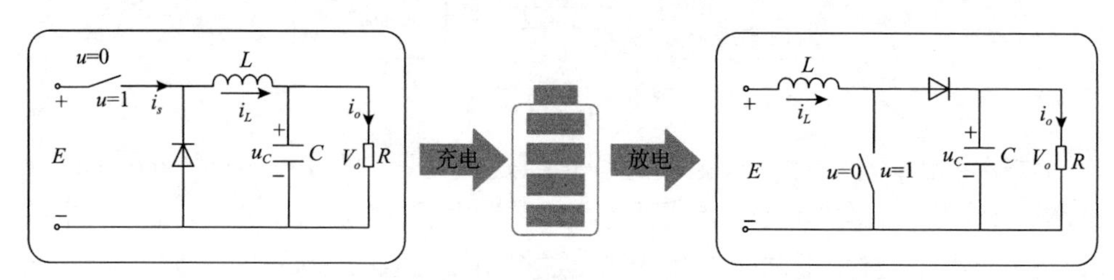

图 4.5 双向 DC/DC 化成器的 Buck 模式和 Boost 模式

(1) S_1 始终关断，S_2 周期性通断，此时双向 DC/DC 化成器工作在 Buck 模式，锂电池充电，切换开关 $u=1$ 表示 S_2 导通，$u=0$ 表示 S_2 断开。

当 $u=1$ 时，二极管两端承受反向电压关断，恒压源向电感充能，向锂电池充电。当 $u=0$ 时，电感内存储的电磁能向锂电池转移，以维持电感电流方向不变，二极管导通，与电感构成回路。i_L 不断下降，当 $i_L \leqslant 0$ 时，仅由电容向锂电池充电，此时双向 DC/DC 化成器工作在电感电流断续模式(discontinuous conduction mode, DCM)；当 $i_L > 0$ 时，双向 DC/DC 化成器工作在电感电流连续模式(continuous conduction mode, CCM)。

(2) S_2 始终关断，S_1 周期性通断。此时，双向 DC/DC 化成器工作在 Boost 模式，锂电池放电。

当 $u=1$ 时，二极管反向截止，锂电池与电感构成回路并向电感充能，电感电流在饱和之前逐渐增加，负载 R 的电能由电容提供。当 $u=0$ 时，二极管正向导通，锂电池与电感一起向电容和负载充电，i_L 逐渐减小。

双向 DC/DC 化成器的建模方式有小信号建模法、状态空间平均法等，利用拉格朗日动态方程对 Buck 模式进行数学建模。令电路工作在连续导通模式且电感电流 i_L 和电容电压 u_C 为系统状态，即 $x_1=i_L$、$x_2=u_C$，则可得

$$\begin{bmatrix} \dot{x}_1 \\ \dot{x}_2 \end{bmatrix} = A\begin{bmatrix} x_1 \\ x_2 \end{bmatrix} + B \tag{4.4}$$

其中，

$$A=\begin{cases} \begin{bmatrix} 0 & -\dfrac{1}{L} \\ \dfrac{1}{C} & -\dfrac{1}{RC} \end{bmatrix}, & u=1 \\ \begin{bmatrix} 0 & 0 \\ 0 & -\dfrac{1}{RC} \end{bmatrix}, & u=0 \end{cases}$$

$$B=\begin{cases} \begin{bmatrix} \dfrac{E}{L} \\ 0 \end{bmatrix}, & u=1 \\ 0, & u=0 \end{cases}$$

构建观测器观测电感电流 i_L，对式(4.4)进行离散化并考虑噪声干扰，可得子系统 S_1 为

$$S_1:\begin{cases}x(k+1)=\begin{bmatrix}1 & -\dfrac{T}{L}\\ \dfrac{T}{C} & 1-\dfrac{T}{RC}\end{bmatrix}x(k)+\begin{bmatrix}\dfrac{ET}{L}\\ 0\end{bmatrix}+w_k\\ y(k)=[1\quad 0]x(k)+v_k\end{cases}\tag{4.5}$$

其中，T 是采样时间；$y(k)$ 是 k 时刻的观测器测量值；w_k 和 v_k 分别是过程噪声和观测噪声。

当 $u=0$ 时，参照式(4.5)构建子系统 S_2 为

$$S_2:\begin{cases}x(k+1)=\begin{bmatrix}1 & 0\\ 0 & 1-\dfrac{T}{RC}\end{bmatrix}x(k)+w_k\\ y(k)=[1\quad 0]x(k)+v_k\end{cases}\tag{4.6}$$

4.3　锂电池配组工艺常用算法

配组工艺作为锂电池定制化生产过程中必不可少的步骤，可以根据不同的电池规格进行单体电池的成组，生产出不同电压、容量的电池组，对于电池一致性的提升有着直接的影响[8]。随着锂电池实际工况愈发复杂，对于配组工艺的要求也逐渐增高。目前，比较常见的方法主要分为单参数配组法、多参数配组法、动态特性配组法。

4.3.1　单参数配组法

单参数配组法是选取锂电池的某个特定参数作为电池配组的依据。常见的单参数配组法有电压配组法[9]、容量配组法[10]与内阻配组法[11]。

电压配组法也称为开路电压配组法，以通过测量新生产电池在分容完成并静置一段时间后的开路电压为依据，将新生产电池进行配组。该方法操作简单，但是误差较大，不够准确。

容量配组法是对新生产电池按照一定的充放电倍率进行充放电，根据测量得到的电压电流大小计算出电池的实际容量，并对其进行配组。该方法操作简单，但只对始末数据进行计算，并未考虑电池实际工作情况下的容量变化。

内阻配组法是对电池内阻进行配组的方法。科学研究表明，电池的内阻可以在一定程度上反映电池的健康程度，所以内阻配组法也有一定的应用前景。但是内阻受温度的影响变化较大，而且不是线性变化的，实际使用过程中测试结果会与静态测试有较大的差别。由于在不同的锂电池模型中，内阻的具体结构并不相

同，所以单纯的内阻配组法也有一定的局限性。

4.3.2　多参数配组法

考虑到单个参数作为配组依据存在一定的局限性，采用电池的多个参数作为配组依据的多参数配组法就具有了一定的优势[12,13]。目前，常见的配组依据参数主要有电池内阻、电压、静态容量、自放电率等。多参数配组法凭借其能够更加全面地区分锂电池特性的优点，在实际应用中的配组效果优于单参数配组法，但由于其不能表示锂电池使用过程中的动态特性，所以也存在一定的缺陷。

4.3.3　动态特性配组法

在使用过程中，锂电池大多数参数的变化都不是线性的，所以传统单参数配组法、多参数配组法所选用的静态数据并不能完整地表示电池的实际工作状态，而动态特性配组法能根据电池的实际使用工况对锂电池进行配组[14]。其具体实现步骤是：测试在特定工作条件下电池的连续电压、电流数据，根据具体的数值曲线，按照一定的算法对锂电池进行分选，将工况相近的单体电池进行配组，可以得到输出曲线较为稳定的锂电池组。该方法需要对大量单体电池进行测试以获取连续数据，需要处理的数据量会非常大，因此需要计算机辅助完成，也需要根据不同的需求选择不同的配组标准，方法更加复杂，成本也相对更高。

4.3.4　聚类算法

在电池的实际生产过程中，同一批次生产的单体电池成百上千，且各自参数皆不相同。若不进行处理而直接配套成组，则很难保证所有电池组都能工作在正常状态下。作为一种面向大量且无序数据的数据处理方式，聚类算法在电池配组方面扮演着重要角色。聚类算法就是根据数据集内数据可能存在的某种相似特征，对原本无序散乱的数据集进行分类的一种算法。作为一种无监督算法，聚类算法通过不停地对数据集进行循环迭代，最终得到若干个重新分类的数据集。循环迭代的目的是使各个子数据集内数据的差异尽可能小，而不同子数据集之间的数据的差异尽可能大，从而达到对数据进行聚类的效果。目前，常见的聚类算法主要分为基于层次的聚类算法、基于划分的聚类算法、基于网格和密度的聚类算法和模糊聚类算法等。

1. 基于层次的聚类算法

基于层次的聚类算法又称为树聚类算法。该类算法首先设定最终的标准阈值，然后通过提取数据特征对数据集进行层次化分割，直到子数据集内的数据差异小于设定的标准阈值，即认定聚类完成。基于层次的聚类算法主要分为自上而下的分裂方法和自下而上的凝聚方法。自上而下的分裂方法在计算开始前默认整个数据集为一整个子类，在接下来的每一步迭代中，根据数据集中数据的差异将原先的大数据集分裂成若干个小数据集，直至子数据集之间的差异大于设定集间的阈值或各个子数据集内的数据差异小于集内阈值，则说明聚类完成。而自下而上的凝聚方法则相反，其是在计算之前认定所有的数据各成一类，通过计算合并差异最小的数据集，从而构成新的子数据集，依次迭代直到符合设定阈值要求。基于层次的聚类算法的优势在于计算简单，但是计算次数较多，比较符合小型数据集的分类要求。

2. 基于划分的聚类算法

基于划分的聚类算法会在计算开始之前预设最终的聚类个数和每个聚类的初始聚类中心，随后通过计算每个数据与各个聚类中心的距离，将数据划分到距离最近的聚类中心所在的类中，待所有数据分类完成后，通过计算类中所有数据与聚类中心的距离之和，以及类中所有数据的均值，得到一组新的聚类中心，循环迭代直至距离之和收敛，则视为聚类结束。基于划分的聚类算法原理简单，且相对于基于层次的聚类算法，可以对大样本数据集进行聚类，所以目前有着广阔的应用。基于划分的聚类算法也有着明显的缺点，即在运算过程中往往只能得到局部最优解而非全局最优解，使得聚类的结果受初始中心点选取的影响较大，每一次运算的结果也基本不可复制，也不能用于非凸集的数据集，具有一定的局限性。常见的基于划分的聚类算法主要有 K 均值聚类算法[15,16]（K-means clustering algorithm）等。

K 均值聚类算法是一种常见的无监督算法，用于将数据集中的数据点分为 K 个簇。该算法的主要思想是首先随机选择 K 个初始点作为簇的中心点，然后将每个数据点分配到距离最近的簇中心所代表的簇中，最后更新每个簇的中心点，直到聚类中心不再发生变化。

K 均值聚类算法简单易用，不需要过多的参数设置，适用于各种类型的数据，特别是数值型数据，同时可以自动识别数据集中的异常值，但需要指定聚类数 K，否则会导致结果不准确，而且对初始聚类中心点的选择比较敏感，容易陷入局部最小值，尤其是当数据集较大或者簇数较多时，需要大量的计算资源和时间。

3. 基于网格和密度的聚类算法

在聚类算法的实际使用场景中，数据集内数据的分布往往呈现一定的规律，数据集形状也不一定是凸集，这样就不符合基于划分的聚类算法，这种场合比较适合采用基于网格和密度的聚类算法。

基于密度的聚类算法是通过计算空间数据集中各个区域的分布密度，并根据密度的大小对数据进行聚类分组。这样分组的好处在于可以对任意形状或非凸数据集进行聚类，且聚类结果也更加合理。

基于网格的聚类算法是采用矩阵网格给定数据集进行划分，使每个数据都能分到一个网格，从而将对数据的聚类处理转化为对空间内含有数据的矩阵进行分类处理。基于网格的聚类算法往往与基于密度的聚类算法相结合使用，基于方格的聚类算法就是一种常见的基于网格的聚类算法。

4. 模糊聚类算法

与上述聚类算法要求每个数据仅属于一个聚类不同，模糊聚类算法允许一个数据同时属于多个聚类，采用隶属度函数来表示每个数据与各个聚类之间的关系。模糊聚类算法是一种无监督聚类算法，它利用隶属度函数将数据点划分为多个簇。模糊聚类算法的主要思想是将数据点看作模糊集合，并通过计算隶属度函数来确定每个数据点所属的簇。

在模糊聚类算法中，隶属度函数是一个关键参数，表示一个数据点属于某个簇的概率。通常来说，隶属度函数可以通过训练数据集来求得。训练数据集用于学习数据点的隶属度函数，而测试数据集则用于评估算法的性能。

模糊聚类算法有许多变体，其中最常见的是模糊 C 均值聚类算法和模糊聚类分析算法。模糊 C 均值聚类算法是一种基于距离的模糊聚类算法，它使用模糊相似度来计算数据点之间的相似度，并通过计算每个数据点所有可能簇的隶属度函数来确定其最终簇[17]。模糊聚类分析算法则是一种基于事件的模糊聚类算法，它使用事件驱动的方法来计算数据点之间的相似度，并通过计算每个数据点所有可能簇的隶属度函数来确定其最终簇。

与传统的聚类算法相比，模糊聚类算法具有一些优点，例如，它可以有效地处理数据的模糊性和不确定性，并且可以处理数据的非线性关系；可以应用于不同类型的数据，如文本数据、图像数据等。

然而，模糊聚类算法也存在一些缺点，例如，它需要大量的训练数据用于学习隶属度函数，并且对于大规模数据集的处理效率较低；模糊聚类算法的结果可能受到算法参数的影响，因此需要调整参数以提高算法的性能。

总结起来，模糊聚类算法是一种重要的无监督聚类算法，它可以用于处理不同类型的数据集。通过使用隶属度函数，模糊聚类算法可以有效地处理数据的模糊性和不确定性，并且可以处理数据的非线性关系。模糊聚类算法会在计算开始时先对整体数据集进行大致划分，并对每个聚类建立隶属度函数，在每次迭代中，通过计算更新聚类中心和对应的隶属度函数对数据所属聚类进行调整，直至满足截止条件。相较于传统 K 均值聚类算法等基于划分的聚类算法，模糊聚类算法可以有效避免聚类计算陷入局部最优解，从而得到更精确的聚类结果。

4.4　锂电池配组工艺分析

4.4.1　基于锂电池双参数的 *K* 均值聚类配组一致性分析算法

传统的锂电池配组都是对特定的单参数进行的，但是锂电池的一致性表现是由电池内部各个参数综合影响的结果，如果只研究单参数进行配组，并不能完全解决成组电池使用过程中的不一致性问题。所以，选用锂电池的 SOC 作为主要配组参数，并引入电池表面温度作为辅助配组参数以获得成组电池更优的综合工作特性。

由于锂电池 SOC 和表面温度的量纲不同，若直接用于配组，则数值分布密集的数据会对最终的配组结果产生直接影响，所以不能将两组数据直接用于配组，需要进行数据预处理。采用的数据预处理方式为极差标准化，即

$$x'_{pq} = \frac{x_{pq} - \min\limits_{p}\{x_{pq}\}}{\max\limits_{p}\{x_{pq}\} - \min\limits_{p}\{x_{pq}\}},\quad p=1,2;q=1,2,\cdots,n \tag{4.7}$$

其中，p 表示采样数据的类，包括锂电池 SOC 和表面温度；q 表示数据集中数据的序号；$\min\limits_{p}\{x_{pq}\}$ 和 $\max\limits_{p}\{x_{pq}\}$ 分别表示所有数据第 p 类中的最小值和最大值。因此，经过数据预处理后，所有数据皆分布在 0～1，最大值为 1，最小值为 0。

采用 K 均值聚类算法对锂电池进行聚类，完成对单体电池的配组。在 K 均值聚类算法开始之前，需要指定具体的聚类个数。实际锂电池生产中并不知道已生产电池的参数，因此最佳聚类个数难以确定。为解决这一问题，引入戴维森堡丁指数(Davies-Bouldin index, DBI)用于计算确定最佳聚类个数。DBI 指标的核心思想是通过几何运算确定已聚类样本聚类内部数据的相似性和聚类之间数据的相异性，并将其作为评价本次聚类效果的依据。

DBI 指标的计算公式为

$$\mathrm{DBI} = \frac{1}{k}\sum_{i=1}^{k}\max_{i\neq j}\left\{\frac{S_i + S_j}{d_{i,j}}\right\} \tag{4.8}$$

其中，k 表示聚类个数；S_i 和 S_j 分别表示第 i 个和第 j 个聚类内部数据的分散程度；$d_{i,j}$ 表示第 i 、j 个聚类之间的分散程度。

DBI 指标之所以可以评判聚类效果，是因为聚类算法需要使各个聚类之间数据差异越大而聚类内部数据差异越小，反映到数学指标上即需要 $d_{i,j}$ 越大且对应

的 S_i 、 S_j 之和越小。所以，DBI 指标越小，聚类效果越好。DBI 指标本质上是反映聚类与聚类之间相似性的指标，随着聚类个数的增加，各个聚类之间的距离会逐渐减小，聚类内部数据也会逐渐减少，所以 DBI 指标大致上会随着聚类个数的增多而增大。当随着 k 值的增大 DBI 指标反而降低，即 $\mathrm{DBI}_k < \mathrm{DBI}_{k-1}$ 时，可认为该次聚类效果优于之前的聚类效果。

K 均值聚类算法的核心思想是将给定数据集分为 k 类，并使得每个聚类中的数据距离对应聚类中心的距离平方和最小。该算法的处理过程如下：

(1) 给定一个具有 n 个数据的数据集 $\{x_i\}_{i=1}^{n}$ 、准则函数变化阈值 ε 及 k 值，即确定最终要将数据集分成 k 个聚类 $\{C_m\}(m=1,2,\cdots,k)$ 。

(2) 确定 k 个聚类中心 $\{c_1^0,c_2^0,\cdots,c_k^0,\}$ ，令循环次数 $j=1$ 。

(3) 在第 j 次循环中，计算数据集中各个数据 x_i 分别与 k 个聚类中心的距离 $d\left(x_i,c_l^{j-1}\right)$ ，若满足 $d\left(x_i,c_l^{j-1}\right)=\min\left\{d\left(x_i,c_m^{j-1}\right),m=1,2,\cdots,k\right\}$ ，则将数据 x_i 置入距离最近的聚类中心所在的聚类 C_l ，即 $x_i\in C_l$ 。距离计算采用欧氏距离，即

$$d\left(x_i,c_l^{j-1}\right)=\sqrt{\left(x_{i,1}-c_{l,1}^{j-1}\right)^2+\left(x_{i,2}-c_{l,2}^{j-1}\right)^2+\cdots+\left(x_{i,p}-c_{l,p}^{j-1}\right)^2} \tag{4.9}$$

其中， p 表示数据集中各个数据的维数。

(4) 待所有数据点分类完成后，得到第 j 次循环的聚类分组，计算每个聚类新的聚类中心 c_m^j 和误差准则函数 J_j ，即

$$c_m^j=\frac{\sum_{i=1}^{N_m^j}x_i}{N_m^j},\quad x_i\in C_m^j \tag{4.10}$$

$$J_j=\sum_{m=1}^{k}\sum_{i=1}^{n}\alpha_i\left\|x_i-c_m^j\right\|^2 \tag{4.11}$$

其中， N_m^j 表示第 j 次循环第 m 个聚类中数据的个数； α_i 由数据 x_i 是否属于聚类 C_m^j 决定，即

$$\alpha_i=\begin{cases}1, & x_i\in C_m^j\\0, & x_i\notin C_m^j\end{cases} \tag{4.12}$$

(5) 若聚类中心不再发生变化或误差准则函数的变化小于阈值，即 $\left|J_i-J_{i-1}\right|\leqslant\varepsilon$ ，则循环结束；否则，令 $j=j+1$ ，返回步骤(3)。

综上，基于锂电池双参数的 K 均值聚类算法配组一致性分析算法的处理过程如下。

步骤 1：采集并估计动力电池连续工作指定时间后的荷电状态和表面温度数据，得到实验数据集 $\{x_i\}_{i=1}^N$；

步骤 2：对数据集 $\{x_i\}_{i=1}^N$ 进行如式(4.4)所示的数据预处理，并设定最大聚类个数 $k_{\max}$，令 $k=1$；

步骤 3：给定 k 个初始聚类中心 $\{c_i\}_{i=1}^k$；

步骤 4：将数据通过式(4.9)的计算分别归类至距离最近的聚类中心所在聚类中，并根据式(4.10)计算新的聚类中心；

步骤 5：若新的聚类中心相较上一次聚类发生了变化，则返回步骤 4，否则执行步骤 6；

步骤 6：根据式(4.8)计算该次聚类的 DBI 指标；

步骤 7：若 $k=k_{\max}$，则算法结束，否则令 $k=k+1$，并返回步骤 3。

数据集 $\{x_i\}_{i=1}^N$ 在经过了双参数配组 K 均值聚类算法配组后，最终的仿真结果如图 4.6 和图 4.7 所示。

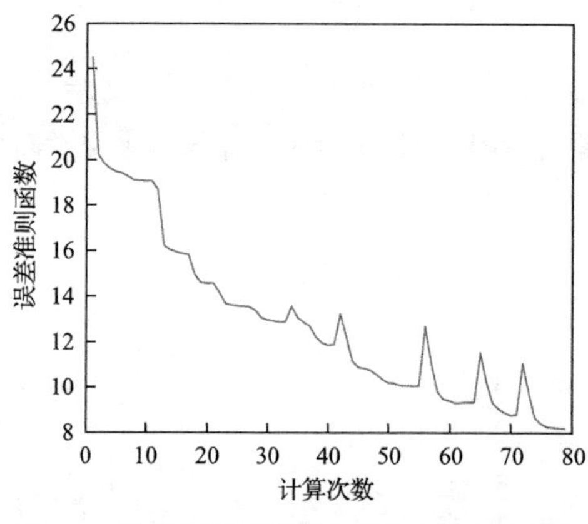

图 4.6　误差准则函数随计算次数的变化曲线

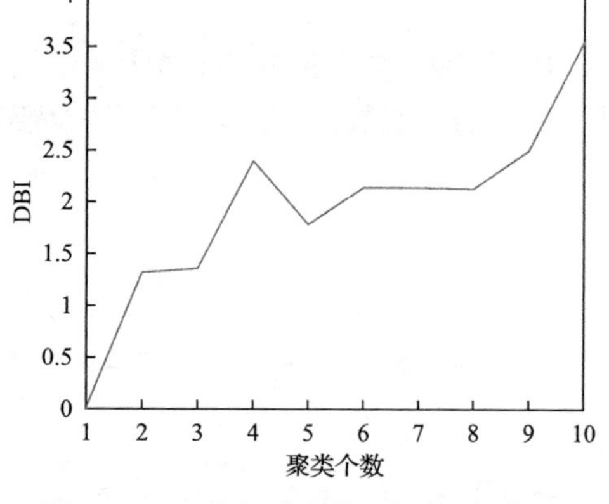

图 4.7　DBI 指标随聚类个数的变化曲线

图 4.6 给出了误差准则函数随计算次数的变化曲线。从图中不难看出，每当开始新一轮聚类时，误差准则函数的值会逐渐降低，直至与上一次计算值相同，则认为在聚类个数为 k 的情况下已完成聚类，聚类完成时，随着聚类个数的增加，误差准则函数的值会逐渐降低。图 4.7 给出了 DBI 指标随聚类个数的变化曲线。在本次聚类中，在聚类个数为 5 时 DBI 指标较前一次聚类发生了显著的降低，说明在聚类个数为 5 时聚类效果较好。考虑到锂电池生产过程中成组电池数目不宜过小且需要成组电池数量相对平均，在聚类个数为 5 时，所得结果比较符合动力电池配组工艺预期。于是，决定将该批锂电池聚类为 5 组，聚类结果散点图如

图 4.8 所示。

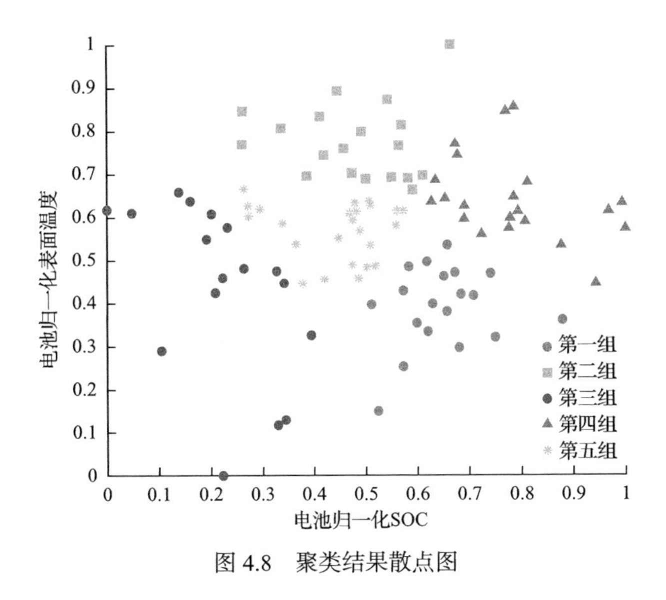

图 4.8　聚类结果散点图

由图 4.8 可以看出本节所提聚类算法对于锂电池双参数的聚类有较好的效果，聚类内部数据分布集中且相邻聚类之间存在一定的差异。

4.4.2　基于双编码动态培育遗传聚类的电池定制化配组

遗传算法是一种基于生物进化理论的优化算法，也是一种模仿自然选择和繁殖过程的优化过程，广泛应用于各种优化问题和机器学习领域。遗传算法的基本思想是将搜索空间中的所有可能解决方案看作种群，并通过自然选择、遗传和变异等机制来逐步优化解决方案[18]。

在遗传算法中，个体(或染色体)是搜索空间中的元素，每个个体表示一个问题的解决方案。个体之间通过交叉和变异等机制进行演化，从而逐步搜索到最优解。遗传算法的主要优点是能够全局搜索问题空间，快速找到最优解，并且具有可扩展性。

因此，遗传算法凭借其全局搜索能力，在解决电池配组这一典型聚类问题时也有很大的应用空间。主要的遗传改进电池配组聚类方法可以分为两类：利用遗传算法改进聚类算法的参数选取[19]和基于遗传算法实现聚类[20]。其中，利用遗传算法改进聚类算法的参数选取的主要思路是：针对传统基于划分的 K 均值聚类算法及其改进型对于初始聚类中心的高敏感度，利用遗传算法的搜索能力得到优异的初始聚类中心点，进而进行聚类算法的更新迭代；基于遗传算法实现聚类效果的算法设计原理是：利用聚类思想进行遗传算法的染色体编码，并根据编码方式设计遗传方式，优化选择方式，改进交叉算子与变异算子。

目前，对于聚类算法的优化改进主要集中在参数改进，即利用遗传算法等智能优化算法优化传统 K 均值聚类算法及其改进型算法的聚类参数，例如，利用遗传算法在 K 均值聚类算法进入迭代前计算出最佳的聚类质心分配方案，改进聚类结果；改进聚类算法，在利用遗传算法选取最优聚类质心的同时，优化遗传算法的交叉算子与变异算子。此外，粒子群优化算法[21]、蚁群优化算法[22]、鲸鱼优化算法[23]等智能优化算法也可以进行初始聚类中心点的选取，从而改进聚类算法，但这些优化算法最终的聚类效果仍然是凭借基于划分的聚类算法的优化能力，遗传算法等智能优化算法的设计对于最终结果的影响不及聚类算法。与之对应的是，利用基于遗传算法实现聚类效果的过程中，遗传算法的构建对于最终聚类结果的优化起主要作用。遗传算法的随机性导致遗传实现聚类的算法收敛速度缓慢，并且交叉与变异方式对于优化效果影响很大。同时，遗传算法结合精英保留操作会在一定程度上降低种群多样性，影响算法的后期寻优性能。因此，针对遗传算法自身的优化是当前研究领域的新热点。

本节基于遗传算法实现聚类，提出双编码动态培育遗传聚类(double-coded dynamic breeding based genetic clustering algorithm, DCDB-GCA)算法，利用遗传染色体同时编码聚类类别与聚类中心，保障聚类中心对于聚类效果的影响；构建动态培育思想，结合前面提到的 K 均值聚类算法动态调整交叉对象以及变异方向；在精英保留操作之前增加微变异来提高种群多样性，改进遗传算法的缺陷，提高全局收敛能力。

考虑到定制化生产的需求，在电池配组环节引入定制化思想，利用算法实现电池定制化配组。动力电池定制化配组是依据定制化需求的，配组指标的比重根据定制化需求来确定，各个电池指标在聚类分组之前便需要确定与定制化需求的关联性[24]。本节采用的定制化指标选取方式为德尔菲法。

在采用双编码动态培育遗传聚类算法实现电池配组之前，定义使用该算法需要的变量，如表 4.1 所示。

表 4.1　双编码动态培育遗传聚类算法变量选取定义表

变量名	含义
$[i, j]$	包含 i 到 j 的整数集
s	电池对象数量
m	电池特征数量
b	归一化后的电池信息
b_i	归一化后第 i 节电池的特征变量向量
b_{ij}	归一化后第 i 节电池的第 j 个特征变量

续表

变量名	含义
$\bar{b}_j$	归一化后所有电池的第 j 个特征变量的平均值
$\tilde{b}_{ij}$	配组前第 i 节电池的第 j 个特征变量
$\min\left(\tilde{b}_{ij}\right)$	配组前所有电池的第 j 个特征变量的最小值
$\max\left(\tilde{b}_{ij}\right)$	配组前所有电池的第 j 个特征变量的最大值
X	筛选类数
z	电池类别
num_z	第 z 个类对象的数量
np	专家数量
r_i	第 i 位专家的权威程度
w_{ij}	第 i 位专家对第 j 个特征变量设定的权重
w_j	第 j 个特征变量的综合权重
W	特征权重集合
F	目标函数
k	迭代次数
I	电池特征数据集合
$I_{iz}(k)$	k 次迭代中第 i 条染色体下第 z 类的电池集合
$A(k)$	第 k 次迭代的种群集合
n	固定种群个体数量
$C_i(k)$	第 k 次迭代的第 i 条染色体
$c_{ij}(k)$	第 k 次迭代的第 i 条染色体第 j 个基因位
l	个体编码长度
$O_i(k)$	第 k 次迭代中第 i 个编码序列的目标函数值
$\min(O_i(k))$	第 k 次迭代中编码序列最小目标函数值
$\max(O_i(k))$	第 k 次迭代中编码序列最大目标函数值
up	均值聚类适用上限值
acr	交叉率
mut	变异率
rep_mut	点位变异率
iter	最大迭代次数

在选取完算法所需定制化配组性能指标之后，开始构建电池定制化配组目标函数，由于不同指标数据的基础范围不同，需先将电池样本指标数据进行归一化处理，后续电池数据均为归一化数据。针对 s 节电池提取 m 个特征后进行归一化处理，得到归一化后第 i 节电池的第 j 个特征变量为

$$b_{ij} = \frac{\tilde{b}_{ij} - \min\left(\tilde{b}_{ij}\right)}{\max\left(\tilde{b}_j\right) - \min\left(\tilde{b}_j\right)} \times 100\% \tag{4.13}$$

传统的电池聚类配组算法都是利用欧氏距离设计基于配组指标(即电池特征变量)的目标函数的，通过遍历不同类中各个电池的特征变量与该类平均点的欧氏距离和，来更新电池对象类属性，使得目标函数收敛。依据这种设计方式得出的传统目标函数 $F(b,z)$ 为

$$F(b,z) = \sum_{z=1}^{X} \sqrt{\sum_{i=1}^{\text{num}_z} \sum_{j=1}^{m} \left|b_{ij} - \bar{b}_j\right|^2} \tag{4.14}$$

上述目标函数的选取对不同特征变量在电池配组所占比重没有明确的要求，可见无法针对客户的定制化需求实现配组。本节根据德尔菲法得出对于不同配组需求的电池特征变量权重，从定制化出发，重新建立目标函数。

在电池性能评价与筛选配组方面，通过寻求多位专家对配组的电池特征变量分配权重，根据成组电池的定制化需求，邀请专家进行打分。考虑到专家权威程度的不同，对他们给出的权重值进行加权平均，设定权重值集合 $W = [w_1, w_2, \cdots, w_m]$，其中

$$w_j = \sum_{i=1}^{\text{num}_z} (r_i \times w_{ij}) \times 100\%, \quad j=1,2,\cdots,m \tag{4.15}$$

根据每位专家在电池行业的资历以及工作岗位对各个影响指标的熟悉程度来确定专家权威值，且所有专家权威值和为 1。专家对 m 个电池特征变量在定制化需求下的相对重要程度进行打分，每位专家可用总分为 100。将权重指标引入目标函数，得到更新后的目标函数为

$$F(b,z,W) = \sum_{z=1}^{X} \sqrt{\sum_{i=1}^{\text{num}_z} \sum_{j=1}^{m} \left(w_j \times \left|b_{ij} - \bar{b}_j\right|^2\right)} \tag{4.16}$$

在确定好定制化电池配组目标函数之后，依据双编码动态培育遗传聚类算法实现电池定制化配组。本节所提定制化遗传聚类算法示意图如图 4.9 所示。

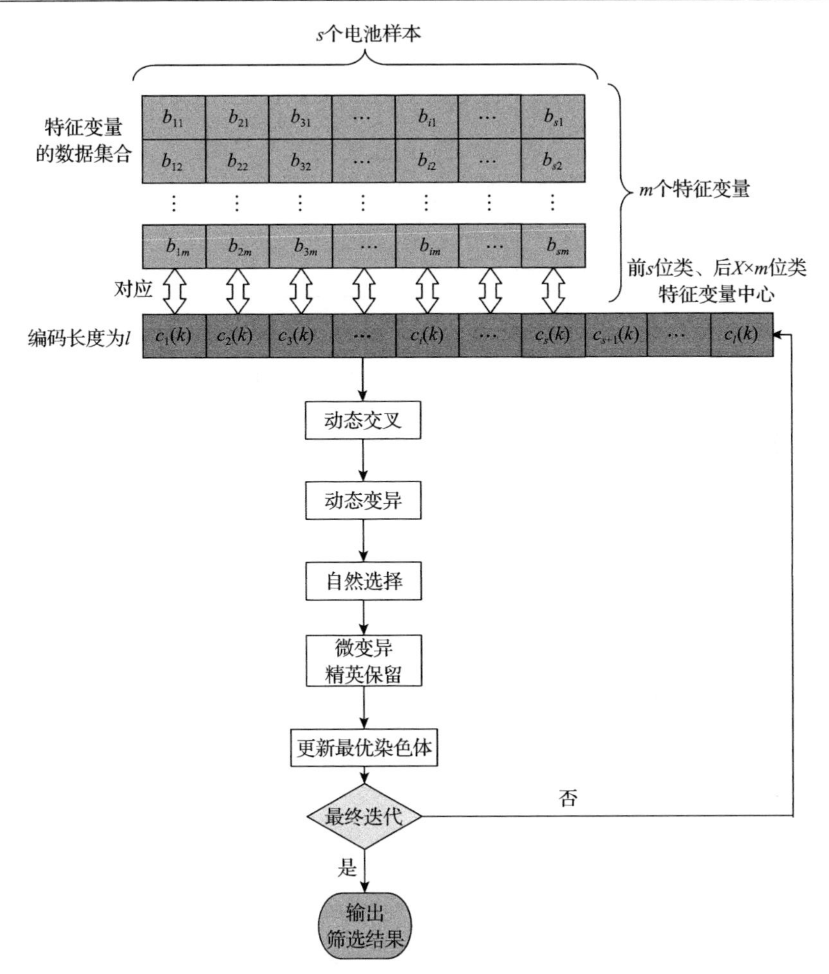

图 4.9　双编码动态培育遗传聚类算法示意图

下面设计双编码动态培育遗传聚类算法。

步骤 1：电池数据可以形成一个数据集合 I，其形式为 $I=[b_1,b_2,\cdots,b_i,\cdots,b_s]^{\mathrm{T}}$，其中 $b_i=[b_{i1},b_{i2},\cdots,b_{il}]$。定义遗传种群中有 n 个个体且用染色体进行编码，个体染色体内容随着迭代次数 k 更新，但染色体数量固定，因此染色体的编码长度为

$$l=s+X\times m \tag{4.17}$$

其中，第 k 次迭代中第 i 条染色体的编码序列为 $C_i(k)=[c_{i1}(k),c_{i2}(k),\cdots,c_{il}(k)]^{\mathrm{T}}$，前 s 位编码为对象类，即

$$c_{ij}(k)\in[1,X],\quad j\in[1,s] \tag{4.18}$$

后续 $X \times m$ 位编码为类特征变量中心，经归一化处理后为

$$0 < c_{ij}(k) \leqslant 1, \quad j \in [s+1, l] \tag{4.19}$$

第 k 次迭代中第 i 条染色体的编码构造如图 4.10 所示。

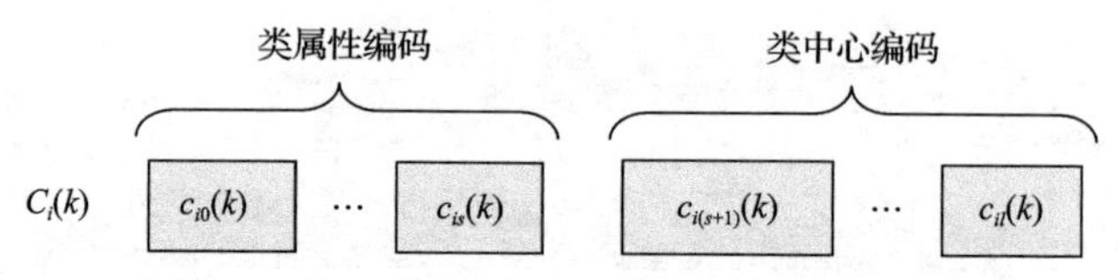

图 4.10　第 k 次迭代中第 i 条染色体的编码构造

步骤 2：分类说明。由配组实际情况确定 X 个类别，第 k 次迭代中的第 i 个染色体编码下第 z 个电池类集合可表示为

$$I_{iz}(k) = \{b_i \mid c_{ij}(k) = z\}, \quad j \in [1, s] \tag{4.20}$$

步骤 3：定义遗传聚类目标函数。由编码序列下聚类的统计结果形成 X 个电池特征变量子集，根据式(4.16)计算此次分类的优化函数，其中第 k 次迭代中第 i 个编码序列下的目标函数值为

$$O_i(k) = F(b, z, W) \tag{4.21}$$

其中，电池类别 z 根据步骤 2 获得的 $I_{iz}(k)$ 结果进行判断；b 为归一化后的电池信息；W 为特征权重集合。

步骤 4：种群初始化。依据编码方式，迭代次数为 0 时初始化 n 个个体，构成同一种群。为了保证遗传算法初始种群的充分随机性，个体的染色体初始编码采用类别随机方式，类中心由各个类别包含的特征变量平均值确定，进而进行种群初始化。种群个体及其染色体编码初始化如图 4.11 所示。

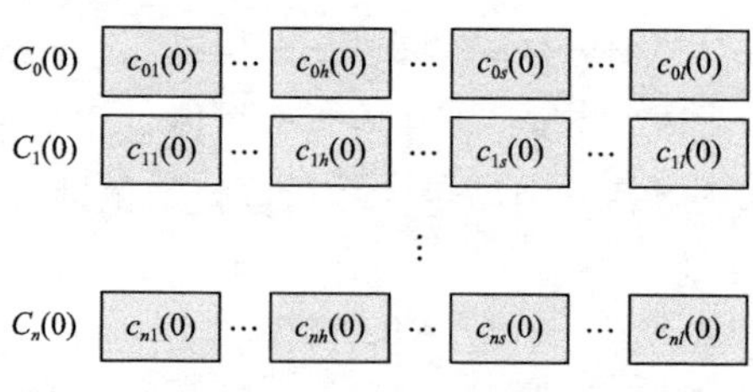

图 4.11　种群个体及其染色体编码初始化

步骤 5：动态交叉。传统的遗传算法交叉对象多为种群内随机对象或最优个体，前者导致算法收敛速度缓慢，后者使得算法过早陷入局部最优解。为解决上述问题，本节设计动态交叉对象，其中第 k 次迭代下第 i 个个体的染色体 $C_i(k)$ 依

据欧氏距离的划分聚类思想得到优化个体染色体 $\tilde{C}_i(k)$，种群中各个个体的交叉对象为自身的优化个体。同时，根据每个点位的交叉与否由交叉算子和交叉概率上限值进行比较，利用 0 和 1 构建交叉变换矩阵 α，其中 1 代表点位需要交叉，0 则相反，且交叉算子以目标函数值为依据，具备全局自适应的动态调整能力。

$$a=\left(1-\frac{k}{\text{iter}}\right)\times\frac{O_i(k)}{\min(O(k))}\times\text{rand} \tag{4.22}$$

以第 h 位（$h\in[1,l]$）进行单点交叉为例，动态交叉流程示意图如图 4.12 所示。

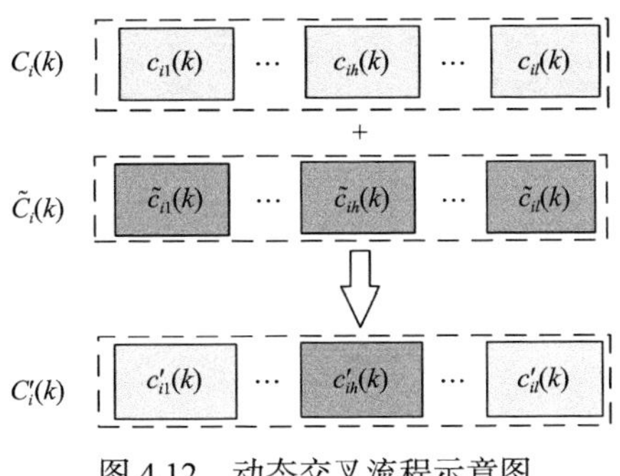

图 4.12　动态交叉流程示意图

动态交叉求解步骤具体包括：

$$\begin{cases}C_i(k)=[c_{i1}(k),c_{i2}(k),\cdots,c_{il}(k)]^{\mathrm{T}}\\C_i'(k)=(E_1-\alpha)\cdot C_i(k)+\alpha\cdot\tilde{C}_i(k),\quad i\in[1,n]\\\alpha=\operatorname{diag}[\alpha_1,\alpha_2,\cdots,\alpha_l]_{l\times l}\\I_1(k)=[C_1'(k),C_2'(k),\cdots,C_s'(k)]\end{cases} \tag{4.23}$$

其中，$C_i'(k)$ 为经过交叉变换后的 $C_i(k)$ 个个体染色体编码；$I_1(k)$ 为交叉变换后的染色体种群。

交叉满足三个客观趋势：一是在前期迭代过程中，个体需要多与优化体进行交叉，提升自身的优异度；二是随着迭代进行，即迭代次数的上升，为避免陷入局部最优解，交叉概率降低；三是个体目标函数越大，代表收敛程度越差，该个体进行交叉的概率应该增大，以优化自身。

步骤 6：动态变异。传统遗传算法变异的方向保持随机，导致算法具有前期收敛缓慢、后期难以跳出局部最优解的缺陷。

动态变异的实现思路为：变异只在染色体前 n 个点位进行，根据交叉变换的 $C_i'(k)$ 与其优化个体染色体 $\tilde{C}_i'(k)$，迭代前期变异方向随机，迭代后期变异方向与 $\tilde{C}_i'(k)$ 方向相反。

参考前面交叉变换矩阵的构建思路，构建变异变换矩阵 β 。变异算子以目标函数值为依据，具备全局自适应动态调整能力，即

$$b=\left(1.5-\frac{k}{\text{iter}}\right)\times\frac{\min(O(k))}{O_i(k)}\times\text{rand} \tag{4.24}$$

不失一般性地，以 1/2～3/4 迭代步动态调整变异方向为例，其余为随机变异。对于第 k 次迭代中第 i 条染色体第 h 位（$h\in[1,s]$），当 $k<\text{iter}/2$ 或 $k>3\text{iter}/4$ 时为随机变异。随机变异原理示意图如图 4.13 所示。

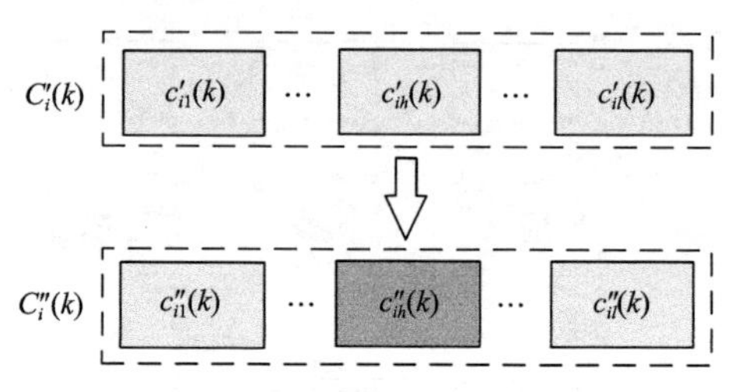

图 4.13　随机变异原理示意图

随机变异算法原理具体包括：

$$\begin{cases}C_i'(k)=[C_{i1}'(k),C_{i2}'(k),\cdots,C_{il}'(k)]^{\text{T}}\\ C_i''(k)=(E_1-\beta)\cdot C_i'(k)+\beta\cdot C_1\\ \beta=\text{diag}[\beta_1,\beta_2,\cdots,\beta_n,0,\cdots,0]_{l\times l}\\ I_2(k)=[C_1''(k),C_2''(k),\cdots,C_s''(k)]\\ C_1=\text{diag}[\text{ceil}(Z\times\text{rand})_1,\cdots,\text{ceil}(Z\times\text{rand})_n,\cdots,0,\cdots,0]_{l\times 1}\end{cases} \tag{4.25}$$

其中，$k\in[1,\text{iter}/2]\cap[3\text{iter}/4+1,\text{iter}]$；$C_i''(k)$ 为经过随机变异后的 $C_i'(k)$ 个个体染色体编码；C_1 为随机变异变换方向向量；n 为类别随机整数；ceil 为向上取整函数；rand 为 0～1 的随机数；$I_2(k)$ 为经历过交叉与变异的种群。

在动态变异环节，对于第 k 次迭代，染色体与其优化个体的第 h（$h\in[1,l]$）个变异方向与优化个体方向相反。当 $\text{iter}/2<k<3\text{iter}/4$ 时，动态变异原理示意图如图 4.14 所示。

$$\begin{cases}C_i'(k)=[C_{i1}'(k),C_{i2}'(k),\cdots,C_{il}'(k)]^{\text{T}}\\ C_i''(k)=(E_1-\beta)\cdot C_i'(k)+\beta\cdot \tilde{C}_i'(k)\\ \beta=\text{diag}[\beta_1,\beta_2,\cdots,\beta_n,0,\cdots,0]_{l\times l}\\ I_2(k)=[C_1''(k),C_2''(k),\cdots,C_s''(k)]\\ \tilde{C}_i'(k)=[\tilde{c}_{i1}'(k),\tilde{c}_{i2}'(k),\cdots,\tilde{c}_{il}'(k)]^{\text{T}}\end{cases} \tag{4.26}$$

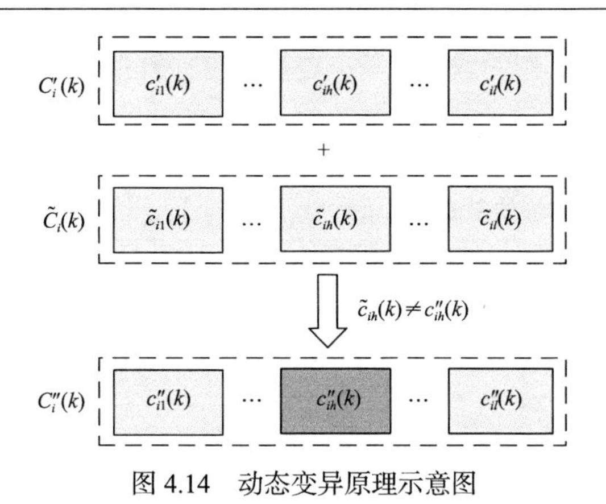

图 4.14　动态变异原理示意图

步骤 7：自然选择精英保留。与传统轮盘赌的方式不同，本节自然选择充满随机性，个体进入下一代的概率完全相同。在更新完种群后进行微变异，增加多样性，并执行精英保留操作。

随机性表示为

$$c = \mathrm{ceil}(n \times \mathrm{rand}) \tag{4.27}$$

以 c 选中染色体进入下一代，该步选择进行 n 次，复制更新 $A(k)$，之后将更新得到的染色体进行微变异，在一定程度上减少了由选择操作带来的过早成熟。微变异方式为纯随机变异，仅提高染色体多样性，但是点位变异率 rep_mut 减小。最后执行精英保留操作，将 $A(k)$ 与上一代 $A(k-1)$ 的目标函数从小到大进行排序，选择前 10%精英染色体，通过目标函数比较确定是否进行保留替换。

因此，自然选择微变异精英保留的种群变换得出优化后的种群：

$$I(k+1) = Q_{ll} \cdot W_{ll} \cdot S_{ll} \cdot I_3(k) \tag{4.28}$$

步骤 8：K 均值聚类。考虑到均值聚类算法在迭代后期可能会影响遗传算法变异、交叉、淘汰的收敛作用，所以限制均值聚类算法只在前一半迭代时出现，局部聚类前期辅助算法快速收敛，同时确保迭代后期算法的收敛作用只与遗传算法有关。本节将经过交叉、变异、淘汰后的染色体种群，按照 K 均值聚类算法的基本原理，以式(4.21)为目标函数，计算新的聚类中心，重新分类，更新染色体。

步骤 9：记录最佳个体。更新记录最佳目标函数以及所对应的染色体个体情况(第一次为初始记录)，判断迭代次数是否满足设定迭代次数，若未满足，则重新进入迭代；若达到设定的迭代次数，则算法结束，并输出最终迭代步的最佳染色体个体，作为配组的优化结果，并且根据编码方式对染色体进行解码，将输出作为最终配组结果。

综上，面向电池配组的双编码动态培育遗传聚类算法如算法 4.1 所示。

算法 4.1　面向电池配组的双编码动态培育遗传聚类算法

输入：s 节电池提取 m 个特征变量形成集合 I 、定制化目标函数 $F(b,z,w)$ 、种群数量 n 、聚类数量 X 、交叉率 acr 、变异率 mut、微变异率 rep _ mut 以及最大迭代次数 iter

输出：最佳染色体个体对应的电池配组结果

1：Initialize $k=0, C_i(0), i \in [1,n]$

2：for $i=1$ to n do

　　Calculate $O_i(0) \leftarrow C_i(0)$ //计算初始目标函数

　end for

　$B_c = \min B_c = \min(O_i(0))$ //计算初始最佳编码序列

3：while（$k <$ iter）do

4：$k = k+1$

5：for $i=1$ to n do

　　$C_{i1}(k) \leftarrow$ Overlapping $C_{i1}(k-1)$ //交叉

　end for

6：for $i=1$ to n do

　　$C_{i2}(k) \leftarrow$ Mutation $C_{i1}(k)$ //变异

　end for

7：for $i=1$ to n do

　　$C_i(k) \leftarrow$ Eliminate $C_{i2}(k)$ //精英保留

　end for

8：if（$k <$ up）

　　$C_i(k) \leftarrow$ Cluster $C_i(k)$ //聚类

　end if

9：for $i=1$ to n do

　　Calculate $O_i(k) \leftarrow C_i(k)$ //计算目标函数值

　end for

　$B_c = \min(O_i(k))$ //更新最佳编码序列

10：end while

下面针对双编码动态培育遗传聚类算法对典型聚类的改进，即全局收敛性进行分析，证明本节所提算法在电池定制化配组方面的优异性。

传统遗传算法没有完全的自然选择与精英保留操作，而是在每次交叉、变异完染色体个体之后采用轮盘赌的方式进行选择复制进入下一次迭代，目标函数越大，个体越有可能被选中，个体目标函数越小越不容易被选中。

下面利用马尔可夫模型分析本节所提算法的收敛性。首先定义轮盘选择复制带来的概率变化矩阵为 S ，交叉操作带来的概率变化矩阵为 C ，变异操作带来的概率变化矩阵为 M 。因此，遗传算子引起的概率变化整体为 $P=CMS$ 。

由算法 4.1 中的算法流程可以看出，针对选择复制环节，双编码动态培育遗传聚类算法的优化为自然选择与微变异且进行精英保留操作，并且在限制的迭代步内进行针对性的聚类收敛操作。另外，交叉和变异是随机变化的，可以看作 $C_i(k-1) \sim C_{i1}(k)$ 以及 $C_{i1}(k) \sim C_{i2}(k)$ 的随机变换，且只与上一代种群有关，符合马尔可夫链的特点。

双编码动态培育遗传聚类算法没有选择操作，在收敛性证明时，选择概率变化矩阵 S 为单位阵，不计入计算过程，自适应交叉后概率变为 H，自适应变异概率变为 M，淘汰重插操作为目标函数与随机阈值比较，进行重插操作，保留的概率记作 G，保留选中后变异率为 M_1，由遗传算法引起的概率变异为 $P_1 = HMGM_1$，前部分迭代次数聚类操作空间转移矩阵记作 D，考虑到聚类操作只在前部分迭代次数中起快速收敛作用，对于无穷次迭代遗传聚类没有影响，故针对无穷的收敛性证明不考虑聚类操作空间转移矩阵 D。

考虑到染色体种群空间有限，记为 E，其基数记作 $N = |E|$，染色体编码方式不限。每次迭代的种群看作一个状态，取每次迭代种群中的最佳个体为 $Z(k)$，针对问题的最佳个体为 f^*，因此交叉概率矩阵 H、变异概率矩阵 M、淘汰重插矩阵 G、重插变异矩阵 M_1 均可以看作从当前迭代次数下的 E 状态到新 E 状态的随机调整变换，状态转移矩阵 H、M、G、M_1 都与时间无关，只与当前状态有关，故具有马尔可夫性和齐次性，都可以看作随机矩阵。

对于状态空间 E 中的染色体，$C_i(k)$ 染色体经过淘汰选择后依然被选中的概率为

$$\mathrm{num}\{C_i(k) \xrightarrow{G} C_i(k)\}$$

对于任意染色体 $C_i(k) \in E$，有

$$g_{ij} = (g_{ij})_{N \times N} \tag{4.29}$$

$C_i(k)$ 被选中保留为 $C_j(k)$ 的概率用 g_{ij} 表示，有

$$m_{ij} = \mathrm{num}\{C_i(k) \xrightarrow{M} C_j(k)\} > 0, \quad \forall i, j \tag{4.30}$$

因此，G 是列可容许的随机矩阵。

定义 H、M、G、M_1 第 i 行第 j 列元素分别为 h_{ij}、m_{ij}、g_{ij}、m_{1ij}，由式(4.30)可知，M 与 M_1 是正随机矩阵，故矩阵 $X = HM$ 亦为正矩阵。因为 H 为随机矩阵，即

$$H \geqslant 0, \quad \sum_{j=1}^{N} h_{ij} = 1, \quad i \in [1, N] \tag{4.31}$$

又由 M 为正随机矩阵，即

$$
\begin{gathered}
m_{ij} > 0, \quad i, j \in [1, N] \\
\sum_{j=1}^{N} m_{ij} = 1, \quad i \in [1, N]
\end{gathered}
\tag{4.32}
$$

可得 X 是正的，即

$$
\begin{gathered}
\forall i, \exists k \to h_{ik} > 0, \quad \forall m_{kj} > 0 \\
\forall i, j \to x_{ij} = \sum_{k=1}^{N} h_{ik} m_{kj} > 0
\end{gathered}
\tag{4.33}
$$

针对正矩阵 X 与列可容许的随机矩阵 G，有 $Y = XG$，其中 Y 为正矩阵。由式(4.32)可知

$$
\forall i, z \to x_{iz} > 0 \tag{4.34}
$$

结合式(4.29)可得

$$
\begin{gathered}
\forall j, \exists z \to g_{zj} > 0 \\
\forall i, j \to y_{ij} = \sum_{z=1}^{N} x_{iz} g_{zj} > 0
\end{gathered}
\tag{4.35}
$$

对于正矩阵 Y 与正随机矩阵 M_1，有 $P_1 = YM_1$，其中 P_1 为正矩阵。因为 Y 是正矩阵，即

$$
\forall i, z \to y_{iz} > 0 \tag{4.36}
$$

又因为 M_1 为正随机矩阵，即

$$
m_{1ij} > 0, \quad i, j \in [1, N] \tag{4.37}
$$

所以有

$$
\begin{gathered}
\forall i, z \to y_{iz} > 0, \quad \forall z, j \to m_{1zj} > 0 \\
\forall i, j \to p_{ij} = \sum_{z=1}^{N} y_{iz} m_{1zj} > 0
\end{gathered}
\tag{4.38}
$$

故对于 $P_1 = YM_1 = HMGM_1$，有 P_1 为正定矩阵。

精英个体保留后状态空间基数仍然是 N，为了方便分析，精英个体存放在最左边位置，精英个体所对应的目标函数越低，在矩阵中的位置越高，交叉、变异、

淘汰重插、微变异的状态转移矩阵可以写成块对角矩阵 H^{+}、M^{+}、G^{+}、M_1^{+}，即

$$H^{+}=\text{diag}[H],\quad M^{+}=\text{diag}[M]$$
$$G^{+}=\text{diag}[G],\quad M_1^{+}=\text{diag}[M_1]$$

因此，经过遗传操作后的矩阵为 $P_1=H^{+}M^{+}G^{+}M_1^{+}>0$，即

$$P_1=\text{diag}[HMGM_1] \tag{4.39}$$

在遗传算法的交叉、变异、淘汰重插后，精英保留操作用矩阵 U 表示。

当令 $C_i(k)$ 表示第 k 次迭代时，状态 i 对应种群中除精英个体外的最佳个体，即

$$C_i(k)=\arg\min\{O_z(k)\mid z=1,2,\cdots,n\} \tag{4.40}$$

对于目标函数值为 $O_j(k)$，如果

$$O_j(k)<O_i(k) \tag{4.41}$$

即对应精英保留操作时 i 状态的最佳目标函数值小于未保留 j 状态的最佳目标函数值，取 $U=(u_{ij})_{N\times N}$ 表示精英保留操作引起的状态转移矩阵，此时 $C_i(k)$ 被 $C_j(k)$ 替换，精英保留操作矩阵为

$$u_{ij}=1,\quad u_{iz}=0,\quad z\neq j \tag{4.42}$$

否则，精英保留操作失败，原状态保留。此时，有

$$u_{ii}=1,\quad u_{ij}=0 \tag{4.43}$$

因此，U 中每行只有一个元素为 1，其余皆为 0。精英保留操作矩阵可由分块矩阵 $U_{rk}(1\leqslant r,k\leqslant N)$ 表示，即

$$U=\begin{bmatrix} U_{11} & & & \\ U_{21} & U_{22} & & \\ \vdots & \vdots & \ddots & \\ U_{N1} & U_{N2} & \cdots & U_{NN} \end{bmatrix} \tag{4.44}$$

其中，除 U_{11} 为单位阵外，其余 $U_{ii}(i=2,3,\cdots,N)$ 都是含有单位阵的对角矩阵；$U_{rk}(r<k)$ 为零矩阵。

在精英保留操作后，状态转移矩阵转变为 $P=P_1U$，即

$$P = \begin{bmatrix} P_1U_{11} & & & \\ P_1U_{21} & P_1U_{22} & & \\ \vdots & \vdots & \ddots & \\ P_1U_{N1} & P_1U_{N2} & \dots & P_1U_{NN} \end{bmatrix} \tag{4.45}$$

其中，P_1U_{11}为一个正随机矩阵；当$i \geqslant 2$时，U_{i1}为非零矩阵，因此R为非零矩阵，且

$$R = \begin{bmatrix} P_1U_{21} \\ \vdots \\ P_1U_{N1} \end{bmatrix} \tag{4.46}$$

同理可得，T为非零矩阵，且

$$T = \begin{bmatrix} P_1U_{22} & & \\ \vdots & \ddots & \\ P_1U_{N2} & \cdots & P_1U_{NN} \end{bmatrix} \tag{4.47}$$

所以有新的状态转移矩阵：

$$P = \begin{bmatrix} C & 0 \\ R & T \end{bmatrix} \tag{4.48}$$

其子矩阵$P_1U_{i1}(1 < i \leqslant N)$可聚集成矩阵$R$，$P$每次保留更优值。

状态转移矩阵P中子矩阵$P_1U_{11} = P_1 > 0$，包含了精英个体（目标函数低个体）的转移概率。由于P_1是随机矩阵，且对应式中R不为零矩阵，所有非全局最优解收敛概率都等于0，所以处于全局最优状态的概率收敛于1，即当$t \to \infty$时，$P\{Z_i = f^*\}$收敛于1。

因此，定制化双编码动态培育遗传聚类算法在电池配组方面具有全局寻优能力。

4.4.3 电池定制化配组工程案例

本案例采用容量、电压、内阻三类常见指标进行配组。电池的容量表示为动力电池在以1/3C恒流放电至截止电压2.5V时，所放出的电量。电池的电压为电池在化成结束后，静置完全时，采用1/3C充电至截止电压，开路搁置三天后的开路电压值。电池的内阻是在充放电过程中，施加一定的电流，利用施加电流前后电压瞬时变化和瞬时变化后的渐变过程计算出的电池内阻。本节所选取的配组对

象是国内某电池制造企业生产的 1850mA·h 方形动力电池。在工厂工艺方案的分容筛选下，筛选方式为：电池容量为 1850～2030mA·h，充电截止电压为 3.52～4.2V，满电电阻为 20～30mΩ。在同一批次生产的电池中筛选出满足合格分容条件的电池共 228 节，并提取出容量、截止电压、满电电阻三种典型特征，用于分析本节所提算法的配组优化结果。电池定制化配组工程案例指标变量说明如表 4.2 所示。

表 4.2　电池定制化配组工程案例指标变量说明

特征编号	定义变量	特征含义	最小值	最大值
1	x_1	容量/(mA·h)	1850	2030
2	x_2	截止电压/V	3.52	4.2
3	x_3	满电电阻/mΩ	20	30

将统计的 228 节电池的 3 个特征依据式(4.13)进行归一化处理。归一化处理后的电池样本在三维特征空间的分布如图 4.15 所示。

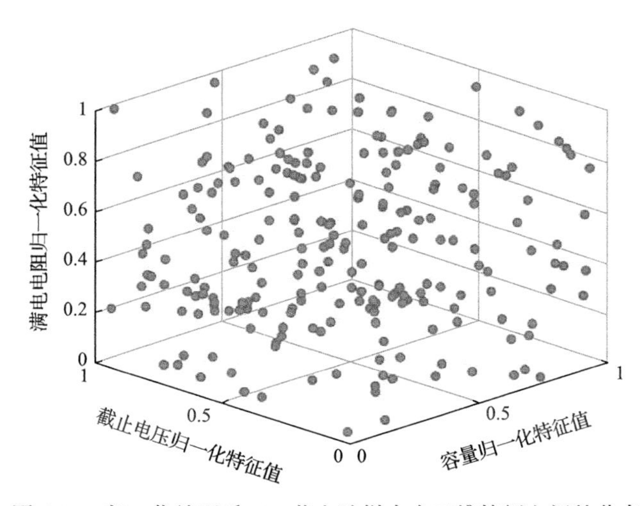

图 4.15　归一化处理后 228 节电池样本在三维特征空间的分布

由图 4.15 可以看出，电池群组各单体在特征空间存在一定的差异，且在各个特征上的分布不同。因此，面对不同的客户定制化需求，将会形成不同的筛选结果，应该采用合适的方式进行配组指标界定。

1)定制化指标需求选取

选取八位专家，针对成组电池需要在高温条件下工作这一定制化需求，对配组指标权重进行打分，如表 4.3 所示。

表 4.3 专家对三个影响指标基于定制化的打分

专家编号	专家权重/%	容量指标/分	电压指标/分	电阻指标/分
1	10	65	25	10
2	13	45	30	25
3	9	35	30	35
4	17	80	15	5
5	13	55	25	20
6	11	40	30	30
7	14	70	18	12
8	13	60	25	15

表 4.3 中的第一列为专家编号，第二列为专家权重。根据式(4.15)，最终得到容量、电压、电阻这 3 个电池特征变量在高温定制化需求的权重为

$$W=(0.5825,0.2397,0.1778)$$

并结合归一化电池数据，根据式(4.16)设计目标函数。

2)算法参数选取

为验证本节所提算法用于电池配组的定制化服务功能和优越性，以图 4.15 所示电池样本特征空间下的数据为基础，并了解到某公司某款电池组型号串并联需要 76 节单体电芯，以上述分析的高温定制化需求设定目标函数。在该场景下设置相关参数，如表 4.4 所示。

表 4.4 案例算法参数设定

变量名	含义	数值
a	交叉算子常数	0.5
β	变异算子常数	1.5
K	筛选组数	3
k	迭代次数	0～3000
N_j	种群中个体数量	50
n	电池对象数量	99
m	电池特征数量	3
l	个体编码长度	108
$1\sim n$	前 n 位编码	$\text{ceil}(K\times\text{rand})$
$n+1\sim l$	$n+1\sim l$ 位编码	rand
acr	交叉率	20

续表

变量名	含义	数值
mut	变异率	20
rep _ mut	淘汰率	10
iter	最大迭代次数	3000

电池定制化配组优化评价指标：结合前面的容量、电压、电阻定制化的权重 W，依据式(4.16)构建电池定制化配组优化目标函数 $F(b,z,W)$，种群中各个染色体 $C_i(k)$ 都有对应的适应度函数值，适应度函数的计算方式与目标函数一致。第 k 次迭代的目标函数值为种群 $A(k)$ 中最优个体对应的函数值，即 k 次迭代下种群中所有个体对应的适应度函数值的最小数值，各个电池组之间的单体电池的性能指标越接近，目标函数 $F(b,z,W)$ 越小，因此目标函数的优化大小直接对应电池配组效果。

3)算法定制化配组结果

利用双编码动态培育遗传聚类算法获得的各时刻电池聚类配组效果如图 4.16 所示。初始迭代时的目标函数为随机分组与类中心随机选取，目标函数值从最初 83.3247 降至最终的 34.7298，筛选的各类样本也从最初混乱无序的状态变为区域性显著的聚集形态，最终形成 3 个差异性显著的电池组别，验证了本节所提算法可以有效地完成电池筛选配组的工作。

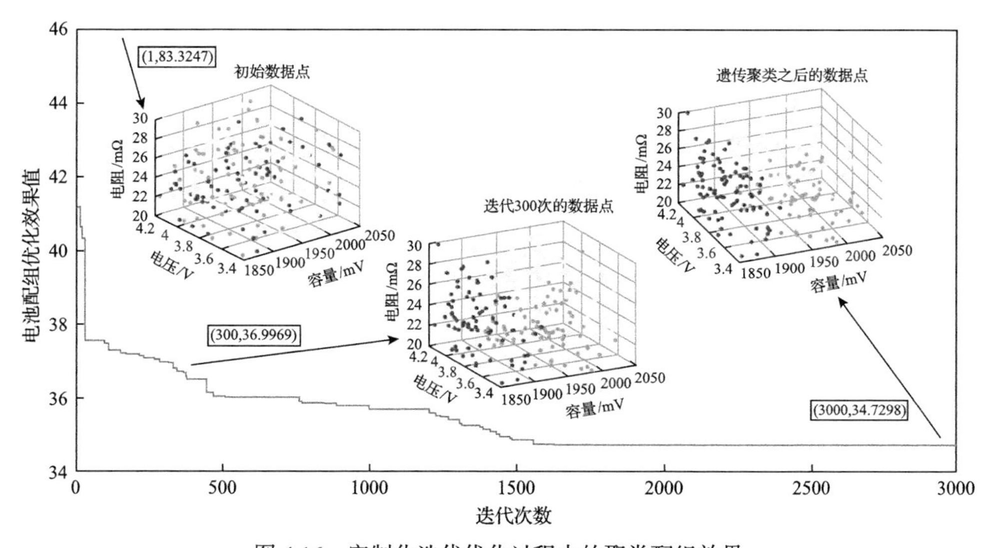

图 4.16　定制化迭代优化过程中的聚类配组效果

4)定制化配组算法的优势对比

基于单编码遗传聚类(single coding genetic clustering, SC-GC)算法，先引入精英保留操作与微变异得到精英保留遗传聚类(elitist preserving genetic clustering, EP-GC)算法，然后在 EP-GC 算法的基础上引入动态培育思想，得到动态培育精英保留遗传聚类(elitist preserving dynamic cultivation genetic clustering, EPDC-GC)算法。通过仿真验证改进算法在电池配组应用方面的优化提升能力，三种算法的比较结果如图 4.17 所示。

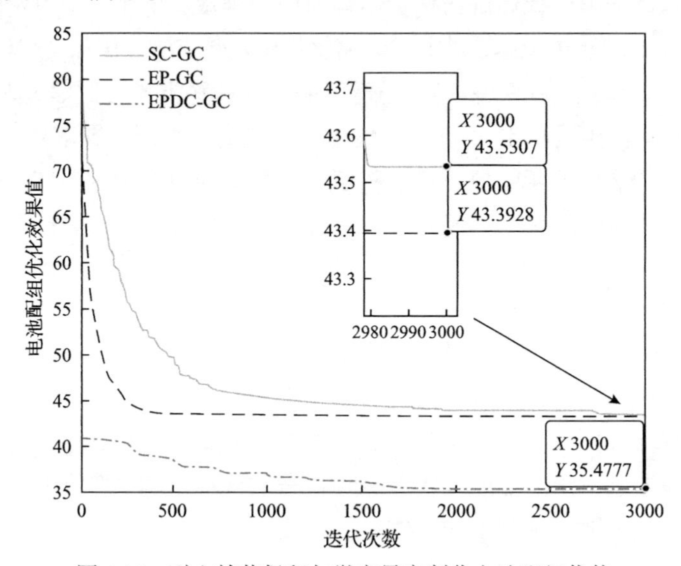

图 4.17　引入精英保留与微变异定制化电池配组优势

从图 4.17 中可以看出，未引入微变异与精英保留操作的 SC-GC 算法在前期迭代的收敛速度远低于引入微变异与精英保留操作的 EP-GC 算法，且改进后 EP-GC 算法的最终配组优化结果为 43.3928，较优于改进前的 SC-GC 算法。因此，引入微变异与精英保留操作对于传统单编码的遗传聚类算法在电池配组方面的优化效果有一定的改进。此外，对比 EP-GC 算法和 EPDC-GC 算法，引入动态培育思想后的 EPDC-GC 算法在前 50 次迭代后，目标函数的优化效果远优于未引入动态培育思想的 EP-GC 算法。

另外，EPDC-GC 算法在 1500 次迭代之后由于动态培育而调整了变异方向，跳出前 1/2 迭代步的局部最优点。可见，引入动态培育思想后，动态交叉对于前期收敛速度具有提升作用，动态调整变异方向对于跳出局部最优的能力有所增强，EPDC-GC 算法的最终优化结果为 35.4777，优于 EP-GC 算法的 43.3928。

在前期分析的基础上，引入精英保留操作、微变异和局部聚类，对比单编码的 EPDC-GC 算法、改进型的加权特征集成聚类算法(weighted feature ensemble clustering algorithm, WFE-CA)和双编码动态培育遗传聚类算法(double-coded dynamic breeding based genetic clustering algorithm, DCDB-GCA），通过仿真验证在电池配组方面双编码动态培育遗传聚类算法较单编码及其他方式改进聚类算法的优势。初期的分组情况为随机分组，由于目标函数值过大，在仿真分析中影响成图效果，所以仿真验证时从第二次迭代开始绘图，引入动态培育思想定制化电池配组优势如图 4.18 所示。可以看出，相比于其他聚类算法，DCDB-GCA 在初期的迭代速度方面有明显优势，且在最终 3000 次迭代时全局收敛性效果优于 WFE-CA 和 EPDC-GC 算法。

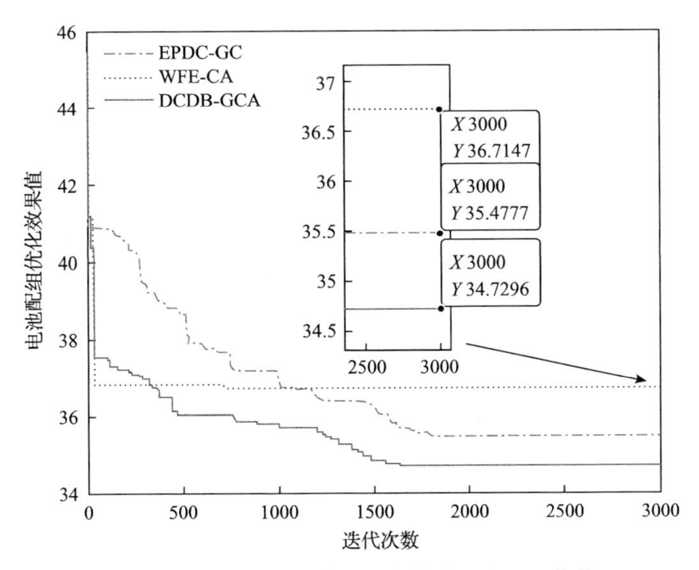

图 4.18　引入动态培育思想定制化电池配组优势

采用 SC-GC 算法、EP-GC 算法、EPDC-GC 算法、WFE-CA 和 DCDB-GCA 五种电池定制化配组算法在 300 次、1500 次、2250 次和 3000 次迭代的优化结果如表 4.5 所示。可以看出，DCDB-GCA 在前期的收敛速度、中后期(即 1500 次迭代到 2250 次迭代之间)跳出局部最优的能力以及最终的配组结果都优于其他四种算法。

表 4.5　电池定制化配组效果对比

配组算法	$k=300$	$k=1500$	$k=2250$	$k=3000$
SC-GC	54.2547	44.5071	44.0098	43.5307
EP-GC	44.3055	43.4222	43.9714	43.3928
EPDC-GC	39.4081	36.2534	35.4777	35.4777
WFE-CA	36.9969	36.7147	36.7147	36.7147
DCDB-GCA	36.8130	34.8528	34.7296	34.7296

4.5 锂电池定制化生产工艺分析案例

面对电池的定制化生产需求，为了更好地管锂电池的生产过程，本节通过调整工艺环节，依据定制化需求，根据实际生产过程与工艺环节，结合技术要点和工艺参数，设计了锂电池生产工艺一致性分析体系，该体系分为五个层次，分别为目标层、Ⅰ级因素层、Ⅱ级因素层、Ⅲ级因素层和Ⅳ级因素层。Ⅰ级因素层是按照锂电池的生产过程划分的，锂电池的生产过程分成三个阶段，即制片工艺阶段、装配工艺阶段和分选组装工艺阶段。Ⅱ级因素层是根据 13 个工艺生产环节设计的 13 个环节因素指标，即预处理、浆料搅拌均匀性、浆料涂敷均匀性、极片厚度均匀性、极片成型质量、焊接质量、叠片一致性、电池成型质量、电芯干燥效果、注液质量、化成情况、老化质量和分选配组等进行划分的。通过对 13 个环节进行细分，确定 25 个子因素指标作为Ⅲ级因素层。确定生产过程中影响各个子因素指标的 75 个生产参数，并将此作为Ⅳ级因素层。电池一致性分析因素集合如表 4.6 所示。

表 4.6 电池一致性分析因素集合

各层次集合名称	表示方法	因素构成
目标层	电池工艺一致性	电池工艺一致性
Ⅰ级因素层	1,2,3	工艺阶段
Ⅱ级因素层	$a,b,\cdots,l$	工艺环节因素
Ⅲ级因素层	$a_n,\cdots,l_n$	工艺环节子因素
Ⅳ级因素层	$a_{nn},\cdots,l_{nn}$	工艺环节生产参数

锂电池生产工艺分析模型主要是依据理论知识研究和一线工程师的生产经验，结合实际工业生产过程进行生产过程建模，再通过设计打分机制量化表示专业知识与生产经验。

假定因素层对应存在n个因素，构成因素集合$U=\{u_1,u_2,\cdots,u_n\}$，$R=\{r_{ij}\}_{n\times n}$为打分机制量化后的模糊一致矩阵，其中，r_{ij}表示某层因素u_i相比于同层下一因素u_j的重要程度。因素u_i与因素u_j的比较准则采用 0.9 标度法，0.9 标度法规则如表 4.7 所示。

以Ⅱ级因素层为例，设计的打分表如表 4.8 所示。

模糊一致矩阵R的可信度在很大程度上会受到个别极端分数的影响，因此在传统打分机制的基础上引入截尾均值的思想，可以排除极端影响，同时不破坏样本的多样性。

表 4.7　0.9 标度法规则表

打分标度	重要程度	说明
0.5	同等重要	u_i 和 u_j 同样重要
0.6	稍微重要	u_i 比 u_j 稍微重要
0.7	明显重要	u_i 比 u_j 明显重要
0.8	重要得多	u_i 比 u_j 重要得多
0.9	极端重要	u_i 比 u_j 极端重要
0.1, 0.2, 0.3, 0.4	反比较	若 u_i 和 u_j 比较得到判断矩阵元素 r_{ij}，则 u_j 和 u_i 相比较为 $1-r_{ij}$

表 4.8　锂电池生产工艺分析体系Ⅱ级因素层打分表

电池一致性	预处理	浆料搅拌均匀性	浆料涂敷均匀性	极片厚度均匀性	极片成型质量
预处理	0.5	a_2	a_3	a_4	a_5
浆料搅拌均匀性	$1-a_2$	0.5	b_3	b_4	b_5
浆料涂敷均匀性	$1-a_3$	$1-b_3$	0.5	c_4	c_5
极片厚度均匀性	$1-a_4$	$1-b_4$	$1-c_4$	0.5	d_5
极片成型质量	$1-a_5$	$1-b_5$	$1-c_5$	$1-d_5$	0.5

假设总共收到 k 位专家的打分表，去除分数极端高的打分数据 p 份和分数极端低的打分数据 q 份，之后进行均值运算得到新的模糊一致矩阵 R_e，即

$$R_e = \begin{bmatrix} \sum_{e=1}^{k-p-q} r_{11,e} & \sum_{e=1}^{k-p-q} r_{12,e} & \cdots & \sum_{e=1}^{k-p-q} r_{1n,e} \\ \sum_{e=1}^{k-p-q} r_{21,e} & \sum_{e=1}^{k-p-q} r_{22,e} & \cdots & \sum_{e=1}^{k-p-q} r_{2n,e} \\ \vdots & \vdots & & \vdots \\ \sum_{e=1}^{k-p-q} r_{n1,e} & \sum_{e=1}^{k-p-q} r_{n2,e} & \cdots & \sum_{e=1}^{k-p-q} r_{nn,e} \end{bmatrix} \tag{4.49}$$

$$r_{ij,e} = 0.5 + a\left(w_i - w_j\right), \quad i,j = 1,2,\cdots,n \tag{4.50}$$

其中，w_i 表示对应层因素对上一层因素的相对重要性，即影响力；a 表示 w_i 和 w_j 之间重要程度差异的度量单位，其取值满足 $a \geqslant \frac{n-1}{2}$，$a$ 越大，决策者越重视因

素间的重要性差异；$r_{ij,e}$ 表示锂电池生产工艺各环节之间对于一致性影响的相对重要程度。

锂电池的整个生产过程环节众多，工艺复杂，且相关指标之间存在大量耦合。为进一步提高一致性，保障所建立的工艺一致性分析体系的可行性，提出了一种模糊一致性群智能算法，通过群智能算法的寻优能力，求解模糊一致矩阵 R_e 和对应因素的权重 w_i。

考虑到实际的电池生产工艺评分过程中人为主观因素的影响和随机性，一般很难满足模糊一致矩阵判别的条件，即 $r_{ij,e} \neq 0.5 + a\left(w_i - w_j\right)$。对于这种情况，一般认为在偏差足够小时可以接受，偏差越小，可接受程度越高。由此可得一致性检验指标为

$$\mathrm{CIF}_1(n) = \sum_{i=1}^{n}\sum_{j=1}^{n}\left[0.5 + a\left(w_i - w_j\right) - y_{ij}\right]^2 / n^2 \tag{4.51}$$

若矩阵 R_e 不满足一致性，则电池工艺一致性分析得到的模糊一致矩阵是不具备可信性的，需要对矩阵 R_e 进行修正。$Y = \left(y_{ij}\right)_{n\times n}$ 表示修正后满足一致性的矩阵，重新计算得到对应的因素权重，因素权重表示因素对于工艺一致性的影响程度。假定修正前的模糊一致矩阵 R_e 的第一行最具可信度，则认为修正后的矩阵 Y 中 $y_{1j} = \sum_{e=1}^{k-p-q} r_{1j,e}$，再用 $y_{1j} = \sum_{e=1}^{k-p-q} r_{1j,e}$ 与矩阵 Y 的其余各行相减 $\left(z_{ij} = \sum_{e=1}^{k-p-q} r_{1j,e} - y_{ij}\right)$ 来确定 z_{ij}，利用 $\overline{z}_i = \frac{1}{n}\sum_{j=1}^{n} z_{ij}$ 求解 z_{ij} 的均值。由模糊一致矩阵中任意指定行和其余各行对应元素之差作为常数可求得一致性检验指标为

$$\mathrm{CIF}_2(n) = \sum_{i=1}^{n}\sqrt{\frac{1}{n}\sum_{j=1}^{n}\left(z_{ij} - \overline{z}_i\right)^2 / n} \tag{4.52}$$

将修正后满足一致性的矩阵 Y 中的元素 y_{ij} 和各个因素所对应因素权重 $w_i (i = 1,2,\cdots,n)$ 作为待求标量，构建粒子种群。由上述一致性检验指标，得到一致性优化函数为

$$\mathrm{CIF}(n) = \sum_{i=1}^{n}\sum_{j=1}^{n}\left[0.5 + a\left(w_i - w_j\right) - y_{ij}\right]^2 / n^2 + \sum_{i=1}^{n}\sqrt{\frac{1}{n}\sum_{j=1}^{n}\left(z_{ij} - \overline{z}_i\right)^2 / n} \tag{4.53}$$

随后，将一致性优化函数 $\mathrm{CIF}(n)$ 作为模糊一致性群智能算法的适应度函数，

开展约束条件下的适应度函数最小值寻优，即

$$\min \mathrm{CIF}(n)$$
$$\text{s.t.}\begin{cases} y_{ii}=0.5 \\ y_{ij}+y_{ji}=1 \\ y_{ij}=y_{ik}-y_{jk}+0.5 \\ \sum_{i=1}^{n} w_i=1 \\ w_i>0 \end{cases} \tag{4.54}$$

适应度函数 $\mathrm{CIF}(n)$ 越小，说明修正后的模糊一致矩阵 $Y=\left(y_{ij}\right)_{n\times n}$ 的一致性越好，当 $\mathrm{CIF}(n)<0.1$ 时，判定粒子群寻优得到的模糊一致矩阵满足一致性，寻优得到的对应元素权重具备可信性。

在得到各层级因素对应权重后，计算组合权重，即

$$w=\sum_{l=1}^{m} w_l \tag{4.55}$$

其中，l 表示层级数；m 表示因素数，从而得到各个工艺环节子因素对于目标层的影响权重。

设计 40 种样式的打分表，发给包括一线工程师在内的 12 位专家进行评分，基于评价结果利用截尾评分机制构建模糊一致矩阵。

针对锂电池生产工艺环节，即Ⅱ级因素层，构建的模糊一致矩阵 R_1 、R_2 和 R_3 分别为

$$R_1=\begin{bmatrix} 0.50 & 0.45 & 0.32 & 0.33 & 0.65 \\ 0.55 & 0.50 & 0.24 & 0.44 & 0.35 \\ 0.68 & 0.76 & 0.50 & 0.50 & 0.85 \\ 0.67 & 0.76 & 0.50 & 0.50 & 0.14 \\ 0.35 & 0.56 & 0.15 & 0.86 & 0.50 \end{bmatrix} \tag{4.56}$$

$$R_2=\begin{bmatrix} 0.50 & 0.30 & 0.45 & 0.35 & 0.33 \\ 0.70 & 0.50 & 0.68 & 0.54 & 0.37 \\ 0.55 & 0.32 & 0.50 & 0.40 & 0.19 \\ 0.65 & 0.46 & 0.60 & 0.50 & 0.82 \\ 0.67 & 0.63 & 0.81 & 0.18 & 0.50 \end{bmatrix} \tag{4.57}$$

$$R_3=\begin{bmatrix}0.50 & 0.60 & 0.40\\ 0.40 & 0.50 & 0.65\\ 0.60 & 0.35 & 0.50\end{bmatrix} \tag{4.58}$$

传统的权重计算普遍采用行和归一化方法或者模糊一致性推论方法，两种方法的计算方式如下。

(1)对比算法 1。行和归一化方法，即

$$w_i=\frac{\sum_{j=1}^{n}r_{ij}+\frac{n}{2}-1}{n(n-1)},\quad i=1,2,\cdots,n \tag{4.59}$$

(2)对比算法 2。模糊一致性推论方法，即

$$w_i=\frac{1}{n}-\frac{1}{2a}+\frac{1}{na}\sum_{j=1}^{n}r_{ij},\quad i=1,2,\cdots,n \tag{4.60}$$

本节利用基于截尾评分机制的模糊一致性群智能算法计算电池生产过程中各个生产因素对于生产一致性的影响权重，根据模糊一致矩阵计算一致性指标，并与上述两种分析方法进行对比，对比结果如表 4.9 所示。

表 4.9　采用不同方法进行工艺因素权重计算的结果对比

指标	行和归一化方法	模糊一致性推论方法	本节方法
$w_1(R_1)$	0.1875	0.1750	0.1800
$w_2(R_1)$	0.1790	0.1580	0.1570
$w_3(R_1)$	0.2395	0.2790	0.2920
$w_4(R_1)$	0.2035	0.2070	0.2070
$w_5(R_1)$	0.1960	0.1920	0.1640
$\mathrm{CIF}(R_1)$	0.1150	0.1345	0.0529
$w_1(R_2)$	0.0660	0.1430	0.1150
$w_2(R_2)$	0.1715	0.2290	0.1990
$w_3(R_2)$	0.2145	0.1460	0.2320
$w_4(R_2)$	0.1730	0.2530	0.2000
$w_5(R_2)$	0.2265	0.0617	0.2530
$\mathrm{CIF}(R_2)$	0.2145	0.2151	0.0452
$w_1(R_3)$	0.3330	0.3330	0.3430

续表

指标	行和归一化方法	模糊一致性推论方法	本节方法
$w_2(R_3)$	0.3420	0.3500	0.0770
$w_3(R_3)$	0.3250	0.3170	0.5800
$\mathrm{CIF}(R_3)$	0.0869	0.0869	0.0058

利用基于截尾评分机制的模糊一致性群智能算法对电池生产工艺一致性分析体系进行量化，根据截尾均值构建模糊一致矩阵并寻优计算得到每个生产因素对于电池一致性的影响权重，寻优过程确保模糊一致矩阵符合一致性要求。设计的锂电池生产工艺一致性分析体系如表 4.10 所示。从表中可以直观地看到电池生产过程和各个工艺环节及参数，并带有量化后的影响权重。

表 4.10　锂电池生产工艺一致性分析体系

目标层	Ⅰ级因素层及因素权重	Ⅱ级因素层及因素权重	Ⅲ级因素层及因素权重	Ⅳ级因素层及因素权重
电池工艺一致性	1 制片工艺 0.336	a 预处理 0.180	a1 脱水干燥 0.199	a11 材料性质 0.505
				a12 微波穿透力 0.270
				a13 场强分布 0.225
			a2 材料选配 0.801	a21 材料选型 0.199
				a22 材料配比 0.801
		b 浆料搅拌均匀性 0.157	b1 混合分散设备结构参数 0.500	b11 桨与桶间隙 0.542
				b12 搅拌桨形状 0.143
				b13 分散盘位置数量 0.315
			b2 混合分散设备操作参数 0.500	b21 搅拌速度 0.092
				b22 搅拌时间 0.183
		b 浆料搅拌均匀性 0.157	b2 混合分散设备操作参数 0.500	b23 温度 0.291
				b24 真空度 0.253
				b25 浆料浓度 0.181
		c 浆料涂敷均匀性 0.292	c1 涂布区域尺寸精度 0.266	c11 控制稳定性 0.294
				c12 纠偏装置精度 0.706
			c2 涂布厚度均匀性 0.382	c21 加工精度 0.808
				c22 涂布速度 0.192

续表

目标层	Ⅰ级因素层及因素权重	Ⅱ级因素层及因素权重	Ⅲ级因素层及因素权重	Ⅳ级因素层及因素权重
电池工艺一致性	1 制片工艺 0.336	c 浆料涂敷均匀性 0.292	c3 干燥均匀性 0.352	c31 烘烤箱结构 0.329
				c32 进风风速 0.175
				c33 温度分布 0.496
		d 极片厚度均匀性 0.207	d1 横向厚度均匀性 0.300	d11 轧辊弯曲度 0.270
				d12 机座刚度 0.156
				d13 弹性形变程度 0.242
				d14 轧制力 0.100
				d15 极片厚度 0.232
			d2 纵向厚度均匀性 0.286	d21 加工精度 0.840
				d22 安装精度 0.160
			d3 辊压质量 0.414	d31 张紧力 0.900
				d32 表面清洁度 0.100
		e 极片成型质量 0.164	e1 极片切割质量 1.000	e11 设备结构 0.348
				e12 切割速度 0.102
				e13 切刀的振动 0.550
	2 装配工艺 0.238	f 焊接质量 0.115	f1 焊接精度 0.554	f11 设备结构 0.228
				f12 设备稳定性 0.400
				f13 夹具定位精度 0.372
			f2 焊接强度 0.446	f21 焊接方式 0.245
				f22 焊接时间 0.400
				f23 焊接面积 0.355
		g 叠片一致性 0.199	g1 叠片精度 1.000	g11 叠片装置稳定性 0.273
				g12 定位装置精度 0.340
				g13 吸片台稳定性 0.120
				g14 纠偏控制 0.208
				g15 夹具选型 0.059
		h 电池成型质量 0.232	h1 铝塑膜质量 0.286	h11 模具几何形状 0.165
				h12 模具粗糙度 0.280
				h13 压边压力 0.299

续表

<table>
<tr><th>目标层</th><th>Ⅰ级因素层及因素权重</th><th>Ⅱ级因素层及因素权重</th><th>Ⅲ级因素层及因素权重</th><th>Ⅳ级因素层及因素权重</th></tr>
<tr><td rowspan="28">电池工艺一致性</td><td rowspan="19">2 装配工艺 0.238</td><td rowspan="4">h 电池成型质量 0.232</td><td>h1 铝塑膜质量 0.286</td><td>h14 冲压速度 0.256</td></tr>
<tr><td rowspan="3">h2 顶侧封质量 0.714</td><td>h21 热封温度 0.501</td></tr>
<tr><td>h22 热封时间 0.203</td></tr>
<tr><td>h23 热封压力 0.296</td></tr>
<tr><td rowspan="5">i 电芯干燥效果 0.200</td><td>i1 电芯内水分均匀性 0.626</td><td>i11 水分含量 1.000</td></tr>
<tr><td rowspan="4">i2 电芯内温度均匀性 0.374</td><td>i21 烘烤箱结构 0.217</td></tr>
<tr><td>i22 干燥风速 0.203</td></tr>
<tr><td>i23 箱内压力 0.331</td></tr>
<tr><td>i24 电池结构 0.249</td></tr>
<tr><td rowspan="9">j 注液质量 0.253</td><td rowspan="3">j1 注液环境水分 0.151</td><td>j11 设备封闭性 0.401</td></tr>
<tr><td>j12 真空度 0.554</td></tr>
<tr><td>j13 过程环境 0.045</td></tr>
<tr><td rowspan="2">j2 氧气控制 0.169</td><td>j21 设备气密性 0.307</td></tr>
<tr><td>j22 氮气量 0.693</td></tr>
<tr><td rowspan="2">j3 注液量控制 0.220</td><td>j31 注液泵精度 0.316</td></tr>
<tr><td>j32 电芯真空度 0.684</td></tr>
<tr><td rowspan="2">j4 浸润均匀性 0.460</td><td>j41 真空度 0.602</td></tr>
<tr><td>j42 静置时间 0.398</td></tr>
<tr><td rowspan="8">3 分选组装工艺 0.426</td><td rowspan="2">k 化成情况 0.343</td><td rowspan="2">k1 化成一致性 1.000</td><td>k11 恒温均匀性 0.226</td></tr>
<tr><td>k12 电流均匀性 0.774</td></tr>
<tr><td rowspan="2">l 老化质量 0.077</td><td rowspan="2">l1 老化稳定性 1.000</td><td>l11 温度 0.806</td></tr>
<tr><td>l12 老化时间 0.194</td></tr>
<tr><td rowspan="4">m 分选配组 0.589</td><td rowspan="4">m1 测量精度 1.000</td><td>m11 电池电流 0.220</td></tr>
<tr><td>m12 电池电压 0.157</td></tr>
<tr><td>m13 电池温度 0.258</td></tr>
<tr><td>m14 电池 SOC 0.365</td></tr>
</table>

由表4.10可知各工艺环节及其所涉及工艺参数对于电池生产一致性的影响权重，因素权重越大，表明该因素对电池最终一致性的影响越大。通过组合权重计算公式(4.55)计算各个工艺参数对于电池一致性的影响，得到各层级对于工艺一致性影响的权重集合，可见电池生产工艺中的涂布环节、化成环节和配组环节对于电池生产一致性有较大影响，在实际的电池生产过程中应重点关注。同理，从表4.10中可知影响一致性最关键的工艺指标有涂布区域尺寸精度、材料选配、分选配组测量精度。

因此在实际生产过程中，遇到大批量定制化生产问题时，可以利用基于截尾评分机制的模糊一致性群智能算法量化分析生产过程，根据求解得到的因素权重来调整生产方案。

4.6 本章小结

本章研究了锂电池定制化生产工艺分析问题，针对锂电池的生产工艺环节进行了拆解分析。考虑到成组电池在单体电池差异大的情况下会出现一致性差的问题，影响电池的使用效率和使用寿命，针对电池生产后段，即封装段的工艺环节进行单独分析，包括化成工艺和配组工艺。对于电池配组工艺，介绍了目前工业上常用的一系列电池配组算法。引入电池定制化配组概念，设计电池定制化配组算法，并且与其他算法进行了对比，确认本章算法的配组优越性。以成组电池的一致性为分析指标，利用层次分析法将生产过程的理论经验量化，再利用粒子群优化算法进行智能寻优，得到最优解，即模糊一致矩阵。利用上述方法针对拆解的工艺因素进行计算得到工艺一致性分析体系，通过分析该体系实现电池生产过程一致性影响因素的量化分析，借此优化定制化生产时的生产方案，根据工艺因素权重安排生产计划，降低主要因素的波动来保障电池质量。

参 考 文 献

[1] 欧韦聪. 锂电池制造工艺控制及潜在问题分析[J]. 化工管理, 2021, 611(32): 173-175.
[2] 刘芬, 余克清, 徐杨明. 锂离子电池主要生产工序及控制点[J]. 电池, 2020, 50(4): 376-379.
[3] 李伟, 陈思琦, 彭雄斌, 等. 电动汽车锂电池模块设计中相似性能电池聚类的综合方法[J]. 工程, 2019, 5(4): 882-890.
[4] 王玲玲, 马可人, 刘萍. 化成工艺对锂离子电池性能的影响[J]. 材料科学与工程学报, 2022, 40(4): 725-728.
[5] 杜强, 张一鸣, 田爽, 等. 锂离子电池 SEI 膜形成机理及化成工艺影响[J]. 电源技术, 2018, 42(12): 1922-1926.

[6] 来秋茹, 熊小丽. 锂电池项目的工艺分析与技术要点[J]. 化工中间体, 2018, (9): 140-141.
[7] 许元武, 吴肖龙, 陈明渊. 基于变参数模型的锂电池荷电状态观测方法[J]. 控制理论与应用, 2019, 36(3): 443-452.
[8] Dang X J, Yan L, Xu K, et al. Open-circuit voltage-based state of charge estimation of lithium-ion battery using dual neural network fusion battery model[J]. Electrochimica Acta, 2016, 188: 356-366.
[9] 王正, 庞佩佩, 赵付双, 等. 锂离子电池串联一致性与电压差的研究[J]. 电池工业, 2017, 21(1): 12-15, 25.
[10] 黄保帅, 张巍. 基于锂离子电池 PACK 放电容量影响因素的研究[J]. 电源技术, 2018, 42(12): 1927-1929.
[11] 刘炎金, 张佳瑢, 魏引利, 等. 直流内阻对锂电池性能和配组电压一致性研究[J]. 电源技术, 2016, 40(1): 67-69.
[12] 章博, 吴晶, 赵生薇, 等. 基于主成分分析的锂离子电池配组方法[J]. 电脑知识与技术, 2021, 17(3): 232-233, 244.
[13] 温灿国, 王迎迎, 冯伟峰, 等. 基于多变量数据拟合的锂电池配组工艺研究[J]. 电源技术, 2018, 42(10): 1480-1482.
[14] 张俊生. 动力电池自动配组系统软件设计与实现[D]. 杭州: 杭州电子科技大学, 2020.
[15] 高崧, 朱华炳, 刘征宇, 等. 基于 *K*-means 聚类的退役动力电池梯次利用成组方法[J]. 电源技术, 2020, 44(10): 1479-1482, 1513.
[16] Li X Y, Song K, Wei G, et al. A novel grouping method for lithium iron phosphate batteries based on a fractional joint Kalman filter and a new modified *K*-means clustering algorithm[J]. Energies, 2015, 8(8):7703-7728.
[17] 车杭骏, 陈科屹, 王雅娣, 等. 带有深度邻域信息的模糊 *C* 均值聚类算法[J]. 华中科技大学学报(自然科学版), 2022, 50(11): 135-141.
[18] 姚香娟, 田甜, 党向盈, 等. 智能优化在软件测试中的应用综述[J]. 控制与决策, 2022, 37(2): 257-266.
[19] Qu H C, Yin L, Tang X M. Heuristics applied to minimization of the maximum-diameter clustering problem[J]. IEEE Latin America Transactions, 2021, 19(4): 652-659.
[20] 董兆鑫, 华翔, 姜冰清, 等. 一种改进的遗传聚类拓扑分簇算法[J]. 西安工业大学学报, 2019, 39(1): 93-98.
[21] 李月, 穆维松, 褚晓泉, 等. 基于改进量子粒子群的 *K*-means 聚类算法及其应用[J]. 控制与决策, 2022,37(4): 839-850.
[22] 郑冬花, 叶丽珠, 刘月红, 等. 基于量子蚁群优化的近邻传播聚类算法研究[J]. 南京理工大学学报, 2022,46(4): 412-418.
[23] 王芙银, 张德生, 张晓. 结合鲸鱼优化算法的自适应密度峰值聚类算法[J]. 计算机工程与

应用, 2021, 57(3): 94-102.
[24] 杨泓奕, 陈家辉, 汤志明. 基于 K 均值法与遗传算法的退役动力电池筛选[J]. 电源技术, 2019, 43(12): 2001-2004.

第5章 锂电池定制化制造能力预测

随着锂电池技术的飞速发展，针对电池制造技术的研究也得到更加广泛的关注。由于电池制造周期存在不确定性，开展对电池定制化制造能力的预测分析，可以帮助企业合理安排制造周期，提高电池制造的安全性和企业的盈利能力。因此，研究电池定制化制造能力预测算法，对于提高电池制造收益具有重要的工程意义[1,2]。

定制化生产锂电池是指根据特定应用场景和需求，设计和生产适合的锂电池产品。不同的应用场景对电池的需求不同，例如，电动汽车需要大容量、高功率的锂电池，而智能穿戴设备则需要小尺寸、轻量化的锂电池。锂电池定制化生产过程通常需要考虑以下几个方面：功能需求、尺寸重量、安全性能、寿命、可靠性、成本和生产性。

锂电池定制化需要进行针对性的设计和制造，而每个客户的需求都有可能不同，因此其生产周期会有所不同。一般来说，锂电池定制化的生产周期会比标准化的锂电池长一些。因为锂电池定制化需要针对客户需求进行特定设计，生产过程需要先进行客户需求分析、设计方案制订、样品制作和测试等步骤，然后进行大规模生产。这些步骤可能需要更长的时间来完成，生产周期会相应延长。此外，锂电池定制化的生产周期还会受到原料供应链和生产工艺等因素的影响。如果原料供应链出现问题，或者生产工艺需要进行优化和调整，那么生产周期也会相应延长。

因此，在锂电池定制化生产时，需要充分考虑客户的需求和生产流程，以尽可能地缩短生产周期，提高生产效率和客户满意度；需要针对锂电池定制化订单进行制造能力预测研究，以进一步提高锂电池生产的灵活性和效率，实现更高效益的锂电池定制化制造生产。

5.1 锂电池定制化制造能力预测问题描述

锂电池定制化制造能力预测问题采用单位时间内生产的合格电池量(pieces per second，PPS)作为制造能力评价指标：

$$\mathrm{PPS}(k) = P_N(k)/P_T(k) \tag{5.1}$$

其中，$P_N(k)$表示在 k 时刻当前工厂连续时间内生产的合格电池量(单位：件)；$P_T(k)$表示 k 时刻工厂已经连续正常生产的时长(单位：s)；$\mathrm{PPS}(k)$表示在 k 时刻当前工厂的制造能力(单位：件/s)。

本章选用的电池定制化制造能力预测组合模型有 m 种单一预测模型，预测结果向量长度为 N，则组合预测形式表示为

$$
\begin{aligned}
f &= f_{11} + f_{12} + \cdots + f_{1N_1} + f_{2(N_1+1)} + f_{2(N_1+2)} + \cdots + f_{2N_2} + \cdots + f_{mN} \\
&= \sum_{i=1}^{m} \sum_{j=N_{i-1}+1}^{N_i} f_{ij}
\end{aligned} \tag{5.2}
$$

$$
N_i = \begin{cases} 0, & i = 0 \\ \lfloor w_i \times N \rfloor, & i = 1 \\ \lfloor N_{i-1} + w_i \times N \rfloor, & i = 2,3,\cdots,m \end{cases} \tag{5.3}
$$

其中，w_i 表示第 i 种预测算法的权重；N_i 表示第 i 种预测算法的分界点；$\lfloor w_i \times N \rfloor$ 表示对 $w_i \times N$ 向下取整；f_{ij} 表示第 i 种预测算法的第 j 个预测向量值。

权重 w_i 满足以下约束：

$$
\sum_{i=1}^{m} w_i = 1,\ 0 \leqslant w_i \leqslant 1,\ i = 1,2,\cdots,m \tag{5.4}
$$

若 $w_i = 1$，则说明得到的组合模型与某个单一模型相同；若 $w_i = 0$，则需要重新考虑第 i 个单一模型的合理性。

5.2 常用预测算法

对电池定制化制造能力的预测精度影响着企业决策的正确性，科学预测是正确决策的重要依据。预测可以分为定性预测和定量预测。定性预测[3]是依据一定的理论及调查研究，基于人的观察分析能力和经验判断能力，从历史和现状分析的角度，对事物未来发展的前景、方向和程度进行判断。定量预测[4]是依靠历史统计资料和数据，通过构造具体模型，运用数学或者智能的方法对事物的发展进行测定，预测的结果往往是具体数值。锂电池定制化制造能力预测问题具有相应的数学模型，预测的指标为生产量，因此属于定量预测。常见的定量预测算法包括时间序列平滑预测算法、回归分析预测算法、灰色预测算法和人工神经网络预测算法等。下面对这些预测算法进行介绍。

5.2.1 时间序列平滑预测算法

时间序列平滑预测算法[5]是通过研究时间序列趋势来进行预测的算法。时间序列是事物的数量指标按照时间顺序排列起来的统计数据，通常时间序列具有的

趋势性有四种：水平趋势性、线性趋势性、曲线趋势性、季节趋势性。针对以上趋势，产生了相应的平滑预测算法：一次移动平均法、趋势移动平均法、指数平滑法、季节预测法。

一次移动平均法针对水平趋势性时间序列进行预测。取时间序列的 N 个值，并取平均值，依次滑动，直至将数据处理完毕，得到一个平均值序列，而下一期的预测值则是滑动窗口内几个数的平均值。

趋势移动平均法[6]针对线性趋势性时间序列进行预测。当时间序列具有线性增长性时，使用一次移动平均法会出现滞后偏差，对一次移动平均序列再进行一次移动平均，可以及时消除滞后偏差，达到预测目的。

指数平滑法针对曲线趋势性时间序列进行预测。按照平滑的次数分为一次指数平滑法、二次指数平滑法、三次指数平滑法。指数平滑法是由一次移动平均法改进得到的，通过计算指数平滑值，配合预测模型对未来进行预测。一次指数平滑法只能预测一期，二次指数平滑法即对一次指数平滑序列再进行指数平滑，三次指数平滑法则对二次指数平滑序列再进行指数平滑，因此两者均具有多期预测能力。

季节预测法针对包含季节变动的时间序列，通过提取其中季节变动的规律来对未来进行预测。季节变动是指受自然条件、生产条件和生活习惯等因素的影响，随着季节的变化而呈现的周期性变动。

例如，季节性差分自回归滑动平均(seasonal autoregressive integrated moving average, SARIMA)模型[7]是在差分自回归移动平均模型的基础上改进而来的，用于对存在季节性变化和线性趋势的时间序列进行预测。$\mathrm{SARIMA}(p,d,q)(P,D,Q)^S$ 模型由 7 个参数构成，其中 p 和 q 分别表示自回归和移动平均的阶数，d 和 D 分别为趋势差分和季节差分的阶数，P 和 Q 分别为季节自回归项和移动自回归项的阶数，S 是季节周期长度。SARIMA 模型为

$$\Phi_P\left(B^S\right)\phi_p(B)\left(1-B^S\right)^D(1-B)^d y_t=\Theta_Q\left(B^S\right)\theta_q(B)\varepsilon_t \tag{5.5}$$

其中，B 为延迟算子，即 $By_t=y_{t-1}$；$\Phi_P(B)$ 和 $\Theta_Q(B)$ 分别为 B 的 p 阶和 q 阶特征多项式；$\phi_p(B)$ 为自回归过程；$\theta_q(B)$ 为移动平均过程；y_t 为输入序列；ε_t 为白噪声。

5.2.2　回归分析预测算法

回归分析预测算法[8]是利用统计分析等数学方法分析变量之间的相互关系和内在联系的算法。这种关系既包括确定性的函数关系，也包括非确定性的函数关系。回归分析预测算法的特点是对影响变量的因素进行分解，充分考虑影响因素之间的变动规律和相关程度。

按照回归方程中对观测事物影响观测值的因子个数，可以划分成简单回归分

析法和多重回归分析法。两者进行区分的依据主要是影响观测值的因子个数，可以得到一元线性回归和多元线性回归两种主要形式。一元线性回归与多元线性回归分析的理论与方法基本相同，只是多元线性回归分析由于影响因素增多，增加了自变量的个数，致使工作量增加，且影响因素之间的关系更复杂，自变量的选择十分困难。根据回归方程是否具有线性特征，也可分为线性回归模型和非线性回归模型。

回归分析预测算法是分析时间序列最常用的算法之一，适用于无周期变动的时间序列，一般用于短期预测。

5.2.3 灰色预测算法

灰色模型(grey model, GM)[9]是一种对含有不确定因素的系统进行预测的模型，它既充分利用系统的已知信息，也尽量考虑系统的未知信息。灰色预测算法通过对原始序列进行累加生成处理，得到具有近似指数规律的数据序列，然后建立相应的灰色模型，进而预测系统的未来趋势。以颜色的深浅表示系统信息的完备程度，可将系统分为三种：第一种是白色系统，是指各种信息完全清楚的系统；第二种是黑色系统，是指各种结构信息未知或非确知的系统；第三种介于黑色系统和白色系统之间，既含有已知信息，又含有未知信息或非确知信息的系统或信息不完全系统，称为灰色系统。用灰色预测理论建立的预测模型精确度较高，尤其是对信息增长型的数据序列来说，有较好的预测效果。灰色预测理论的微分方程模型称为 GM，GM(1, N)表示 1 阶的 N 个变量的微分方程模型。GM(1, 1)是 GM 中最常用的模型之一，也是研究灰色模型的理论基础。经典 GM(1, 1)在进行预测时，首先需要对原始数据进行一次累加生成处理，降低原始数据的不确定性和扰动；然后利用生成数据建立 GM(1, 1)，对 GM(1, 1)求解得到时间响应序列；最后利用一阶累减生成算子处理时间响应序列得到还原值，从而完成对未来的预测。灰色预测算法的优点是预测样本少、短期预测精度高。

5.2.4 人工神经网络预测算法

人工神经网络(artifical nerual network, ANN)[10]预测算法是通过模仿人脑结构及其功能，进行分布式并行信息处理，从而实现对训练数据的预测或者诊断。人工神经网络具有学习和自适应的能力，可以通过预先提供的输入数据和输出数据，分析掌握两者之间潜在的规律，最终根据这些规律，使用新的输入数据来推算输出结果，这种学习分析的过程称为训练。按照人工神经网络应用的特性和应用场合可以将人工神经网络分为前馈型人工神经网络、反馈型人工神经网络、含反馈的前馈型人工神经网络、前馈内层互联人工神经网络。其中，前馈型人工神经网络具有结构简单且结构内各个神经元互联的优点，其结构主要包括输入层、隐含层以及输出层。在采用人工神经网络进行数据预测的过程中，利用人工神经网络建模的过程中主要包括输入变量、模型结构训练以及模型预测结果输出三个环节。

人工神经网络在数据预测过程中表现良好，主要优点如下：

(1) 人工神经网络在数据处理和信息处理方面具有良好的特性，以及良好的容错性。对数据处理和信息处理的良好特性可以保证人工神经网络的预测速度较快。人工神经网络在数据处理时采用分布式并联处理结构，当在数据处理过程中出现信息传输受阻的情况时，其良好的容错能力可以保证其他信息正常运行，从而使训练结果的整体性不受传输受阻的影响。

(2) 人工神经网络在训练过程中具有自学习和自组织能力强的优点。在人工神经网络模型训练和预测的过程中，自学习和自组织以及自适应特性可以使人工神经网络在训练过程中自动调整权重，从而输出预测结果。

(3) 人工神经网络预测模型支持非线性回归，且预测精度较高。在人工神经网络模型中，可以支持连续型模拟信号、非线性信号以及模糊信号。将信号输入人工神经网络模型中进行处理，每次迭代结果并不是最优精确解而是次优逼近解。

5.3　循环神经网络算法

5.3.1　RNN 模型

循环神经网络(recurrent neural network, RNN)[11]是神经网络的一种，区别于传统的神经网络，循环神经网络的输出是由当前时刻的输入和上一时刻的输出共同决定的。RNN 模型含有输入层、隐含层和输出层，内部有环状结构。RNN 模型结构如图 5.1 所示。

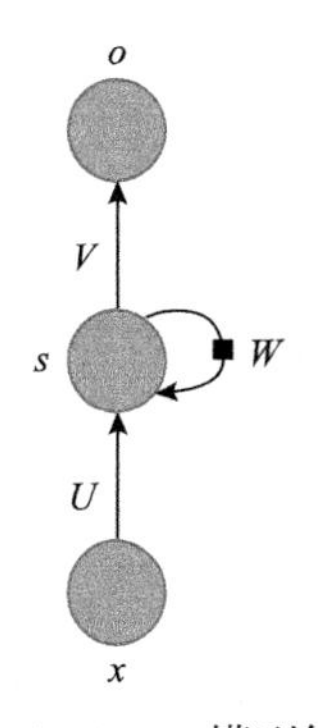

图 5.1　RNN 模型结构

图 5.1 中，x 为网络当前时刻的输入层状态，s 为网络当前时刻的隐含层状态，o 为网络当前时刻的输出层状态。U 为当前时刻从输入层到隐含层的权重，W 为隐含层权重，V 为当前时刻从隐含层到输出层的权重。由 RNN 内部的环状结构可知，隐含层状态是由当前时刻的输入层状态和上一时刻的隐含层状态共同决定的。将 RNN 模型沿时间方向展开，其结构如图 5.2 所示。

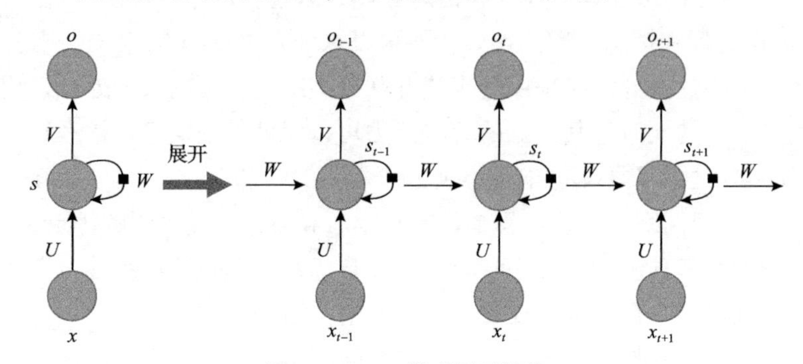

图 5.2　RNN 模型展开结构

x_{t-1}、x_t 和 x_{t+1} 分别表示网络在 $t-1$ 时刻、t 时刻和 $t+1$ 时刻的输入，o_{t-1}、o_t 和 o_{t+1} 分别表示网络在 $t-1$ 时刻、t 时刻和 $t+1$ 时刻的输出，s_{t-1}、s_t 和 s_{t+1} 分别表示网络在 $t-1$ 时刻、t 时刻和 $t+1$ 时刻隐含层的状态。假设一个三层结构的 RNN 模型，输入层有 n 个节点，隐含层有 m 个节点，输出层有 p 个节点，总共有 T 个时刻，则输入数据集为 $\{x_1,x_2,\cdots,x_{t-1},x_t,x_{t+1},\cdots,x_T\}$，输出数据集为 $\{o_1,o_2,\cdots,o_{t-1},o_t,o_{t+1},\cdots,o_T\}$。其中，$x_t=\left(x_{1t},x_{2t},\cdots,x_{nt}\right)^{\mathrm{T}}$，$o_t=\left(o_{1t},o_{2t},\cdots,o_{pt}\right)^{\mathrm{T}}$。

根据 RNN 模型的结构，隐含层 s_t 可以表示为

$$s_t=f\left(Ux_t+Ws_{t-1}\right) \tag{5.6}$$

其中，f 是隐含层的激活函数。

输出 o_t 可以表示为

$$o_t=g(Vs_t) \tag{5.7}$$

其中，g 是输出层的激活函数。

在计算 RNN 模型的输出过程中，激活函数、权重是共享的，因此理论上 RNN 模型可以处理任意长度的序列数据。

循环神经网络结构复杂，计算过程中参数较多，因此如何有效地训练网络是十分重要的。梯度下降(gradient descent, GD)法是一种常用的优化神经网络权重参数的方法，通过不断地迭代调整模型权重值来得到损失函数极小值。RNN 模型与时间相关，因此需要通过时间扩展梯度下降法训练网络。常用的时间扩展梯度下

降法有实时循环学习(real time recurrent learning, RTRL)算法和随时间反向传播(back propagation through time, BPTT)算法。RTRL 算法是通过前向传播计算梯度的，而 BPTT 算法则是通过反向传播计算梯度的。目前，RNN 模型的训练多采用 BPTT 算法。BPTT 算法向网络送入输入时间序列和输出时间序列，通过展开循环神经网络并在整个输入序列上向后传播误差，一次一个时间步，然后用累积的梯度更新权重。

在 t 时刻，RNN 模型的实际输出为 $o_t=\left(o_{1t},o_{2t},\cdots,o_{pt}\right)^{\mathrm{T}}$，期望输出为 $y_t=\left(y_{1t},y_{2t},\cdots,y_{pt}\right)^{\mathrm{T}}$，定义训练过程中的损失函数为

$$L=\sum_{t=1}^{T}L_t \tag{5.8}$$

其中，L_t 为 t 时刻的损失，表示为

$$L_t=\frac{1}{2}\left(y_t-o_t\right)^2 \tag{5.9}$$

利用梯度下降法更新权重，首先损失函数对 V 求偏导，即

$$\frac{\partial L}{\partial V}=\sum_{t=1}^{T}\frac{\partial L_t}{\partial V}=\sum_{t=1}^{T}\frac{\partial L_t}{\partial V s_t}s_t^{\mathrm{T}} \tag{5.10}$$

然后损失函数对 W 求偏导，即

$$\frac{\partial L}{\partial W}=\sum_{t=1}^{T}\frac{\partial L_t}{\partial W}=\sum_{t=1}^{T}\sum_{k=1}^{t}\frac{\partial L_t}{\partial\left(Ux_t+Ws_{t-1}\right)}\left[\prod_{i=k+1}^{t}W\frac{\partial s_{i-1}}{\partial\left(Ux_{i-1}+Ws_{i-2}\right)}\right]s_{k-1}^{\mathrm{T}} \tag{5.11}$$

接着损失函数对 U 求偏导，即

$$\frac{\partial L}{\partial U}=\sum_{t=1}^{T}\frac{\partial L_t}{\partial U}=\sum_{t=1}^{T}\sum_{k=1}^{t}\frac{\partial L_t}{\partial\left(Ux_t+Ws_{t-1}\right)}\left[\prod_{i=k+1}^{t}U\frac{\partial s_{i-1}}{\partial\left(Ux_{i-1}+Ws_{i-2}\right)}\right]x_k^{\mathrm{T}} \tag{5.12}$$

计算完 RNN 模型中的误差反向传播梯度，对权重 U、V、W 进行更新，即

$$U_{\text{new}}=U-\eta\frac{\partial L}{\partial U} \tag{5.13}$$

$$V_{\text{new}}=V-\eta\frac{\partial L}{\partial V} \tag{5.14}$$

$$W_{\text{new}} = W - \eta \frac{\partial L}{\partial W} \tag{5.15}$$

在误差反向传播过程中，损失函数对输出层权重V的偏导只与当前时刻的状态相关，而损失函数对输入层权重U和隐含层权重W的偏导不仅与当前时刻的状态相关，也与之前所有时刻的状态相关。RNN 模型常选取 sigmoid 函数或者 tanh 函数作为激活函数，其表达式分别为

$$\text{sigmoid}(x) = \frac{1}{1 + \mathrm{e}^{-x}} \tag{5.16}$$

$$\tanh(x) = \frac{\mathrm{e}^{x} - \mathrm{e}^{-x}}{\mathrm{e}^{x} + \mathrm{e}^{-x}} \tag{5.17}$$

通过对 sigmoid 函数和 tanh 函数求导可知，随着时间t的增加，梯度很容易接近 0。同时，随着梯度矩阵的累乘，误差梯度要么快速趋于 0，导致梯度消失，要么呈指数级增长，导致梯度爆炸。梯度消失使得 RNN 模型不能保持长距离依赖，而梯度爆炸则会使得 RNN 模型陷入局部不稳定。

5.3.2　LSTM 神经网络模型

长短期记忆(long short-term memory, LSTM)神经网络模型是一种特殊的基于 RNN 的深度神经网络框架。LSTM 神经网络模型解决了 RNN 模型存在的梯度爆炸和梯度消失问题，在 RNN 模型的基础上增加了三个门的结构，分别为遗忘门、输入门和输出门。其原理就是将输入向量通过门结构的全连接层，进行元素与需要约束的向量相乘的计算，得到输出值，输出值决定保留信息的多少，其值越接近于 0，保留的信息越少；其值越接近于 1，保留的信息越多。图 5.3 为 LSTM 神经网络模型的结构示意图。

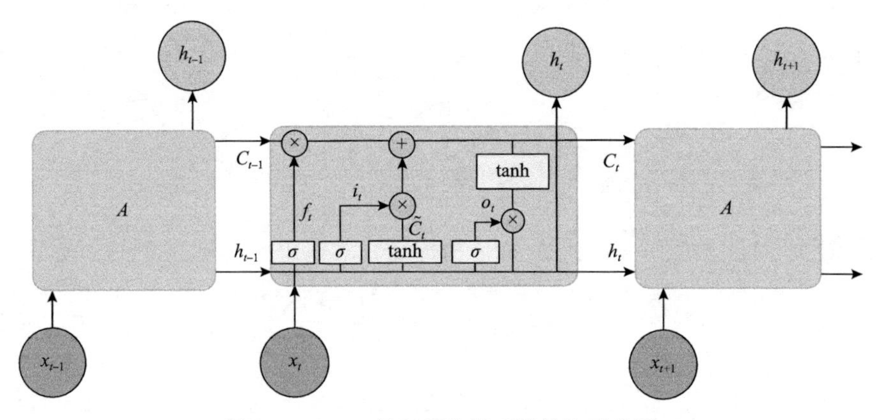

图 5.3　LSTM 神经网络模型的结构示意图

LSTM 神经网络模型包含四层神经网络，每层神经网络之间以特殊方式相互作用。遗忘门决定了需要遗忘的信息，即在 LSTM 神经网络结构中通过控制概率的多少来决定遗忘的信息，遗忘门的结构如图 5.4 所示。

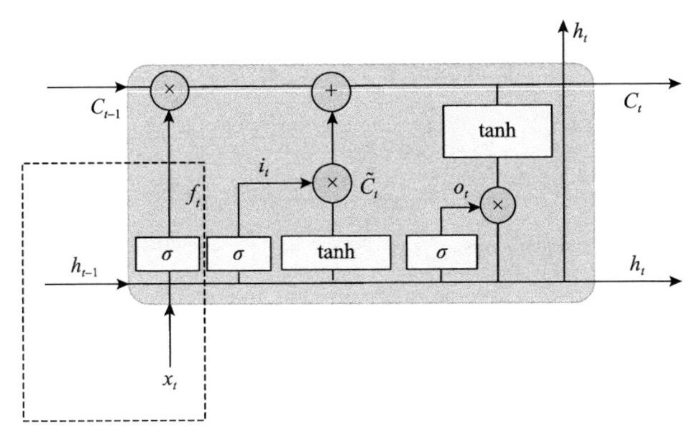

图 5.4　遗忘门的结构

i_t 是 t 时刻输入门的控制向量，$\tilde{C}_t$ 为 t 时刻更新之后的细胞状态，C_{t-1} 为 $t-1$ 时刻的细胞状态，h_{t-1} 是 $t-1$ 时刻的隐含层状态，x_t 是 t 时刻的输入。h_{t-1} 和 x_t 经过 sigmoid 激活函数得到遗忘门的输出 f_t，sigmoid 激活函数的输出范围为[0,1]，所以输出 f_t 位于[0,1]，0 代表完全不能通过，1 代表完全通过，通过 f_t 的结果决定是否保留或遗忘 C_{t-1} 的信息。f_t 可以表示为

$$f_t = \sigma(W_f \cdot [h_{t-1}, x_t] + b_f) \tag{5.18}$$

其中，σ 为 sigmoid 激活函数；W_f 为遗忘门的权重矩阵；b_f 为遗忘门的阈值。

输入门决定了需要保留更新的信息，输入门的结构如图 5.5 所示。

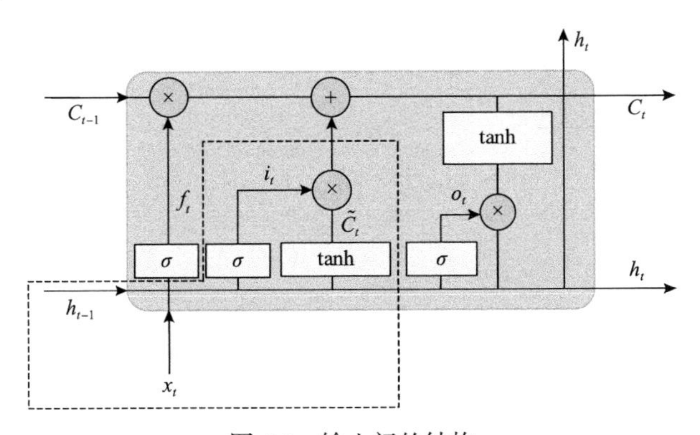

图 5.5　输入门的结构

从图 5.5 中可以看出，输入门先将 $t-1$ 时刻的隐含层状态和 t 时刻的输入经过

sigmoid 激活函数作用得到输出 i_t，然后将两部分输入通过 tanh 激活函数得到输出 $\tilde{C}_t$， i_t 和 $\tilde{C}_t$ 分别表示为

$$i_t = \sigma(W_i \cdot [h_{t-1}, x_t] + b_i) \tag{5.19}$$

$$\tilde{C}_t = \tanh(W_c \cdot [h_{t-1}, x_t] + b_c) \tag{5.20}$$

其中，W_i 和 W_c 为输入门的权重矩阵；b_i 和 b_c 为输入门的阈值。

将输入门两部分的结果相乘得到要更新到状态中的新信息，将 $t-1$ 时刻的细胞状态 C_{t-1} 与遗忘门的输出相乘，再与要更新到状态中的新信息相加，得到 t 时刻新的细胞状态 C_t，表示为

$$C_t = f_t \times C_{t-1} + i_t \times \tilde{C}_t \tag{5.21}$$

输出门决定了最后输出的信息，输出门子结构如图 5.6 所示。

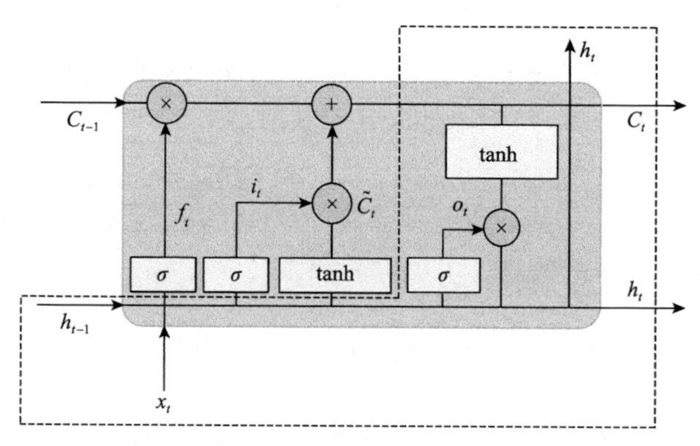

图 5.6　输出门子结构

从图 5.6 可以看出，隐含层状态 h_{t-1} 和输入 x_t 通过 sigmoid 激活函数作用得到 O_t，再与细胞状态 C_t 通过 tanh 激活函数作用得到的结果相乘得到 t 时刻的隐含层状态 h_t， O_t 和 h_t 分别表示为

$$O_t = \sigma(W_o \cdot [h_{t-1}, x_t] + b_o) \tag{5.22}$$

$$h_t = O_t \cdot \tanh(C_t) \tag{5.23}$$

其中，W_o 为输出门的权重矩阵；b_o 为输出门的阈值。

综上可知，LSTM 神经网络模型的输入信息、结构单元状态信息和输出层信息是同时更新的，并且可以将上一时刻数据中的重要相关信息进行处理保存后再传递到下一时刻中。无论时间步的长度如何，梯度都能得到顺利传递。因此，LSTM 神经网络模型缓解了梯度消失和梯度爆炸的问题。

5.3.3 GRU 神经网络模型

门控循环单元(gate recurrent unit, GRU)神经网络模型在 LSTM 神经网络模型的基础上[12]，将输入门、遗忘门和输出门简化为重置门 r_t 和更新门 z_t。t 时刻 GRU 神经网络模型结构如图 5.7 所示，模型输入为 $t-1$ 时刻的记忆信息 h_{t-1} 和 t 时刻的输入变量 x_t。

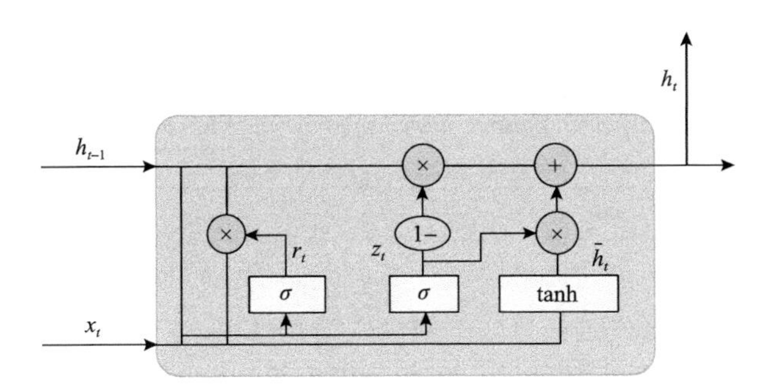

图 5.7　t 时刻 GRU 神经网络模型结构

相较于 LSTM 神经网络模型，图 5.7 所示的 GRU 神经网络模型参数更少，训练时间更短，但是在处理大规模多变量数据集时，获取时序重要信息的能力降低，导致预测性能变差。GRU 神经网络模型对应的输入输出关系为

$$\begin{cases} r_t = \sigma\left(w_r \cdot \left[h_{t-1}, x_t\right] + b_r\right) \\ z_t = \sigma\left(w_z \cdot \left[h_{t-1}, x_t\right] + b_z\right) \\ \tilde{h}_t = \tanh\left(w_h \cdot \left[r_t \cdot h_{t-1}, x_t\right] + b_h\right) \\ h_t = \left(1 - z_t\right) \cdot h_{t-1} + z_t \cdot \tilde{h}_t \end{cases} \tag{5.24}$$

其中，x_t 是 t 时刻输入样本；r_t 和 z_t 分别是重置门和更新门在 t 时刻的输出变量。

5.4　数据预处理算法

数据预处理是数据处理过程中非常重要的一步，旨在使数据适合后续的处理和分析。常见的数据预处理算法包括数据清洗、数据转换、数据归一化和数据特征提取等步骤。

(1)数据清洗是指去除数据中的错误、缺失值和异常值等，通常采用数据清洗工具或者手动处理的方式。

(2)数据转换是指将数据转换为适合后续处理的形式，例如，将数值型数据转换为布尔型数据或者将文本数据转换为数字数据等。

(3)数据归一化是指将数据集中的不同值映射到同一范围，例如，将数值型数据映射到[0,1]范围内。

(4)数据特征提取是指从原始数据中提取出有意义的特征，以便于后续的分析和应用。

本节介绍几种典型的时间序列数据预处理方法。

5.4.1 经验模态分解

经验模态分解(empirical mode decomposition, EMD)[13]算法是一种将信号分解成特征模态的方法。它的优点是不运用任何已经定义好的函数作为基底，而是根据所分析的信号自适应生成固有模态函数(intrinsic mode function, IMF)，可以用于分析非线性、非平稳的信号序列，具有很高的信噪比和良好的时频聚焦性。

在进行经验模态分解时，有以下两个假设条件：

(1)信号至少存在两个极值点，即一个极大值、一个极小值。

(2)时间尺度特性是由两个极值点之间的时间尺度确定的。

经验模态分解的目的是将一个信号分解为N个固有模态函数和一个残差。其中，每个 IMF 需要满足以下两个条件：

(1)在整个数据范围内，局部极值点和过零点的数目必须相等，或者相差数目最多为 1。

(2)在任意时刻，局部最大值的包络(上包络线)和局部最小值的包络(下包络线)的平均值必须为零。

EMD 算法的基本原理：找到原始信号$X(t)$的极大值点和极小值点，通过曲线插值方法对这些极值点进行拟合，得到信号的上包络线$X_{\max}(t)$和下包络线$X_{\min}(t)$，对上下包络线求平均值：

$$m(t)=\frac{X_{\max}(t)+X_{\min}(t)}{2} \tag{5.25}$$

对原始信号$X(t)$和平均包络$m(t)$求差，得到信号$d(t)$。一般情况下，对于平稳信号，它是原始信号$X(t)$的第一个固有模态函数，但对于非平稳信号，信号并不是在某一个区域内单调递增的，而是会出现拐点。若这些能反映原始信号$X(t)$具体特征的拐点未被选中，则得到的第一阶固有模态函数并不准确，也就是说通常得到的$d(t)$并不满足 IMF 的两个条件，所以需要继续进行筛选。

对信号$d(t)$重复上述步骤，直到作为筛分门限值的标准差(standard deviation, SD)小于门限值时才停止，这样得到最终合适的第一阶固有模态分量$c(t)$，即第一个 IMF。其中，SD 求解如下：

$$\mathrm{SD}=\sum_{t=0}^{T}\left[\frac{\left|d_{k-1}(t)-d_k(t)\right|^2}{d_{k-1}^2(t)}\right] \tag{5.26}$$

对信号 $X(t)$ 和 $c(t)$ 求差，得到第一阶残差量 $r_1(t)$，将 $r_1(t)$ 替代原始信号 $X(t)$，重复上述步骤，重复 n 次即可获取第 n 阶固有模态函数 $c_n(t)$ 和最终符合标准的残差量 $r_n(t)$。原始信号 $X(t)$ 经经验模态分解的表达式为

$$X(t)=\sum_{1}^{n}c_n(t)+r_n(t) \tag{5.27}$$

EMD 算法的特点包括：自适应性，基函数的自动产生与小波变换的一个很大的区别是小波变换时需要预先选择小波基，而 EMD 算法不需要根据数据本身来分解；自适应的滤波特性，EMD 可看作一组自适应高通滤波，信号不同，截止频率和带宽也不同。然而在小波变换中，获得的时域波形是由小波变换尺度决定的；自适应的多分辨率，通过经验模态分解得到的 IMF 所包含的特征时间尺度不同，说明信号可以用不同的分辨率来表达。

但是 EMD 算法也存在不少问题：EMD 算法能将原始信号不断进行分解，获取符合一定条件的 IMF 分量，这些 IMF 分量之间的频率往往不同。EMD 算法以其正交性、收敛性等特点被广泛用于信号处理等领域，但并不像小波分析或者神经网络有固定的数学模型，因此它的一些重要性质还没有通过严谨的数学方法证明，而且对模态分量 IMF 的定义也尚未统一，仅能从信号的零点与极值点的联系和信号的局部特征等来综合描述。

5.4.2　变分模态分解

变分模态分解 (varational mode decomposition, VMD) [14]是一种自适应、完全非递归的模态变分和信号处理方法。该方法具有可以确定模态分解个数的优点，其自适应性表现在：根据实际情况确定所给序列的模态分解个数，随后的搜索和求解过程可以自适应地匹配每种模态的最佳中心频率和有限带宽，并且可以实现 IMF 的有效分离、信号的频域划分，进而得到给定信号的有效分解成分，最终获得变分问题的最优解。VMD 克服了 EMD 存在的端点效应和模态混叠问题，具有更坚实的数学理论基础，可以降低复杂度高和非线性强的时间序列非平稳性，分解获得包含多个不同频率尺度且相对平稳的子序列，适用于非平稳性的序列。VMD 的核心思想是构建和求解变分问题。

假设原始信号 f 被分解为 k 个分量，保证分解序列是具有中心频率的有限带宽的模态分量，同时各模态的估计带宽之和最小，约束条件为所有模态之和与原

始信号相等，则 VMD 约束变分模型为

$$\min_{(u_k,w_k)}\left\{\sum_k\left\|\partial_t\left[\left(\delta(t)+\frac{\mathrm{j}}{\pi t}\right)\cdot u_k(t)\right]\mathrm{e}^{-\mathrm{j}w_k t}\right\|_2^2\right\} \tag{5.28}$$

$$\text{s.t.}\sum_k u_k = f \tag{5.29}$$

其中，$u_k=\{u_1,u_2,\cdots,u_K\}$ 为各模态函数；$w_k=\{w_1,w_2,\cdots,w_K\}$ 为各模态中心频率。

VMD 算法将信号分量的获取过程转移到变分框架内，采用一种非递归的处理策略，通过构造并求解约束变分问题实现原始信号的分解，能有效避免模态混叠、过包络、欠包络、边界效应等问题，具有较高的复杂数据分解精度及较好的抗噪声干扰等优点。但 VMD 算法对信号的分解层数和惩罚因子需要人为选取，且该选择会对分解结果产生比较大的影响。

5.4.3　滑动窗口算法

滑动窗口算法用于处理数据的实时传输和缓存，常用于计算机网络和通信领域。其核心思想是将数据划分为固定大小的块，并将这些数据块按顺序传输给接收方，接收方收到数据后，可以按照一定的顺序将数据块拼接成原始数据，从而实现数据的实时传输和缓存。

具体来说，滑动窗口算法具有以下特点：

(1) 滑动窗口的长度固定，通常为一个常量。

(2) 每次传输的数据块大小固定，通常为一个常量。

(3) 发送方将数据块传输给接收方后，会等待接收方确认数据块是否成功接收。

(4) 接收方收到数据块后，会将其缓存起来，并在确认数据块成功接收后，将缓存的数据块发送回发送方。

(5) 高效、可靠、灵活，能够适应不同的网络环境和数据传输需求。

然而，滑动窗口算法也存在一些局限性。首先，滑动窗口算法只适用于固定数据块大小的情形。如果数据块大小不断变化，那么滑动窗口算法的效率和可靠性都会受到很大的影响。其次，滑动窗口算法需要发送方和接收方之间进行频繁的通信，这可能会导致网络资源的浪费和传输延迟的增加。此外，滑动窗口算法只适用于单向数据传输，如果需要进行双向数据传输，那么需要采用更加复杂的算法。

在实际应用中，滑动窗口算法常用于实时数据传输、视频传输、语音传输等，例如，在视频会议中，发送方会每隔一定时间发送一个视频帧，接收方收到后将其缓存起来，并在需要时将缓存的视频帧发送回发送方。这样，就能够有效地提高视频会议的流畅度和稳定性。

5.5　强化学习机制

5.5.1　强化学习

强化学习是一种机器学习算法，来源于行为学，即动物和种群根据当前环境状态不断调整自己的行为以更好地适应环境。因此，强化学习有两个关键对象：一个是智能体，即学习和决策的主体；另一个是环境。图 5.8 为强化学习交互过程。

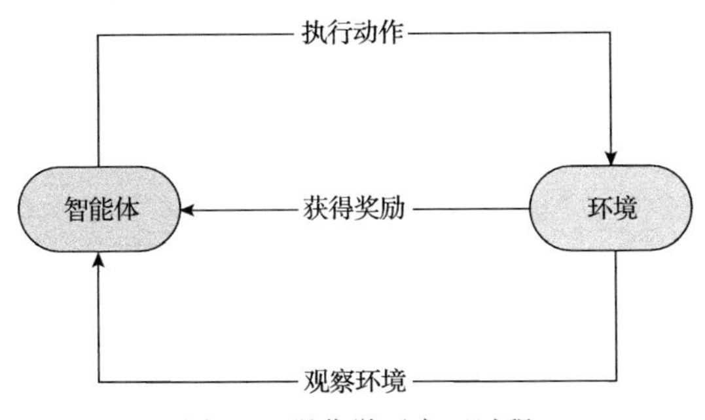

图 5.8　强化学习交互过程

智能体获取环境的即时动态，根据策略选择相应的动作，环境受智能体的动作影响，与智能体一同到达下一个状态，同时智能体根据环境反馈的奖惩值优化动作。强化学习的目的是使智能体选择最优行为策略，以获取最大化的预期利益。

强化学习除了两个关键对象，还有四个关键组成元素：策略、奖惩函数、值函数和环境模型。其中，策略决定了智能体每个时刻的动作选择，奖惩函数是对智能体每一步动作好坏的评估，值函数是智能体总体奖赏的衡量，而环境模型是对环境反应模型的模拟。

强化学习是一个不断试错的过程，智能体必须利用历史经验更新自己的认识，通过奖赏引导动作选择，从而更好地适应环境。因此，强化学习有如下特点：

(1) 动作选择只能通过奖赏引导；

(2) 环境的反馈存在延时的可能；

(3) 智能体的动作对环境产生一定的影响。

强化学习算法可以分为三类[15]：基于值函数的算法、基于策略梯度的算法和基于演员-评论家(actor-critic)框架的算法。基于值函数的算法是利用深度神经网络估计状态动作值，基于策略梯度的算法是利用深度神经网络估计策略，而基于演员-评论家框架的算法是将基于值函数的算法和基于策略梯度的算法的思想相结合，采用 critic 网络估计状态动作值，采用 actor 网络估计策略。

5.5.2　*Q*-learning 算法

Q 学习（*Q*-learning）算法是强化学习中典型的基于值函数的算法，其基本思想是：当智能体面对一个目标任务时，智能体会尝试不同的动作策略，根据环境的反应情况不断改变动作策略，直至完成目标任务。*Q*-learning 算法会根据智能体产生的状态空间和动作空间建立一个 *Q* 表，用来存储所有状态-动作的 *Q* 值。同时，依据环境的反馈信息建立一个奖惩函数，使智能体选择完成目标任务。如果状态-动作得到环境奖励，那么它的 *Q* 值会不断增大；如果状态-动作得到环境惩罚，那么它的 *Q* 值会不断减小。最后，智能体依照 *Q* 表根据策略选择动作，以最优方式完成目标任务。

在 *Q*-learning 算法中，根据时间差分（time difference, TD）法对状态-动作对的奖赏值进行迭代计算：

$$Q(s_t,a_t)=Q(s_t,a_t)+\alpha\left[r_t+\gamma\max_A\left(Q(s_{t+1},A)\right)-Q(s_t,a_t)\right] \tag{5.30}$$

其中，$Q(s_t,a_t)$用于计算状态-动作$\langle s_t,a_t\rangle$的价值；r_t是根据设定的奖惩函数计算出的$\langle s_t,a_t\rangle$奖赏值；$\alpha\in[0,1]$是学习速率，当学习速率$\alpha=0$时，*Q* 值的更新只与 *Q* 表中已有的经验有关，与后期实验计算得到的 *Q* 值无关，当学习速率$\alpha=1$时，*Q* 值的更新不仅与 *Q* 表中已有的经验有关，还与后期实验计算得到的 *Q* 值有关，另外α反映了实验数据的存在价值，如果算法已经得到了足够的 *Q* 值数据，那么之后的实验数据就没有价值，α会接近于 0，如果算法还未得到足够的 *Q* 值数据，那么之后的实验数据还有价值，α会接近于 1，通常情况下，学习速率α是随着学习时间的增加线性减小的；$\gamma\in[0,1]$是折扣因子，决定了未来可能得到的奖赏值对算法的重要性，如果$\gamma=0$，那么当前状态-动作价值的估计值只与即时奖赏值r_t有关，与下一状态-动作的奖赏值无关，如果$\gamma=1$，那么当前状态-动作价值的估计值不仅与即时奖赏值r_t有关，还与下一状态-动作的奖赏值有关。

5.6　锂电池定制化制造能力预测案例

5.6.1　基于强化学习的锂电池定制化制造能力预测

根据锂电池定制化订单的生产排程计划不同，各环节的生产数据也会发生改变，例如，电池容量、电压、寿命等参数不同，会导致其混料、叠片等环节所消耗的物料和时长有所变化。另外，因为锂电池定制化的生产需要更严格的质量控制，如产品质量、不良率等，以确保产品符合客户需求，这可能会对化成、老化等环节产生影响，所以锂电池定制化对生产数据的影响需要根据具体情况进行评估。

本节以强化学习为基础，构建 RNN 模型和 LSTM 神经网络模型的隐含层学习环境，通过迭代学习得到最佳隐含层层数以及最佳权重，从而达到提高组合模型电池定制化制造能力预测精度的目的。

首先，定义 RNN 模型隐含层的节点数为 l_1 和 LSTM 神经网络模型隐含层的节点数为 l_2，给定 l_1 和 l_2 的初始值[16,17]，得到预测结果后，利用强化学习 Q-learning 算法构建隐含层的学习环境，优化 RNN 模型与 LSTM 神经网络模型。定义动作矩阵 A_1 和 A_2 为

$$A_1 = A_2 = [\Delta v_1 \quad -\Delta v_1] \tag{5.31}$$

其中，Δv_1 为动作幅度。

其次，以目标隐含层变量为行向量、动作状态为列向量，分别构建 RNN 模型的 Q_1 表和 LSTM 神经网络模型的 Q_2 表，并设置损失函数 L_1、L_2 与奖惩函数 R_1、R_2 如下：

$$L_1 = \sqrt{\frac{1}{N}\left[\sum_{t=1}^{N}\left(y_{1,t} - \hat{y}_{1,t}\right)^2\right]} \tag{5.32}$$

$$L_2 = \sqrt{\frac{1}{N}\left[\sum_{t=1}^{N}\left(y_{2,t} - \hat{y}_{2,t}\right)^2\right]} \tag{5.33}$$

$$R_1 = \begin{cases} +1 + L_{1,t} - L_{1,t+1}, & L_{1,t} \geqslant L_{1,t+1} \\ -1 + L_{1,t} - L_{1,t+1}, & L_{1,t} < L_{1,t+1} \end{cases} \tag{5.34}$$

$$R_2 = \begin{cases} +1 + L_{2,t} - L_{2,t+1}, & L_{2,t} \geqslant L_{2,t+1} \\ -1 + L_{2,t} - L_{2,t+1}, & L_{2,t} < L_{2,t+1} \end{cases} \tag{5.35}$$

其中，$y_{1,t}$ 和 $y_{2,t}$ 分别为 t 时刻 RNN 模型与 LSTM 神经网络模型电池定制化制造能力真实值；$\hat{y}_{1,t}$ 和 $\hat{y}_{2,t}$ 分别为 t 时刻 RNN 模型与 LSTM 神经网络模型电池定制化制造能力预测值；$L_{1,t}$ 和 $L_{2,t}$ 分别为 t 时刻 RNN 模型与 LSTM 神经网络模型的损失值；N 为输出样本长度。

设置 A_1 选择机制为

$$A_1 = \begin{cases} A_R, & \delta_1 \geqslant \varepsilon_1 \\ A_{Q_{1\max}}, & \delta_1 < \varepsilon_1 \end{cases} \tag{5.36}$$

其中，$A_{Q_{1\max}}$ 为 Q_1 表中最大 Q 值所对应的动作；A_R 为在动作矩阵 A_1 中随机选择

的一个动作；δ_1为[0, 1]内的随机数；ε_1为动作A_1的贪心率。动作矩阵A_2的选择机制与A_1类似。

采用Q-learning算法更新Q_1表，即

$$\begin{aligned}Q_{1,t+1}(l_{1,t},A_{1,t}) &= Q_{1,t}(l_{1,t},A_{1,t}) + \alpha_1[R_1(l_{1,t},A_{1,t}) \\ &+ \gamma_1 \max(Q_{1,t}(l_{1,t+1},A_{1,t+1})) - Q_{1,t}(l_{1,t},A_{1,t})]\end{aligned} \tag{5.37}$$

其中，$Q_{1,t}(l_{1,t},A_{1,t})$为分别采用t时刻的l_1和A_1作为行和列构建的$Q_{1,t}$表；α_1为Q_1表的更新学习率；γ_1为Q_1表的折扣因子。

定义训练迭代次数分别为N_1和N_2，训练得到最佳隐含层l_1和l_2。随后，构建权重学习环境。设定电池定制化制造能力组合预测模型的状态矩阵S_1和动作矩阵A_3分别为

$$S_1 = [w_1 \quad w_2] \tag{5.38}$$

$$A_3 = [\Delta v_2 \quad -\Delta v_2] \tag{5.39}$$

其中，w_1为RNN模型权重；w_2为LSTM神经网络模型权重；Δv_2为动作幅度大小。

接着，建立以行表示目标状态、列表示动作状态的组合预测模型Q_3表，设置损失函数L_3与奖惩函数R_3分别为

$$L_3 = \sqrt{\frac{1}{N}\left[\sum_{t=1}^{N}\left(y_{3,t} - \hat{y}_{3,t}\right)^2\right]} \tag{5.40}$$

$$R_3 = \begin{cases} +1 + L_{3,t} - L_{3,t+1}, & L_{3,t} \geqslant L_{3,t+1} \\ -1 + L_{3,t} - L_{3,t+1}, & L_{3,t} < L_{3,t+1} \end{cases} \tag{5.41}$$

其中，$y_{3,t}$为t时刻组合预测模型电池定制化制造能力真实值；$\hat{y}_{3,t}$为t时刻组合预测模型电池定制化制造能力预测值；N为输出样本长度。

设置动作矩阵A_3选择机制为

$$A_3 = \begin{cases} A_r, & \delta_3 \geqslant \varepsilon_3 \\ A_{Q_{3\max}}, & \delta_3 < \varepsilon_3 \end{cases} \tag{5.42}$$

其中，$A_{Q_{3\max}}$为Q_3表中最大Q值所对应的动作；A_r为在动作矩阵A_3中随机选择的一个动作；δ_3为[0, 1]内的随机数；ε_3为动作A_3的贪心率。

采用Q-learning算法更新Q_3表，即

$$\begin{aligned}Q_{3,t+1}(S_{1,t},A_{3,t}) &= Q_{3,t}(S_{1,t},A_{3,t}) + \alpha_3[R_3(S_{1,t},A_{3,t}) \\ &+ \gamma_3 \max(Q_{3,t}(S_{1,t+1},A_{3,t+1})) - Q_{3,t}(S_{1,t},A_{3,t})]\end{aligned} \tag{5.43}$$

其中，α_3 为 Q_3 表的更新学习率；γ_3 为 Q_3 表的折扣因子。

最后，输出状态矩阵 S_1 作为两个预测模型的最优组合权重矩阵。

基于强化学习的循环神经网络和长短期记忆(reinforcement learning based recurrent neural network and long short-term memory, RL-RNN-LSTM)神经网络的电池定制化制造能力组合预测模型结构如图 5.9 所示，图中ε-greedy 表示贪心算法。

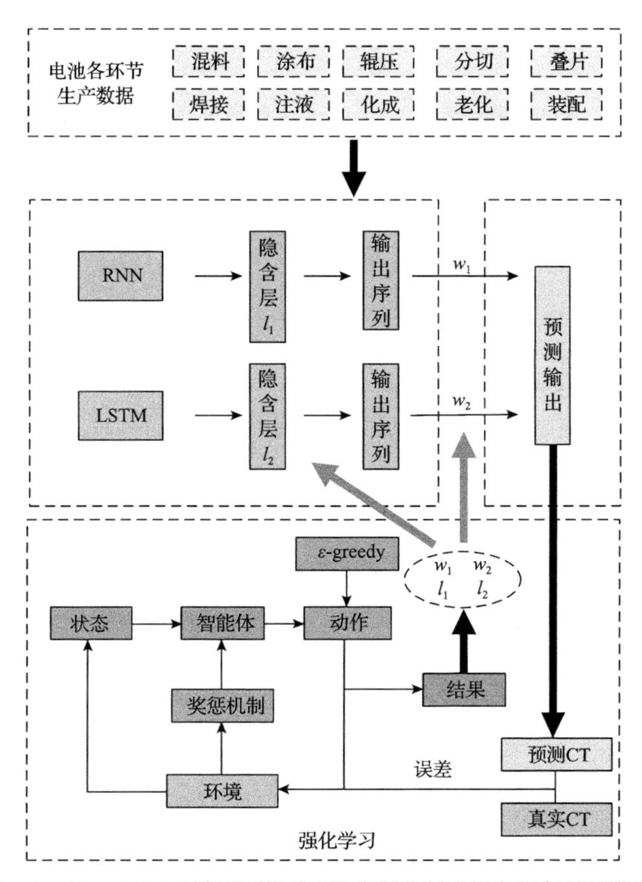

图 5.9　RL-RNN-LSTM 神经网络的电池定制化制造能力组合预测模型结构

采用某电池股份有限公司生产车间的数据进行工程验证。以该电池生产车间每台机器工作 8h 生产电池数量为预测输出，采集 200 天单个车间机器的产量作为数据样本，选取其中前 75%作为训练样本，后 25%作为测试样本，构建 RL-RNN-LSTM 组合模型并完成预测。电池生产制造部分样本特征集示例如表 5.1 所示。

表 5.1　电池生产制造部分样本特征集示例

序号	特征名称	特征值
1	平均生产数量/件	700

续表

序号	特征名称	特征值
2	工序 1 正常加工时间/min	258
3	工序 1 正常工作状态	1
4	—	—
5	平均总加工时间/h	96

经过多次运行 RNN 模型发现，当模型隐含层节点数 l_1=16 时，预测结果最佳，此时 RNN 模型各参数的取值如表 5.2 所示。

表 5.2　RNN 模型各参数的取值

序号	参数	参数含义	取值
1	eta	学习步长	0.1
2	$input_1$	RNN 输入层	2
3	l_1	RNN 隐含层节点	16
4	$output_1$	RNN 输出层	1
5	N_1	迭代次数	500

同样地，多次运行 LSTM 神经网络模型后发现，当模型隐含层节点数 l_2=152 时，预测结果最佳，此时 LSTM 神经网络模型各参数的取值如表 5.3 所示。

表 5.3　LSTM 神经网络模型各参数的取值

序号	参数	参数含义	取值
1	LG	初始学习率	0.005
2	LGD	学习率衰减速度	0.2
3	LGDP	学习率衰减轮数	100
4	DL	Dropout 层	0.6
5	$input_2$	输入层	1
6	l_2	隐含层节点	152
7	$output_2$	输出层	1
8	GTD	梯度阈值	1
9	N_2	迭代次数	200

强化学习模型各参数的取值如表 5.4 所示。训练迭代后求得最优权重分别为 $w_1 = 0.31$ 和 $w_2 = 0.69$ 。

表 5.4　强化学习模型各参数的取值

序号	参数	参数含义	取值
1	γ_1、γ_2、γ_3	折扣因子	0.8
2	ε_1、ε_2、ε_3	贪心率	0.3
3	α_1、α_2、α_3	学习率	0.01
4	Δv_1	动作 1 幅度	1
5	Δv_2	动作 2 幅度	0.01
6	N_3	训练周期	500

下面采用本节提出的 RL-RNN-LSTM 神经网络组合预测模型(简称 RL-RNN-LSTM 模型)以及 RNN 预测模型(简称 RNN 模型)、LSTM 神经网络预测模型(简称 LSTM 模型)、随机 RL-RNN-LSTM(random reinforcement learning based recurrent neural network and long short-term memory, RRL-RNN-LSTM)神经网络组合预测模型(简称 RRL-RNN-LSTM 模型)和周期性 LSTM 神经网络强化学习(reinforcement learning based recurrent neural network and long short-term memory, RL-R-LSTM)组合预测模型(简称 RL-R-LSTM 模型)对后续 50 天的电池定制化制造能力进行预测，结果如图 5.10 所示，电池定制化制造能力误差结果对比如图 5.11 所示。

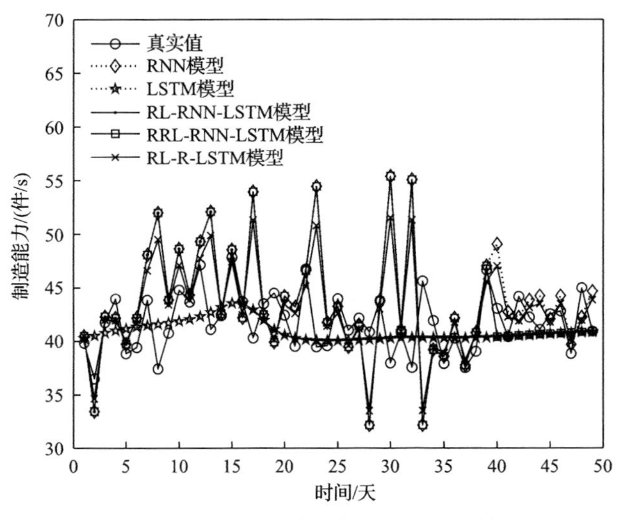

图 5.10　不同预测模型制造能力预测结果

从图 5.10 可以看出，初始时刻 RNN 模型的电池定制化制造能力预测结果相比于 LSTM 模型更加接近真实值，26 天左右开始偏离真实值。RRL-RNN-LSTM 模型在单一模型的基础上增加了组合权重，但权重的设定具有随机性，预测结果并不稳定，因此预测精度没有得到提高。RL-RNN-LSTM 模型结合了强化学习来寻找最优权重，预测精度和预测效果都优于其他模型。

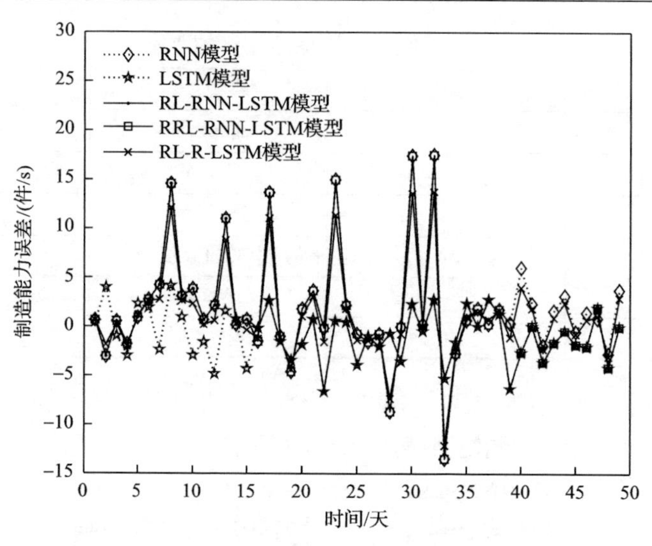

图 5.11　不同预测模型制造能力误差结果

采用平均误差(mean error, ME)、平均绝对误差(mean absolute error, MAE)和均方根误差(root mean squared error, RMSE)三种误差指标评价模型的有效性，即

$$\mathrm{ME}=\frac{1}{N}\sum_{i=1}^{N}(y_i-\hat{y}_i) \tag{5.44}$$

$$\mathrm{MAE}=\frac{1}{N}\sum_{i=1}^{N}|y_i-\hat{y}_i| \tag{5.45}$$

$$\mathrm{RMSE}==\sqrt{\frac{1}{N}\sum_{i=1}^{N}(y_i-\hat{y}_i)^2} \tag{5.46}$$

其中，y_i 和 $\hat{y}_i$ 分别为 i 时刻电池定制化制造能力的真实值和预测值。

表 5.5 给出了不同预测模型下电池定制化制造能力预测误差对比情况。可见，RL-R-LSTM 预测模型的电池定制化制造能力的预测精度与 RNN 预测模型相比分别提高了 34.9%、16.6%、19.2%，RL-RNN-LSTM 预测模型的电池定制化制造能力的预测精度又较 RL-R-LSTM 预测模型分别提高了 94.2%、20.4%、25.7%，因此 RL-RNN-LSTM 组合预测模型在电池定制化制造能力的预测精度上有较大的提高。

表 5.5　不同预测模型下电池定制化制造能力预测误差对比情况

序号	评价指标	RNN	LSTM	RRL-RNN-LSTM	RL-R-LSTM	RL-RNN-LSTM
1	ME	1.9541	−0.8298	1.3706	1.2726	0.0740
2	MAE	3.8033	2.7375	3.6866	3.1710	2.5227
3	RMSE	6.1108	3.9530	6.0605	4.9388	3.6679

5.6.2 基于三层强化学习的锂电池定制化制造能力变权重组合预测

电池的制造能力采用单位时间内生产合格电池的数量进行描述，即

$$Y_t = \frac{Q_t \times R_t}{T} \tag{5.47}$$

可见锂电池定制化制造能力 Y_t 是一个时间序列。由于锂电池定制化制造能力时间序列具有周期性、季节性和突变性等特点，如何选择合适的单一预测模型构成组合预测模型，进而充分挖掘时间序列的特征至关重要。同时，从企业实际需求出发，需要的是长期平稳性的预测，即预测算法需要保证预测序列的误差波动尽可能趋于平稳，从而提升制造能力数据的预测精度。

针对这一主要问题，本节从以下两个问题展开研究：

(1) 如何引入滑动窗口算法，对一定时间跨度内的制造能力数据进行预测。

(2) 如何设计组合预测模型，进行制造能力预测。

滑动窗口算法的使用需要确定滑动窗口长度，目前对于滑动窗口长度的选取缺乏理论算法的支撑，主要根据经验人为设定，因此利用数据和算法确定滑动窗口长度是解决问题(1)的关键。将单一预测模型构建成组合预测模型的关键在于确定单一预测模型的权重，因此问题(2)的主要解决思路是设计算法确定最优组合权重。

本节引入强化学习思想，将上述两个决策问题抽象化为马尔可夫决策过程，即

$$\langle S, A, P, R \rangle \tag{5.48}$$

其中，S 表示状态的有限集；A 表示动作的有限集；P 表示当前状态到下一个状态的概率矩阵；R 表示奖赏值。构建上述四元组，确定最优参数值。

针对锂电池定制化制造能力预测问题，基于马尔可夫决策过程并结合熵值思想，设计一类新的强化学习算法，确定最优滑动窗口长度；进而利用最优滑动窗口长度对预测序列进行划分，构成各单一窗口，以当前窗口下锂电池定制化制造能力均方根误差最小为寻优目标，设计双层强化学习算法求解最优的组合权重，构造一种锂电池定制化制造能力的变权重组合预测模型，提升锂电池定制化制造能力预测的精确性。

1. 第一层强化学习：确定滑动窗口长度

滑动窗口长度的选择对于预测效果具有重要的影响。为了获得误差波动平稳的锂电池定制化制造能力预测序列，引入熵值思想，分析锂电池定制化制造能力的离散程度。通常熵值越小，数据的不确定性越小，离散程度也就越小，意味着各窗口间的制造能力平均绝对误差波动也就越平稳。

定义 Y_t 为 t 时刻锂电池定制化制造能力的真实值，$\hat{Y}_t^i$ 为第 i 种单一预测算法在

t时刻制造能力的预测值，其中$t=1, 2, \cdots, N$，$i=1, 2, \cdots, K$，K为单一预测算法的数量，则t时刻第i种单一预测算法的制造能力绝对预测误差e_t^i可以表示为

$$e_t^i = \left| Y_t - \hat{Y}_t^i \right| \tag{5.49}$$

那么，K个单一预测算法在t时刻的制造能力平均绝对误差$\overline{e}_t$为

$$\overline{e}_t = \frac{1}{K}\sum_{i=1}^{K} e_i^i, \quad t=1,2,\cdots,N \tag{5.50}$$

定义滑动窗口长度为l，以滑动窗口长度对原始序列进行划分，以k表示划分后的时间点，将以k时间为第一个数据的窗口称为第k个窗口。利用式(5.50)计算第k个窗口下锂电池定制化制造能力预测数据的平均绝对误差$\overline{\epsilon}_k$：

$$\overline{\epsilon}_k = \frac{1}{l}\sum_{i=k}^{k+l-1} \overline{e}_i, \quad k=1,2,\cdots,N-l+1 \tag{5.51}$$

并对平均绝对误差进行归一化，即

$$P_k = \frac{\overline{\epsilon}_k}{\sum\limits_{k=1}^{N-l+1} \overline{\epsilon}_k} \tag{5.52}$$

因此，滑动窗口长度l对应的制造能力预测数据的熵E_l可以表示为

$$E_l = -\frac{1}{\ln(N-l+1)}\sum_{k=1}^{N-l+1} P_k \ln P_k \tag{5.53}$$

基于式(5.49)～式(5.53)，利用熵思想设计第一层强化学习算法，确定锂电池定制化制造能力最优滑动窗口长度，设计的强化学习熵算法的原理如图 5.12 所示。

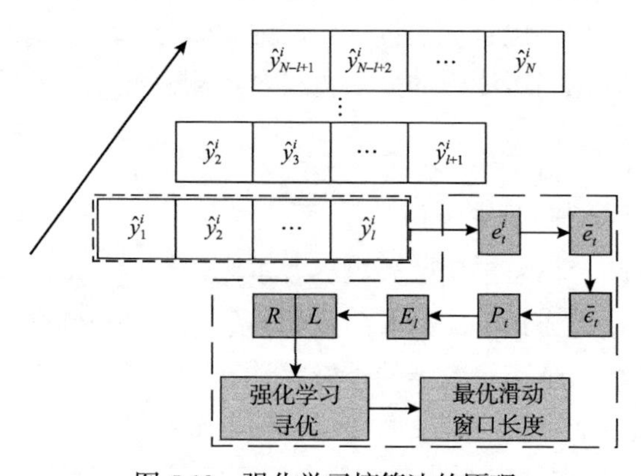

图 5.12　强化学习熵算法的原理

接下来将滑动窗口寻优过程抽象化为式(5.48)所示的马尔可夫决策过程。首先确定状态矩阵S，目的在于找到使得制造能力预测子序列误差波动最小的滑动窗口长度，因此选择滑动窗口长度l作为状态矩阵，即

$$S=[l] \tag{5.54}$$

智能体以最小化滑动窗口数据的熵值为寻优目标，设置动作矩阵A在上一时刻状态下进行固定幅度的加减，即

$$A=[\Delta\omega_1 \quad -\Delta\omega_1] \tag{5.55}$$

其中，$\Delta\omega_1$表示以l为滑动窗口长度时锂电池定制化制造能力预测各窗口之间的误差波动大小，$\Delta\omega_1$值越小，误差波动越小，越容易满足要求。

根据式(5.53)，将损失函数L设置为

$$L=E_l=-\frac{1}{\ln(N-l+1)}\sum_{k=1}^{N-l+1}P_k\ln P_k \tag{5.56}$$

基于L设置奖惩函数R，为了探索到使得熵值最小的状态值，将奖惩函数R设置为

$$R=\begin{cases}1+L_l-L_{l+1}, & L_{l+1}<L_l \\ -1+L_l-L_{l+1}, & L_{l+1}\geqslant L_l\end{cases} \tag{5.57}$$

将式(5.56)代入式(5.57)，当$L_{l+1}<L_l$时，可得

$$R=1-\frac{1}{\ln(N-l+1)}\sum_{k=1}^{N-l+1}P_k\ln P_k+\frac{1}{\ln(N-l)}\sum_{k=1}^{N-l}P_k\ln P_k \tag{5.58}$$

进一步展开化简得

$$R=\sum_{k=1}^{N-l}P_k\ln P_k\left[\frac{1}{\ln(N-l)}-\frac{1}{\ln(N-l+1)}\right]-\frac{P_{N-l+1}\ln(P_{N-l+1})}{\ln(N-l+1)}+1 \tag{5.59}$$

由于$N-l\gg 1$，所以有

$$\frac{1}{\ln(N-l)}-\frac{1}{\ln(N-l+1)}\to 0 \tag{5.60}$$

式(5.59)化简为

$$R = 1 - \frac{P_{N-l+1}\ln(P_{N-l+1})}{\ln(N-l+1)} \tag{5.61}$$

同理当 $L_{l+1} \geqslant L_l$ 时，奖惩函数 R 化简为

$$R = \begin{cases} 1 - \dfrac{P_{N-l+1}\ln(P_{N-l+1})}{\ln(N-l+1)}, & L_{l+1} < L_l \\ -1 - \dfrac{P_{N-l+1}\ln(P_{N-l+1})}{\ln(N-l+1)}, & L_{l+1} \geqslant L_l \end{cases} \tag{5.62}$$

将滑动窗口从一个值转移到另一个值视为一种状态变化，且下一时刻的状态 $s' \in S$ 只与当前时刻的状态 $s \in S$ 有关。在状态 s 下，对于某一特定动作 $a \in A$，将转移概率 P 表示为

$$P = P\left(s' \mid s, a\right) \tag{5.63}$$

Q-learning 算法的关键在于对 Q 表不断进行更新迭代，最后根据 Q 表的状态动作期望值得到每个状态下的最优动作选择。下面进行 Q 值更新公式推导。

Q 表的更新公式为

$$Q(s,a) \leftarrow Q(s,a) + \alpha[R + \gamma \max(Q(s',a)) - Q(s,a)] \tag{5.64}$$

其中，$Q(s,a)$ 为在状态 s 下执行动作 a 得到的期望值；$\alpha \in (0,1)$ 为学习率。

将式(5.62)代入式(5.64)，并进行化简整理，当 $L_{l+1} < L_l$ 时，有

$$Q(s,a) \leftarrow (1-\alpha)Q(s,a) + \alpha\gamma \max(Q(s',a)) + \alpha\left[1 - \frac{P_{N-l+1}\ln\left(P_{N-l+1}\right)}{\ln(N-l+1)}\right] \tag{5.65}$$

当 $L_{l+1} \geqslant L_l$ 时，有

$$Q(s,a) \leftarrow (1-\alpha)Q(s,a) + \alpha\gamma \max(Q(s',a)) + \alpha\left[-1 - \frac{P_{N-l+1}\ln\left(P_{N-l+1}\right)}{\ln(N-l+1)}\right] \tag{5.66}$$

系统以式(5.65)和式(5.66)对 Q 值进行迭代，最终得到 Q 表，根据 Q 表在每个滑动窗口状态下选择最优的长度，以实现最小化熵值，得到最佳的滑动窗口长度值 l。

此时，以 l 为长度划分的锂电池定制化制造能力预测序列可以使得各滑动窗口之间的误差波动最小。由上述计算过程可以看出，本节设计的强化学习熵算法能够避免复杂的熵值计算，使智能体自身在不断的探索中得到最优值，求取最优滑动窗口长度的效率更高。

2. 第二层深度学习：LSTM 和 GRU 组合

针对锂电池定制化制造能力时间序列数据特征复杂，具有非线性、周期性和季节性等特点，采用基于 LSTM 和 GRU 深度学习模型以及季节性差分自回归滑动平均(seasonal autoregressive integrated moving average，SARIMA)模型的预测算法，分别挖掘锂电池生产数据中的非线性特征和线性特征组成组合预测模型，根据已确定的最优滑动窗口长度，在每一个窗口期内使用强化学习算法对三种单一预测模型进行最优权重求解。将组合权重计算问题转化为强化学习决策问题，设计状态矩阵 S、动作矩阵 A、损失函数 L 以及奖惩函数 R。

考虑到 3 种单一预测算法对于时间序列特征挖掘的侧重点不同，LSTM 和 GRU 模型能充分挖掘出数据特征中的非线性因素，而 SARIMA 模型对线性因素的挖掘更加有效。因此，首先对 LSTM 模型预测结果 $\hat{Y}_t^l$ 和 GRU 模型预测结果 $\hat{Y}_t^g$ 进行最优权重探索。

由于探索目标为得到最优权重组合，设置目标状态矩阵 S 为

$$S=\begin{bmatrix}\omega_l & \omega_g\end{bmatrix} \tag{5.67}$$

其中，ω_l 为 LSTM 模型的权重值；ω_g 为 GRU 模型的权重值，且 $\omega_l+\omega_g=1$。

寻优的目的是获得最佳的组合权重，智能体需要不断地探索不同的权重组合，因此将动作矩阵 A 设置为

$$A=[\Delta\omega_2 \quad -\Delta\omega_2] \tag{5.68}$$

其中，$\Delta\omega_2$ 为每次探索的权重变化幅度。选择动作，对当前状态的 ω_l 进行增减，得到 ω_g，构成下一个状态。

企业对未来制造能力实现平稳预测，并不希望为了追求某一点的预测精度而导致其他时间点的误差过大，因此将滑动窗口内数据的均方根误差最小作为探索目标，设置第 k 个滑动窗口下进行权重寻优的损失函数 L 为

$$L=\sqrt{\sum_{k}^{k+l-1}\left(Y_k-\hat{Y}_k^{nn}\right)^2/l} \tag{5.69}$$

其中，$\hat{Y}_k^{nn}$ 为 t 时刻 LSTM 和 GRU 模型的组合预测值。

同时，设置奖惩函数 $R=1/L$，将权重从一个组合转移到另一个组合视为一种状态变化，转移概率 P 用式(5.63)描述，可得到第一次权重寻优的 Q 表更新公式为

$$Q(s,a)\leftarrow Q(s,a)+\alpha[R+\gamma\max(Q(s',a))-Q(s,a)] \tag{5.70}$$

将 $R=1/L$ 代入式(5.69)可得

$$Q(s,a) \leftarrow (1-\alpha)Q(s,a) + \alpha\gamma \max(Q(s',a)) + \frac{\alpha}{\sqrt{\sum_{k}^{k+l-1}\left(Y_k - \hat{Y}_k^{nn}\right)^2 / l}} \tag{5.71}$$

利用上述构建的第二层强化学习进行寻优，直到达到最优迭代次数，输出 Q 表。此时探索该滑动窗口下 LSTM 和 GRU 模型的最优组合权重，将该权重赋值给滑动窗口内的第一个时间点，根据权重组合相加得到该时间点 k 处的 LSTM 和 GRU 模型组合预测值 $\hat{Y}_k^{nn}$ 为

$$\hat{Y}_k^{nn} = \omega_l \hat{Y}_k^l + \omega_g \hat{Y}_k^g, \quad k \in \{1,2,\cdots,N-l+1\} \tag{5.72}$$

其中，$\hat{Y}_k^l$ 为 t 时刻 LSTM 模型的预测值；$\hat{Y}_k^g$ 为 t 时刻 GRU 模型的预测值。

3. 第三层强化学习：制造能力组合权重寻优

基于第二层强化学习得到的 LSTM 和 GRU 模型的最优组合结果 $\hat{Y}_t^{nn}$，与 SARIMA 模型预测结果 $\hat{Y}_t^s$ 共同进行第三层强化学习组合权重寻优，获得电池定制化制造能力预测值。

本节将目标状态矩阵设置为权重值，即

$$S = \begin{bmatrix} \omega_{nn} & \omega_s \end{bmatrix} \tag{5.73}$$

其中，ω_{nn} 为 LSTM 与 GRU 模型的组合权重值；ω_s 为 SARIMA 模型的权重值，且 $\omega_{nn} + \omega_s = 1$。

动作矩阵 A 设置为

$$A = [\Delta\omega_2 \quad -\Delta\omega_2] \tag{5.74}$$

参考第二层强化学习，将第 k 个窗口下进行权重寻优的损失函数 L 设置为

$$L = \sqrt{\sum_{k}^{k+l-1}\left(Y_k - \hat{Y}_k\right)^2 / l} \tag{5.75}$$

根据损失函数 L 的设定，得到奖惩函数 R，并得到 Q 表更新公式为

$$Q(s,a) \leftarrow (1-\alpha)Q(s,a) + \alpha\gamma \max(Q(s',a)) + \frac{\alpha}{\sqrt{\sum_{k}^{k+l-1}\left(Y_k - \hat{Y}_k\right)^2 / l}} \tag{5.76}$$

经过三层强化学习权重寻优后，获得最优组合预测权重$[\omega_{nn} \quad \omega_s]$，将该权重赋值给窗口内的第一个时间点，获得$k$时刻电池定制化制造能力预测值为

$$\hat{Y}_k = \omega_s \hat{Y}_k^s + \omega_{nn} \hat{Y}_k^{nn} \tag{5.77}$$

4. 基于三层学习的组合预测模型

基于三层强化学习(triple reinforcement learning, Triple-RL)的电池定制化制造能力可变权重组合预测模型结构如图 5.13 所示。

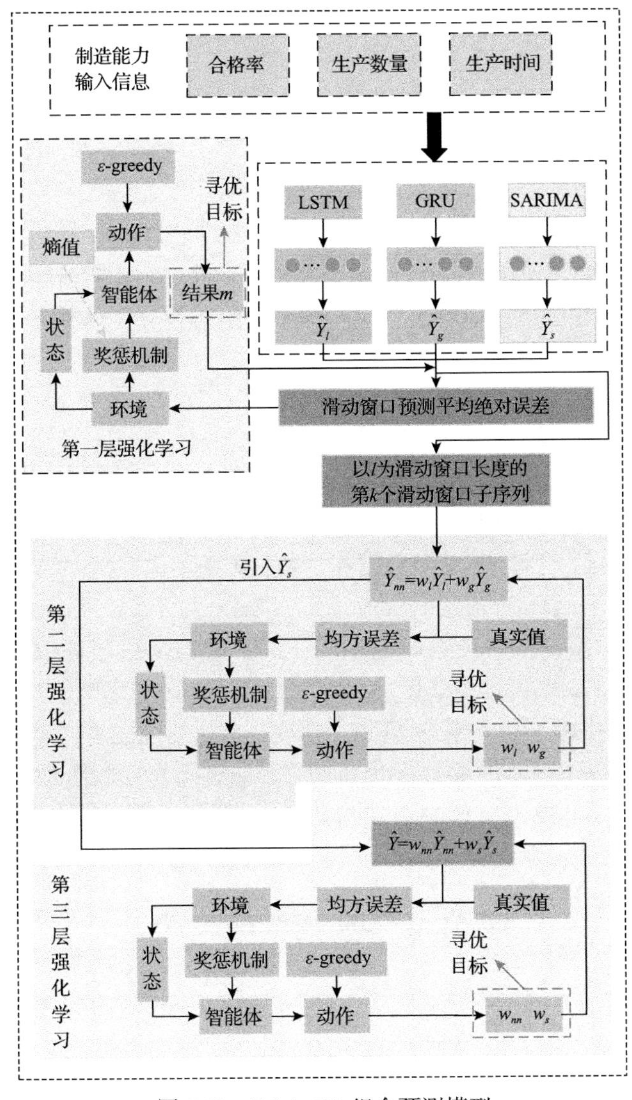

图 5.13　Triple-RL 组合预测模型

面向电池定制化制造能力预测问题提出的 Triple-RL 模型的运行步骤如下：

(1)分别使用 LSTM、GRU、SARIMA 模型对历史电池定制化制造能力数据进行特征学习，预测时间序列 $\hat{Y}_t^i=\left\{y_1^i,y_2^i,\cdots,y_t^i\right\},t\in\{1,2,\cdots,N\},i\in\{1,2,3\}$。

(2)利用第一层强化学习算法，确定最优滑动窗口长度 l，采用滑动窗口对制造能力预测值 $\hat{Y}_t^i$ 进行划分，得到 $\hat{Y}_k^i=\left\{y_k^i,y_{k+1}^i,\cdots,y_{k+l-1}^i\right\},k\in\{1,2,\cdots,N-l+1\}$。同时，对制造能力真实值序列进行划分，得到 $Y_k=\left\{y_k,y_{k+1},\cdots,y_{k+l-1}\right\}$，$k\in\{1,2,\cdots,N-l+1\}$。

(3)采用第二层强化学习算法和第三层强化学习算法，对第 k 个滑动窗口进行最优权重寻优，确定 k 时刻的最佳组合权重。

(4)以滑动窗口长度 l 对预测序列进行滑动处理，对每个滑动窗口进行双层强化学习权重计算，并赋值给该窗口内的第一个时间点，进而获得该时间点的最优预测值。

(5)重复上述过程，直到滑动至最后一个窗口，把最后一个窗口的权重计算结果赋值给该窗口下的所有时间点，得到最终完整的电池定制化制造能力预测序列 $\hat{Y}_k$。

(6)计算均方根误差、平均绝对误差和平均绝对百分比误差三种统计指标，分析电池定制化制造能力组合预测效果。

5. 电池定制化制造能力案例分析

下面采用某电池股份有限公司 18650 型电池生产车间的生产数据进行工程验证。该车间以小时为单位统计生产合格电池的数量，每天产生 24 个观测值，采集连续 300 天的数据，合计 7200 个数据作为数据样本，选取其中前 85%作为训练样本，后 15%作为测试样本。

选择 SARIMA 模型来发掘电池定制化制造能力历史数据中的线性特征。首先，确定 SARIMA 模型的季节性差分数 D、非季节性差分数 d，目的是使得数据平稳，便于算法模型进行后续预测。其次，确定 SARIMA 模型阶数，包括趋势的自回归阶数 p、趋势的移动平均阶数 q、季节性自回归阶数 P、季节性移动平均阶数 Q。输入电池定制化制造能力历史数据，分析数据特征，得出 SARIMA 模型各参数设置，如表 5.6 所示。

表 5.6 SARIMA 模型各参数设置

参数	参数含义	取值
p	趋势的自回归阶数	1
d	非季节性差分数	0
q	趋势的移动平均阶数	1

续表

参数	参数含义	取值
P	季节性自回归阶数	1
D	季节性差分数	1
Q	季节性移动平均阶数	1

在确定以上模型参数后，进行残差检验，以验证差分阶数是否符合要求。通过绘制样本分位数-总体分位数(quantile-quantile, Q-Q)图，检验差分后的数据是否满足正态分布。图 5.14 中的散点为输入的电池制造能力历史数据样本的分位数，虚线为拟合的分位数线性曲线。由图可以看出，大部分散点满足分位数线性关系，符合正态分布检验要求，说明电池定制化制造能力历史数据通过了残差检验，满足 SARIMA 模型的要求。

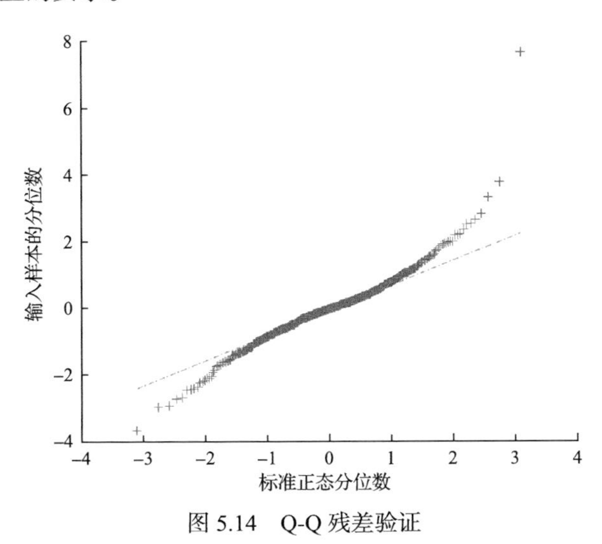

图 5.14　Q-Q 残差验证

本节选择 LSTM 和 GRU 两类深度学习模型来发掘电池制造能力历史数据中的非线性特征。LSTM 和 GRU 模型参数设置如表 5.7 所示，强化学习算法通用参数设置如表 5.8 所示。

表 5.7　LSTM 和 GRU 模型参数设置

参数	参数含义	取值
MaxEpochs	训练轮数	500
LearnRate	初始学习率	0.005
LearnRateDropPeriod	学习率衰减轮数	250
LearnRateDropFactor	学习率衰减速度	0.2
numHiddenUnits	隐含层节点数	185

表 5.8 强化学习算法通用参数设置

参数	参数含义	取值
ε	贪心率	0.9
γ_m	奖惩值学习率	0.1
λ	折扣系数	0.9

由于三层强化学习过程针对的对象不同，以及每层强化学习的决策问题复杂度不同，状态-动作矩阵复杂度也不同，所以需要设置不同的动作幅度和迭代次数。强化学习权重寻优算法参数设置如表 5.9 所示。

表 5.9 强化学习权重寻优算法参数设置

参数	参数含义	取值
$\Delta\omega_1$	动作幅度	1
$\Delta\omega_2$	动作幅度	0.001
MaxEpochs1	迭代次数	300
MaxEpochs2	迭代次数	800

表中，$\Delta\omega_1$ 为利用第一层强化学习进行滑动窗口长度寻优设置的动作幅度，$\Delta\omega_2$ 为利用第二层强化学习和第三层强化学习进行组合预测权重寻优设置的动作幅度，MaxEpochs1 为滑动窗口长度寻优算法所需的迭代次数，MaxEpochs2 为组合预测权重寻优算法所需的迭代次数。

采用强化学习熵算法确定滑动窗口长度，通过更新 Q 表，得到最优滑动窗口长度为 5。为了验证算法的有效性，计算不同滑动窗口长度下运用变权重组合预测算法的均方根误差进行对比。

考虑到使用滑动窗口会导致电池定制化制造能力数据的缺失，即当滑动窗口长度为 l 时，会丢失 $l-1$ 个数据，将数据损失率设定为 10%。因此，本节预测未来 72 个时间点的制造能力值，最多允许丢失 7 个数据，即最大允许滑动窗口长度为 8。滑动窗口长度为 1～8 时的均方根误差情况如图 5.15 所示。

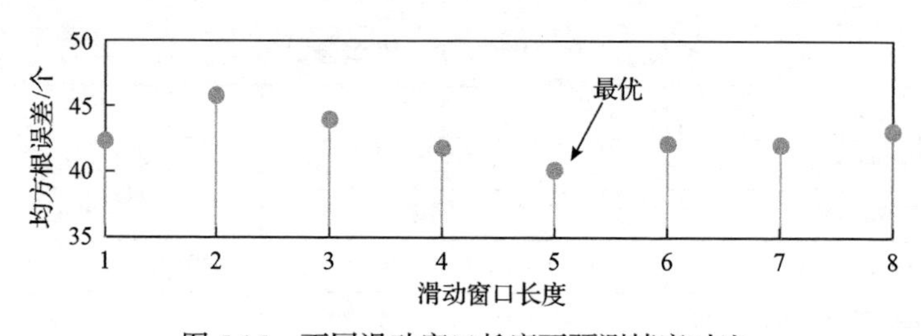

图 5.15 不同滑动窗口长度下预测精度对比

图 5.15 显示当滑动窗口长度为 5 时，预测结果的均方根误差最小，验证了本节设计的强化学习熵算法确定滑动窗口长度的有效性和精确性，同时避免了采用传统的枚举策略在确定滑动窗口长度时带来的显著计算量。

6. Triple-RL 模型有效性验证

本节基于强化学习和滑动窗口实现时变权重的组合预测，首先对 LSTM 和 GRU 模型的预测结果进行第二层强化学习动态赋权，滑动窗口长度 $l=5$，将计算得到的权重值赋给窗口的第一个点位，最终得到第二层强化学习最优权重计算结果。表 5.10 展示了第二层强化学习的部分最优权重值结果。

表 5.10　第二层强化学习最优权重值结果

点位	ω_l	ω_g
1	0.037	0.963
2	0.069	0.931
3	0.031	0.969
⋮	⋮	⋮
35	0.462	0.538
36	0.372	0.628
37	0.048	0.952
⋮	⋮	⋮
70	0.897	0.103
71	0.927	0.073
72	0.935	0.065

随后，在 LSTM 和 GRU 模型的组合预测结果 $\hat{Y}_{nn}$ 基础上，再加入 SARIMA 模型的预测结果进行第三层强化学习权重计算，部分权重计算结果如表 5.11 所示。

表 5.11　第三层强化学习最优权重值结果

点位	ω_{nn}	ω_s
1	0.975	0.025
2	0.987	0.013
3	0.971	0.029
⋮	⋮	⋮
35	0.238	0.762
36	0.739	0.261
37	0.339	0.661

续表

点位	ω_{nn}	ω_s
⋮	⋮	⋮
70	0.969	0.031
71	0.988	0.012
72	0.921	0.079

为了验证 Triple-RL 模型在锂电池定制化制造能力预测方面的精确性和优势，选择定权重 LSTM-GRU-SARIMA 模型、基于强化学习的 LSTM 和 GRU (reinforcement learning based LSTM and GRU, RL-LSTM-GRU) 组合预测模型 (简称 RL-LSTM-GRU 模型) 以及单一预测模型 LSTM 和 GRU 等，以 3 天共计 72 个点位进行效果对比，得到的锂电池定制化制造能力预测对比情况如图 5.16 所示。

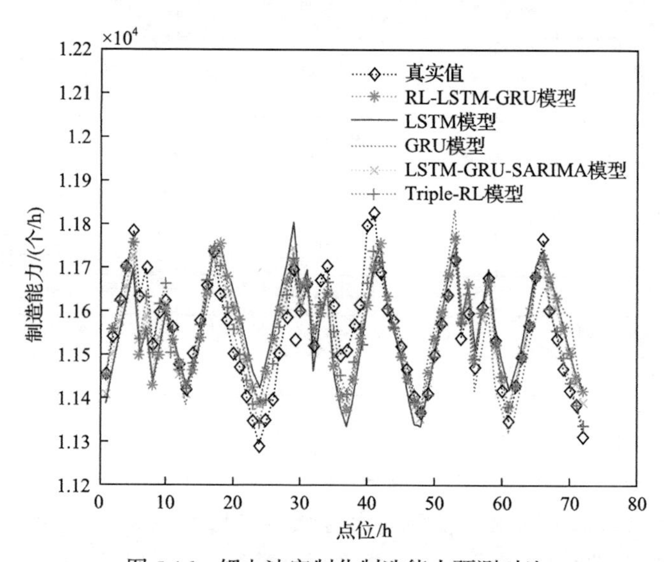

图 5.16　锂电池定制化制造能力预测对比

本节选择 RMSE、MAE 和平均绝对百分比误差 (mean absolute percentage error, MAPE) 作为误差指标，量化并对比分析五种模型的预测效果。不同模型电池制造能力预测误差指标计算对比如表 5.12 所示。

表 5.12　不同模型电池制造能力预测误差指标计算对比

预测模型	RMSE/个	MAE/个	MAPE/%
LSTM	86.2824	71.8703	0.622
GRU	85.9071	75.6946	0.655
RL-LSTM-GRU	73.8737	57.892	0.501
LSTM-GRU-SARIMA	65.8867	53.9252	0.466
Triple-RL	40.2137	28.4285	0.245

由表 5.12 可以看出，Triple-RL 算法在三种误差指标下都有比其他四种对比算法更优的效果，其中定权重组合预测结果与 Triple-RL 算法在误差指标上的结果最为接近。下面继续对每个节点的误差进行对比分析。图 5.17～图 5.20 分别显示了 Triple-RL 模型与 LSTM、GRU、RL-LSTM-GRU、LSTM-GRU-SARIMA 模型在全部点位时的预测误差对比情况。

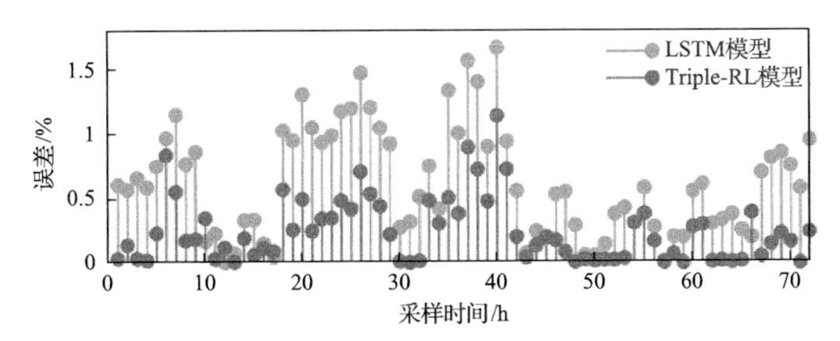

图 5.17　Triple-RL 与 LSTM 模型误差对比

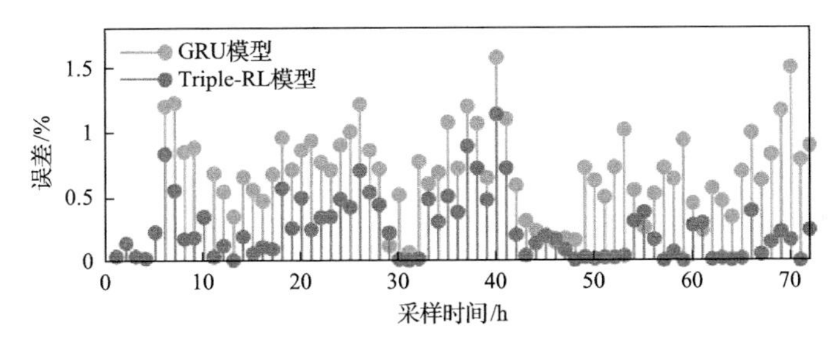

图 5.18　Triple-RL 与 GRU 模型误差对比

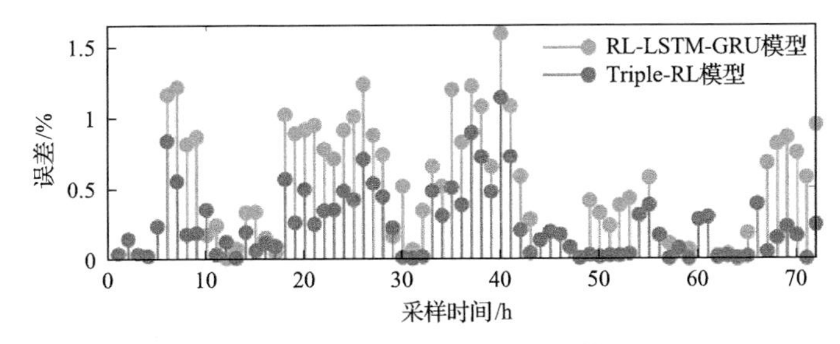

图 5.19　Triple-RL 与 RL-LSTM-GRU 模型误差对比

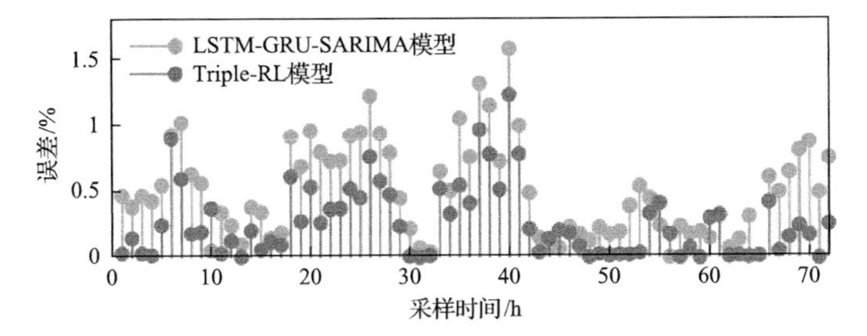

图 5.20　Triple-RL 与 LSTM-GRU-SARIMA 模型误差对比

从图 5.17～图 5.20 可以发现，在大部分时间下，Triple-RL 模型的预测误差都小于 LSTM 和 GRU 模型的预测结果，预测精度总体得到显著提高。当与 RL-LSTM-GRU 模型和定权重组合预测模型相比时，在个别点处(如 $k=29,65$)误差稍大于对比模型，这是由于在本节设计的强化学习寻优过程中，奖惩函数设置的是各窗口内预测结果的均方根误差，目的是使预测结果整体更精确，这样会牺牲个别点处的精确效果，但总体而言预测误差明显下降，体现出预测精度的提升。

综上，针对锂电池制造时间序列特征提出的三层强化学习时变权重组合预测算法与单一预测模型 LSTM 相比，均方根误差由 86.2824 个降低至 40.2137 个，降幅达到 53%，平均绝对误差和平均绝对百分比误差分别由 71.8703 个和 0.622%降低至 28.4285 个和 0.245%，降幅达到 60%；本节在深度学习时间序列组合预测的基础上，加入 SARIMA 算法进一步挖掘时间序列的线性特征，与 RL-LSTM-GRU 模型相比，Triple-RL 模型均方根误差从 73.8737 个降低至 40.2137 个，降幅达 45%，平均绝对误差和平均绝对百分比误差分别从 57.892 个和 0.501%降低至 28.4285 个和 0.245%，降幅达 50.9%；与定权重组合预测算法相比，本节引入滑动窗口和强化学习实现变权重组合预测，均方根误差从 65.8867 个降低至 40.2137 个，降幅达 38%，平均绝对误差和平均绝对百分比误差分别从 53.9252 个和 0.466%降至 28.4285 个和 0.245%，降幅达 47%，均验证了本节所提模型的有效性和优越性。

5.7　本 章 小 结

本章主要介绍了锂电池定制化制造能力预测问题中的多种方法以及所包含的多种算法。将传统的单一预测算法如循环神经网络、长短时记忆神经网络、门控神经网络以及季节性差分自回归模型等作为预测基础，运用强化学习算法设计权重寻优，介绍了两种已经实现并投入实际应用的预测算法，分别是：设计强化学习策略求解神经网络模型隐含层的层数并确定权重，得到双重优化后的 RL-RNN-LSTM 组合预测模型，以及基于强化学习和滑动窗口的变权重组合预测 RL-LSTM-GRU-SARIMA 模型。相比于单一预测模型、RRL-RNN-LSTM 组合预测模型、RL-R-LSTM 组合预测模型以及固定权重组合预测模型而言，本章提出的两种组合预测模型在锂电池定制化制造能力预测中表现出更优的预测性能。本章所提算法具有能够完成网络自适应组建和权重寻优的特点，避免了因人为经验设定所带来的影响。

参 考 文 献

[1] 田慧欣, 秦鹏亮, 李坤, 等. 基于 HI-DD-AdaBoost.RT 的锂离子动力电池 SOH 预测[J]. 控制与决策, 2021, 36(3): 686-692.

[2] 刘新天, 李涵琪, 魏增福, 等. 基于 Drift-Ah 积分法的 CKF 估算锂电池 SOC[J]. 控制与决策, 2019, 34(3): 535-541.

[3] 邓晖飞, 苏平, 徐晟逸. 神经网络结合定性预测的订单预测方法研究[J]. 机电工程技术, 2014, 9: 23-26, 95.

[4] 潘勇, 彭省临, 彭光雄. 基于 Meta 分析的青海杂多地区成矿定量预测[J]. 中南大学学报(自然科学版), 2016, 47(9): 3093-3100.

[5] 徐任超, 阎威武, 王国良, 等. 基于周期性建模的时间序列预测方法及电价预测研究[J]. 自动化学报, 2020, 46(6): 1136-1144.

[6] 崔建国, 李鹏程, 崔霄, 等. 基于 ARIMA-LSTM 的飞机液压泵性能趋势预测方法[J]. 振动、测试与诊断, 2021, 41(4): 735-740.

[7] 李炜聪, 潘福全, 胡盼, 等. 基于季节性差分整合移动平均自回归模型的城市公交短期客流预测[J]. 济南大学学报(自然科学版), 2022, 36(3): 308-314.

[8] Leandro V K, Wang Y, Gabriela H. Online ensemble learning for load forecasting[J]. IEEE Transactions on Power Systems, 2021, 36(1): 545-548.

[9] 罗党, 韦保磊, 李海涛, 等. 灰色区间预测模型及其性质[J]. 控制与决策, 2016, 31(12): 2293-2298.

[10] 高德欣, 刘欣, 杨清. 基于卷积神经网络与双向长短时融合的锂离子电池剩余使用寿命预测[J]. 信息与控制, 2022, 51(3): 318-329, 360.

[11] 谷振宇, 陈聪, 郑家佳, 等. 基于时空图卷积循环神经网络的交通流预测[J]. 控制与决策, 2022, 37(3): 645-653.

[12] 耿蓉, 吴亚倩, 肖倩倩, 等. 基于改进 GRU 算法的天基信息网资源预测研究[J]. 东北大学学报(自然科学版), 2023, 44(3): 305-314.

[13] 胡茑庆, 陈徽鹏, 程哲, 等. 基于经验模态分解和深度卷积神经网络的行星齿轮箱故障诊断方法[J]. 机械工程学报, 2019, 55(7): 9-18.

[14] 张露, 理华, 崔杰, 等. 基于稀疏指标的优化变分模态分解方法[J]. 振动与冲击, 2023, 42(8): 234-250.

[15] 李璐璐, 朱睿杰, 隋璐瑶, 等. 智能集群系统的强化学习方法综述[J]. 计算机学报, 2023, 46(12): 2573-2596.

[16] Kiran B R, Sobh I, Talpaert V, et al. Deep reinforcement learning for autonomous driving: A survey[J]. IEEE Transactions on Intelligent Transportation Systems, 2022, 23(6): 4909-4926.

[17] Ge H W, Gao D W, Sun L, et al. Multi-agent transfer reinforcement learning with multi-view encoder for adaptive traffic signal control[J]. IEEE Transactions on Intelligent Transportation Systems, 2022, 23(8): 12572-12587.

第 6 章　锂电池定制化制造智能工厂

本章介绍面向锂电池定制化制造的智能工厂构建方案，结合智能制造概念，从端、管、云三级对锂电池智能工厂进行说明，在端级结合实际电池生产产线流程，实现端级信息采集传感器的点位部署说明；在管级介绍锂电池定制化制造智能工厂互联网专网设计，借助总线通信技术搭建数据通信网络，为端级与云级的数据通信提供支持；在云级依据实际电池订单生产流程安排，介绍电池订单从客户下单到实际生产过程中云级在信息上的支持，并说明云级用户接入引擎、数据流处理以及动态数据库的构建设计。

6.1　锂电池定制化制造智能工厂设计方案

随着低碳理念[1]深入人心，新能源汽车尤其是电动汽车产业不断发展，动力电池作为电动汽车的“心脏”，是新能源汽车的动力来源，其质量和性能直接决定电动汽车的运行性能，是新能源汽车产业有序、良性发展的关键性因素，这对动力电池的生产制造提出了较高要求。

智能制造[2]是指将新兴技术部署到制造资产中，形成一个可集成的、自主的且有弹性的环境，其定义为基于新一代信息技术，贯穿设计、生产、管理、服务等制造活动各个环节，具有信息深度自感知、方案优劣自决策、精准控制自执行等功能的先进制造过程、系统与模式的总称，具有以智能工厂为载体、以关键制造环节智能化为核心、以端到端数据流为基础、以网络互联为支撑等特征。实现智能制造可以缩短产品研制周期、减少资源能源消耗、降低运营成本、提高生产效率、提升产品质量，较低的运营成本、较高的产品质量和对客户需求的快速响应能力将使得企业能够从智能制造转型中获益，这无疑为我国动力电池生产制造的转型升级带来了希望[3]。

工厂智能化转型对任何企业来说都不是一件容易的事情，需要相当多的时间和资源的投入，例如，共享来自多个设备与传感器的数据和信息，并进行集成，将系统、产品和组件转化为智能化、数字化和互联的制造环境，我国的动力电池产业也急需进行工厂智能化的转型[4]。

在工业 4.0 时代，信息化技术与工业自动化生产紧密结合，设计智能工厂，推动动力电池高质量、高效率、低成本生产，实现产业的转型升级。如果将智能工厂比作一栋大楼，那么端级就是大楼的地基，而管级则是大楼的钢筋，云级保证了大楼屹立不倒，因此设计一套完整的端级和管级方案，可以作为支撑动力电池智能工厂的体系构架，为我国动力电池智能工厂的设计提供参考，从而推动我国电池制造业和新能源汽车产业的稳步发展。

锂电池定制化制造智能工厂设计方案的总体目标如下：

结合工业电池生产的实际需求，设计一套针对动力电池的端级、管级、云级的智能工厂，实现电池生产工厂订单、资源、任务的高度共享。面向智能工厂的设计以合理性为前提，充分考虑经济实用性、开放性、灵活性、可扩充性、安全性、可靠性、易管理性和易维护性。面向智能工厂的系统规划、设计和建设过程应该具有一定的超前意识。面向智能工厂能提供安全、舒适、快捷的工作环境和高效的生产服务功能，节省沟通时间，降低运行成本，以及能建立先进、科学的综合管理机制，满足当下生产发展需要。合理统筹融合多方面智能制造模块，将信息技术、数字技术、网络技术以及智能技术与电池生产制造深度融合，实现产线设计-数据采集-数字化仿真-数据分析-调配生产的一整条智能制造链。

锂电池定制化制造智能工厂采用“端-管-云”三层架构设计方案。其中，终端部分包含电池生产设备和产品质量传感器、窄带(narrow band, NB)通信模块、嵌入式端点处理器等器件，可采集电池生产现场设备和磷酸铁锂、三元锂、薄膜等物料数据，监控生产现场工艺执行情况，同时进行上报；设计互联网专网，采用以太网技术构成应用服务网络，网络节点由服务器、工作站、交换路由和外设等网络设备构成，采用总线通信技术构建工业控制网络，实现生产设备之间的双向串行多节点的数字通信；搭建业务支撑平台和运营支撑平台，云级的软、硬件接入能力可实现不同设备间的互联互通，设计对外的数据访问接口，实现鉴权通过即可对外提供数据；设计多用户接入引擎、设备接入模块、协议转换模块、用户鉴权及管理、设备鉴权及管理、流处理及事件触发、消息路由、数据清洗、转发及存储以及多协议输出模块等，实现生产过程的云级存储。图 6.1 为智能工厂主要设计方案。

综上所述，面向锂电池制造的智能工厂是一个结合实际厂房的由端级架构设计[5]、管级架构设计、云级架构设计构成的智能生产工厂，具体包括：电池生产设备布局及其传感器分布[6]、NB 通信模块设计、嵌入式端点分布设计、互联网专网设计、数据采集及传输设计[7]、服务器和工作站分布设计、工业控制网络设计、多用户接入引擎设计、流处理与事件触发设计以及云级储存设计。各子系统必须总体考虑，功能交叉部分要统一设计，连接部分要满足各子系统的要求，并考虑未来扩展的需求。总体规划下的分布实施方案保证了系统之间的兼容性，避免了今后因为系统重构、重新整合而带来的财务风险。

智能工厂的设计原则包括如下几方面。

(1) 系统设计：应采用先进、成熟、实用的技术，进行系统的优化集成设计。

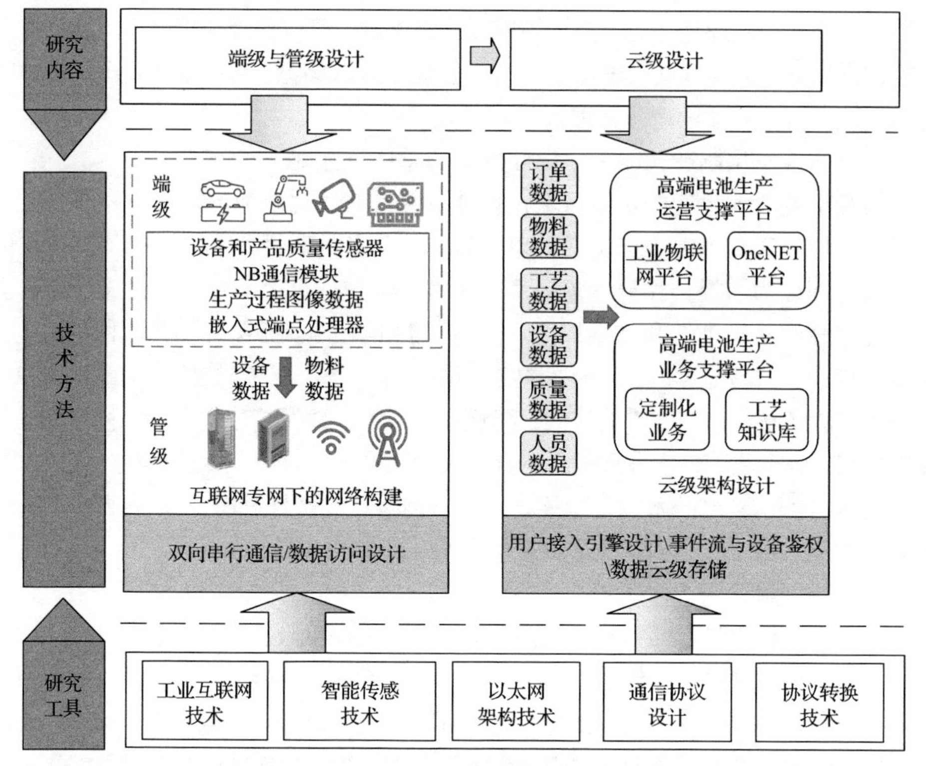

图 6.1 智能工厂主要设计方案

应立足现在、展望未来，提出系统近期的实施方案、中期的扩容方案和远期的发展规划。

(2) 系统软硬件配置：采用模块化和开放式结构，以适应系统灵活组网、扩展和系统能力提升的需要。应采用有长期动态寿命的产品，回避使用短期过渡性技术的产品，使系统既能满足当前的需要，也能适应科技的进步。另外，可通过网关集成不同厂家的子系统。

(3) 系统集成：将各子系统有机地联系在一起，可以对不同厂家不同类型的产品进行集成，实现资源共享、信息共享，增强对突发事件的响应能力，提高设备的利用率，降低能耗，节约能源。

(4) 系统配置：在保证系统可靠性、先进性的同时，应本着经济、实用、合理的原则，使系统具有良好的性能价格比，并在技术发展和系统功能提升时，都可以保证现有的投资，同时可以充分利用现有的软硬件资源。

(5) 各子系统既要完成各自的功能，又要满足系统集成的需要，提供相关的接口协议。

(6) 系统必须具有极高的安全性、可靠性和容错性。

智能工厂设计架构主要描述如下几个方面。

(1)智能工厂端级架构：生产设备布局、端层信息点采集分布设计、NB 通信模块设计、嵌入式分布、智能工厂数据采集设计、智能工厂数据传输设计。

(2)智能工厂管级架构：服务器与工作站分布设计、工业控制网络设计。

(3)智能工厂云级架构：电子商务平台架构设计、面向制造的多用户接入引擎设计、生产数据流处理及事件触发机制设计、云级存储设计、云级智能监控系统模块设计、云级生产分析模块设计。

智能工厂的运作可以描述为：以某公司锂电池生产线为对象，设计的基于第五代移动通信技术(5th generation mobile communication technology, 5G)的工厂设备互联的通信系统可以在保证一定传输速率和可靠性的前提下，扩大连接规模。在锂电池制造产线中的搅拌机、涂布机、分切机、卷绕机、注液机等关键生产设备上加装 5G 通信模组，机器设备采集到生产信息后，5G 通信模组通过标准连接线读取该数据，经过调制后将该信号发射到车间的基站中，经过基站传输到服务器，实现电池生产线、工艺数据跨平台的高速传输和云端集成，将采集到的数据传输给后台，以供平台展示和研究人员进行数据分析。同时，面对定制化订单，智能工厂需要具备快速的工艺匹配能力，这就需要智能工厂具有完备的工艺库以及多模块联合工作能力[8]。

对于定制化订单，数字孪生系统首先需要对该订单进行对应的工艺匹配，如果出现订单需求没有匹配的情况，则调用工艺变更模块合理变更出新的工艺，该工艺不能立刻投入生产使用，需要数字孪生系统模拟生产，得到生产结果后进行工艺波动分析，如果分析结果满足工艺能力要求，即可对该定制化订单匹配该工艺进行实际生产。在管控平台获取订单后，会对订单所规定的型号进行工艺库匹配生产，对于定制化订单，通过智能匹配工艺数据库得到对应的工艺方案。当有多个订单需要同时生产时，根据订单的重要性程度确定排产顺序，进行智能排产，对设备状态进行监控，在管控平台实时显示设备的运行状态，同时根据实时数据建立电池生产设备智能诊断模型，对设备的运行状况进行评估，并将结果传输到智能排产模块作为排产的一个依据。当诊断设备发生故障时，管控平台能够立刻获取状况信息，并及时通知线下操作人员前往处理。设计基于历史数据的制造能力在线预测系统，根据智能工厂的历史产品制造数据，可以对未来一天、一周、一个月的产能进行制造能力在线预测，基于预测结果，实际工厂可以制订出合理的生产计划。

智能工厂的设计规范可以依据或参考以下设计规定要求确定：

GB/T 37078—2018《出入口控制系统技术要求》;

GB 50373—2019《通信管道与通道工程设计标准》;

GB/T 50760—2021《数字集群通信工程技术标准》;

YD/T 1800—2008《信息安全运行管理系统总体架构》;

YD/T 1402—2018《互联网网间互联总体技术要求》;

IEC 62443《工业过程测量、控制和自动化　网络与系统信息安全》;

GB/T 39474—2020《基于云制造的智能工厂架构要求》;

GB/T 39173—2020《智能工厂　安全监测有效性评估方法》;

GB/T 38847—2020《智能工厂　工业控制异常监测工具技术要求》;

GB/T 38854—2020《智能工厂　生产过程控制数据传输协议》;

GB/T 38848—2020《智能工厂　过程工业能源管控系统技术要求》;

GB/T 38846—2020《智能工厂　工业自动化系统工程描述类库》;

GB/T 38844—2020《智能工厂　工业自动化系统时钟同步、管理与测量通用规范》;

GB/T 38129—2019《智能工厂　安全控制要求》;

GB/T 9385—2008《计算机软件需求规格说明规范》;

GB/T 9386—2008《计算机软件测试文档编制规范》;

GB/T 1526—1989《信息处理　数据流程图、程序流程图、系统流程图、程序网络图和系统资源图的文件编制符号及约定》;

GB/T 14394—2008《计算机软件可靠性和可维护性管理》;

GB/T 13502—1992《信息处理　程序构造及其表示的约定》;

GB/T 11457—2006《信息技术　软件工程术语》;

GB/T 8567—2006《计算机软件文档编制规范》。

6.2　智能工厂端级架构设计方案

6.2.1　端级生产信息点采集

提高电池制造合格率是提升我国锂电池制造业品质的重要目标[9]。要保证电池生产的质量，就需要对锂电池生产的各道工序进行质量监控。过程质量检验(process quality check, PQC)是对来料信息进行登记，对设备运行参数进行采集，并交由品质监管部门进行监测分析，同时共享给工厂其他相关部门[10,11]。

电芯是电池系统的最小单元，其品质直接影响到锂电池的整体性能，因此需要对电芯的生产进行严格的过程检验，其生产工艺[12]大体上可以分为以下工序，分别为混料、涂布[13]、辊压[14]、分切、烘烤[15]、卷绕/叠片、装配、注液、封口、喷码和化成[16]等，工序繁多，流程复杂。要实现高水平自动化生产，就必须保证各生产环节之间衔接紧密和协调配合，在每一道工序进行过程中，需要对特定的控制点信息进行高效采集、记录、上传，进而有效管理制造数据[17]。

锂电池的生产流程如图 6.2 所示。

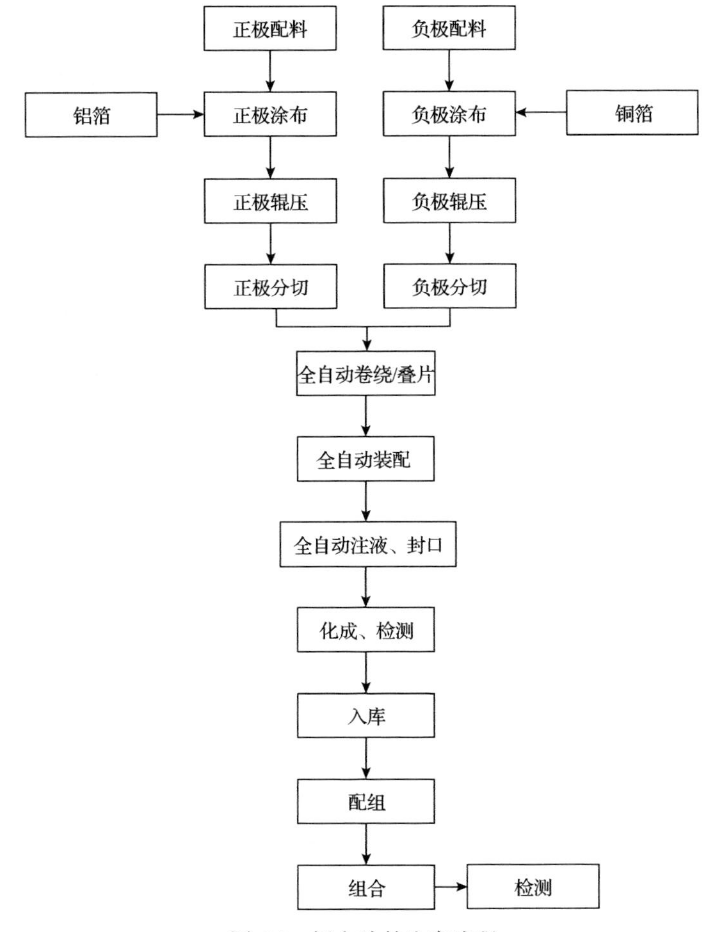

图 6.2　锂电池的生产流程

此外，工厂的仪器仪表、数控机床、无人搬运车、智能机器人等设备的信息也需要进行统一采集。在锂电池智能工厂中，高度自动化的生产设备可以完成复杂的作业任务，而内置的传感器和测量仪器可以实时监测生产过程中的关键信息点。通过为各生产设备加装统一的 NB 通信模块，可以实现锂电池制造数据的高速传输。智能生产设备清单如表 6.1 所示。

表 6.1　智能生产设备清单

序号	设备名称	主要用途和特征
1	正极上料系统	混料正极材料自动投料
2	负极上料系统	混料负极材料自动投料
3	正极搅拌机	正极混料
4	负极搅拌机	负极混料

续表

序号	设备名称	主要用途和特征
5	正极涂布机	正极浆料涂覆
6	负极涂布机	负极浆料涂覆
7	正极辊压机	正极极片压实
8	负极辊压机	负极极片压实
9	正极模切	极耳制备成型
10	负极模切	极耳制备成型
11	叠片机	电池极组成型
12	预热机	极组加热
13	热压机	极组定型
14	转接片超声焊	转接片与极耳焊接
15	转接片激光焊	转接片与盖板焊接
16	包膜机	极组包膜
17	电芯自动入壳机	极组入铝壳
18	电池电焊机	盖板和铝壳预焊接
19	电池盖焊接机	盖板和铝壳焊接
20	氦质谱检漏仪	顶盖焊接气密性检测
21	真空烘箱	水分烘干
22	全自动注液机	注入电解液
23	充放电机	防止析铜
24	化成机	SEI 成膜及活性物质激活
25	全自动注液机	注入电解液
26	激光焊接机	胶钉和密封钉安装焊接
27	氦质谱检漏仪	密封钉焊接气密性检测
28	分容柜	容量测定
29	补电仪	容量补充
30	自动分选机	电池等级筛选

1. 物料与环境信息点采集方案设计

确定锂电池各生产工艺所涉及的重要生产设备，并深入分析具体各生产环节因素对产出物料品质的影响程度。本节列出了每台生产设备需要采集的关键信息，各设备对应的关键信息点如表 6.2 所示。

表 6.2　各设备对应的关键信息点

序号	设备名称	关键信息点
1	配料机	物料质量(配比)
2	制胶机	搅拌时间、设备转速、物料质量(配比)、胶液温度、冷却水温度
3	混料机	黏度、细度、固含量、搅拌时间、设备转速、物料质量(配比)、浆料温度、湿度、真空度
4	涂布机	涂布走速、泵速度、涂布机模头唇口与背辊间隙、管道、滤网压力、放卷张力
5	烘烤箱	烘烤箱温度、烘烤箱风量、正极回风、N-甲基吡咯烷酮浓度
6	辊压机	放卷张力、收卷张力、压力、辊缝、辊压厚度、辊压速度
7	分切机	放卷张力、收卷张力、分切宽度、分切毛刺、分切速度
8	全自动卷绕机	电芯尺寸、叠片张力参数、烫孔温度
9	全自动注液机	注液前质量、注液后质量、注液量
10	清洗机	水槽温度、水压、风切压力
11	化成柜	电流、电压、温度

在锂电池生产过程中温度和湿度是两个重要的环境指标，各种机械设备、仪器都需要处在一个合适的环境中才能长期良好运行，并通过在车间部署相应的传感器，来采集外部环境的温度和湿度等信息。锂电池智能工厂各工作区温度与湿度要求如表 6.3 所示。在锂电池智能工厂各工作区进行温度与湿度传感器部署，每台设备必须至少配备一个温度与湿度传感器，对于立体操作区域，如立体仓储、立体流水线等，应按上下或上中下分别安装传感器，总体测温在 30℃左右，湿度检测上限小于 50%RH(relative humidity, 相对湿度)以内，对温度与湿度测量范围的要求不高，但由于温度与湿度控制在锂电池生产工艺中的重要性，对所选用的温度与湿度传感器的灵敏度提出了较高要求，所以在选择传感器时应重点关注其

表 6.3　锂电池智能工厂各工作区温度与湿度要求

序号	工种	工作区	温度要求	湿度要求
1	配料	混料区	⩽30℃	⩽45%RH
2		制胶区	(26±5)℃	⩽30%RH
3	涂布	涂布区	⩽30℃	⩽25%RH
4	制片	车间环境	⩽23℃	⩽25%RH
5	组装	车间环境	(25±5)℃	⩽35%RH
6	注液、封口	手套箱	18～25℃	⩽1%RH
		车间环境	(25±5)℃	⩽35%RH
7	化成	车间环境	常温状态	正常湿度
8	分容、检测	车间环境	(20±2)℃	45%～75%RH

灵敏度，并综合考虑体积、成本、可靠性等因素。

2. 物料标识与识别方案设计

锂电池的生产可以划分为三段，即前段极片生产、中段电芯生产和后段单体电池/电池模组生产，三段式电池生产工艺如图 6.3 所示。

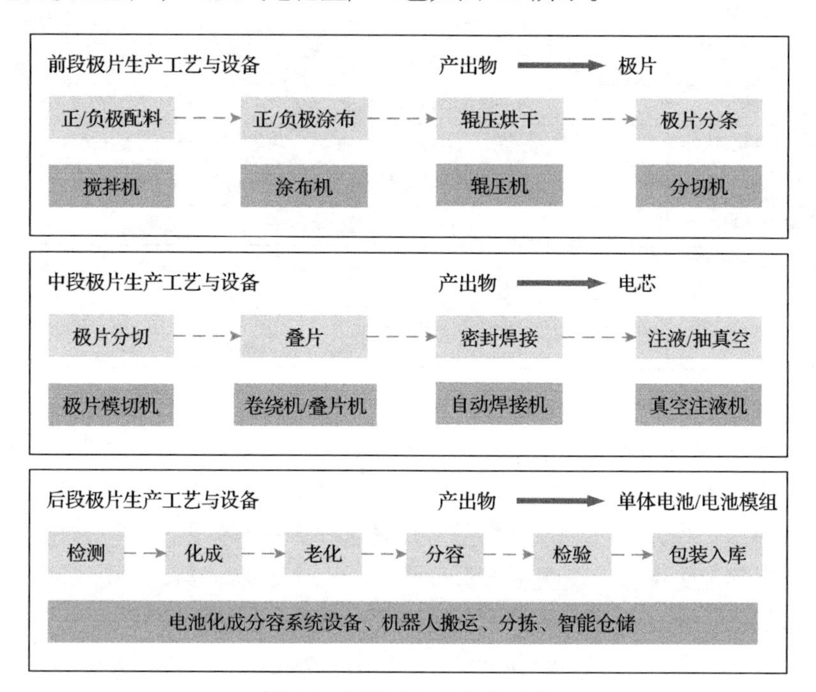

图 6.3　三段式电池生产工艺

射频识别(radio frequency identification, RFID)技术是一种典型的非接触式自动识别技术，支持多目标的批量识别，符合工业生产的要求。以前段极片生产阶段的主要流程为例，对原料、半成品、成品分别进行标识，原料包括去离子水、黏结剂、导电剂、正/负极材料、铜箔。在原料进入工厂时，就分别放入了不同的可重复使用运输载体，包括桶、特殊容器和卷芯等，这些容器表面已张贴 RFID 电子标签，对容器内的原料进行唯一标识。物料编码、数量、装载日期等信息通过后台数据库写入对应的 RFID 电子标签。在原料投入搅拌机前，通过固定式读写器扫描原料载体和搅拌桶的 RFID 电子标签，读取原料信息，同时记录投料时间、设备信息并写入后台数据库搅拌桶的 RFID 电子标签，将产出浆料的物料编码、数量、产品质量(包括浆料黏度、细度、固含量等)等数据上传后台数据库，完成与半成品浆料 RFID 电子标签的数据交接；在进行涂布工艺前，通过固定式读写器扫描浆料桶和铜箔卷芯的 RFID 电子标签，读取各物料信息，将该物料信息转入新建的极片 RFID 电子标签，同时记录投料时间、设备信息并写入后台数据库涂布机的 RFID 电子标签，将产出极片的物料编码、数量、产品质量等数据上传后台数据库，建立极片后台数据库；进行完涂布工艺后的产品投入辊压机进行辊压烘干，最后使用分切机对极片进行极片分条。

工厂内的 RFID 电子标签数量是根据生产工艺和生产效率确定的，在每道生产工序中都涉及 RFID 电子标签对应数据库信息的继承、添加和清除，以搅拌工艺为例，其循环标识信息流如图 6.4 所示。

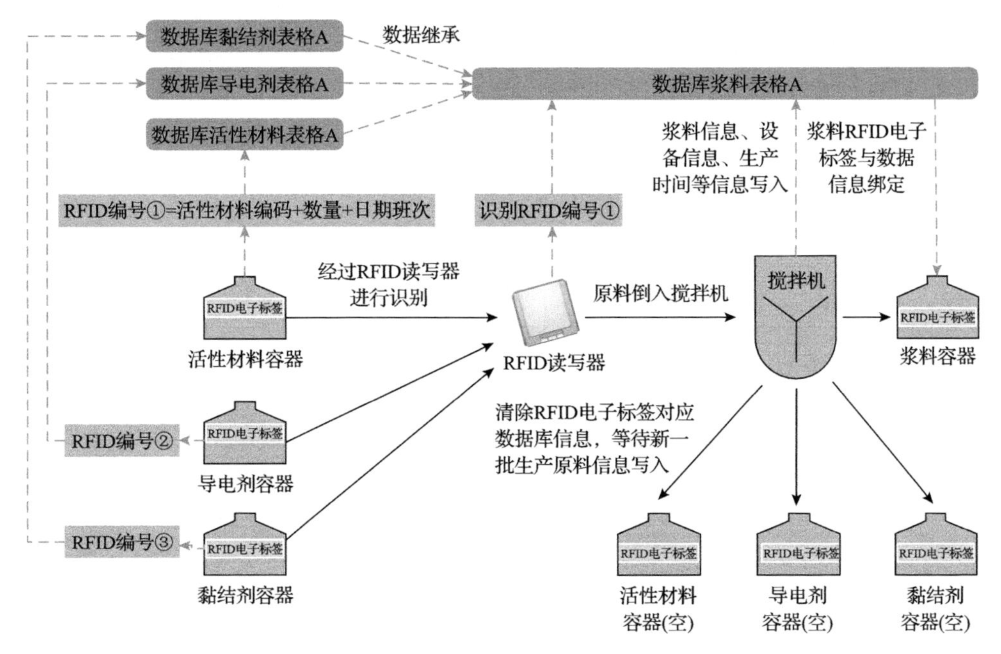

图 6.4　搅拌工艺循环标识信息流

3. 混料和搅拌工序数据采集方案设计

综合考虑安全性、使用寿命和材料成本，我国锂电池企业一般选择钴酸锂、镍酸锂、磷酸铁锂等作为电池的正极材料，采用石墨作为负极材料，生产工艺基本一致，但由于原料不同，为避免交叉污染，正负极制浆不能共用设备。过程对环境的温度与湿度、车间的粉尘度都有较高要求，根据洁净室和相关控制环境国际标准及国内的洁净室厂房设计规范，按需求建设无尘车间。混料和搅拌的具体步骤和关键信息点采集如图 6.5 所示。

混料工序对应的设备名称如表 6.4 所示。

在该阶段，搅拌机的各工况运行数据需要着重测量，此处设定两台搅拌机，编号分别为 DB1002 和 DB1003，主要采集的数据如表 6.5 和表 6.6 所示。

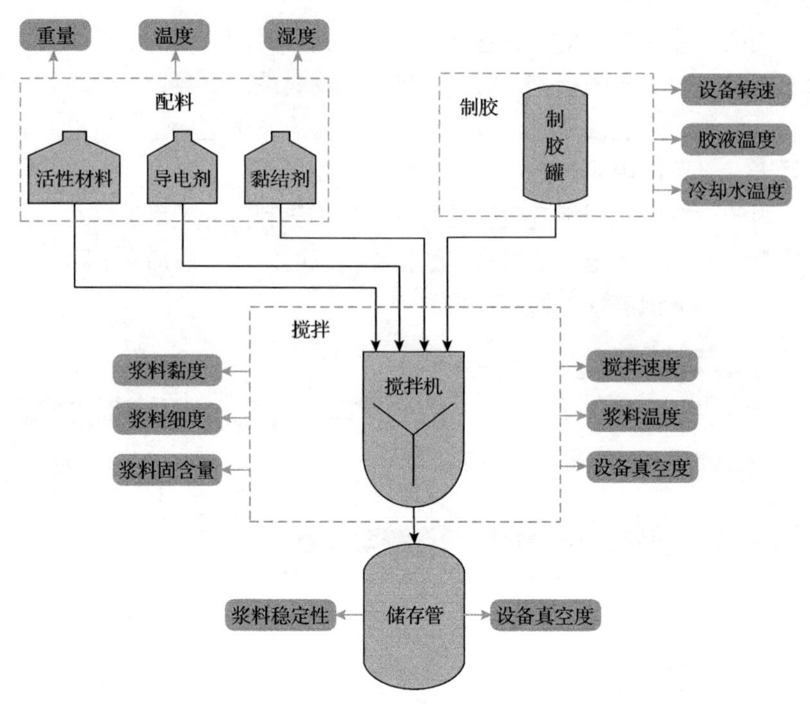

图 6.5　混料和搅拌的具体步骤和关键信息点采集

表 6.4　混料工序对应的设备名称

序号	工序	设备名称	数量
1	混料	正极搅拌机(系统)	2 套
		负极搅拌机	
		纯水机组	
		正极投料系统	
		负极投料系统	
		输送管道	

表 6.5　设备编号数据采集(DB1002)

序号	工站编码	序号	工站编码
1	设备状态	7	出料目标工站编号
2	报警信息	8	搅拌计时_时
3	操作人员信息	9	搅拌计时_分
4	当前罐体容量	10	搅拌计时_秒
5	每次进料重量	11	配方名
6	每次出料重量	12	搅拌温度

续表

序号	工站编码	序号	工站编码
13	结束时间	43	当前工步_分
14	当前时间	44	当前工步_秒
15	中间数据	45	容器液位当前值
16	上一页	46	进口冷却水温度
17	下一页	47	露点
18	用户名	48	环境温度
19	N-甲基吡咯烷酮重量	49	黏度
20	胶料重量	50	固含量
21	碳纳米管重量	51	N-甲基吡咯烷酮设备
22	主粉重量	52	胶料设备
23	副粉重量	53	碳纳米管设备
24	浆料重量	54	主粉设备
25	配方总工步	55	副粉设备
26	当前工步	56	细度
27	搅拌设定速度	57	进料开始标志
28	分散设定速度	58	出料开始标志
29	搅拌实际速度	59	搅拌开始标志
30	分散实际速度	60	制造执行系统(manufacturing execution system，MES)返回结果
31	搅拌设定时间	61	工单号
32	N-甲基吡咯烷酮工站	62	配方比例
33	胶料工站	63	N-甲基吡咯烷酮物料
34	碳纳米管工站	64	胶料物料
35	主粉工站	65	碳纳米管物料
36	副粉工站	66	主粉物料
37	出料设备	67	副粉物料
38	真空度	68	开始时间
39	搅拌电流	69	中转罐设备 1
40	分散电流	70	中转罐设备 2
41	浆料批次号	71	中转罐设备 3
42	当前工步_时	72	中转罐设备 4

表 6.6　设备编号数据采集(DB1003)

序号	工站编码	序号	工站编码
1	混炼	24	写入频率
2	正转	25	读取频率
3	反转	26	获得的过程数据(process data receive, PD_RV)
4	转速设定值	27	发送的过程数据(process data send, PD_SEND)
5	复位键(reset, Rst)	28	分散
6	电机状态	29	当前液体(current liquid, CurLiquid)
7	当前错误(current error, CurErr)	30	当前粉末(current powder, CurPowder)
8	当前频率到达(current frequency arrive, CurFreqArrive)	31	移动距离
9	转速测定值	32	项目调整(project adjust,PrAdjust)
10	正转	33	485 轮询站号
11	反转	34	电流测定值
12	转速设定值	35	冷却进水温度
13	真空超压	36	冷却出水温度
14	温度超限	37	手动加粉反馈重量 1
15	温度传感器未接	38	手动加粉反馈重量 2
16	温度设定值	39	容器内压力
17	真空设定值	40	容器内温度
18	电流测定值	41	正压/负压
19	当前错误代码(current error code, CurErrCode)	42	电机状态
20	上限	43	混炼转速设定值
21	下限	44	分散转速设定值
22	校正	45	混炼时间设定值
23	速度	46	分散时间设定值

4. 涂布工序数据采集方案设计

涂布工序是由涂布和烘干组成的，首先将电浆原料均匀涂抹到箔片材料上，然后对其进行烘干操作。涂布工序和关键信息点采集如图 6.6 所示。

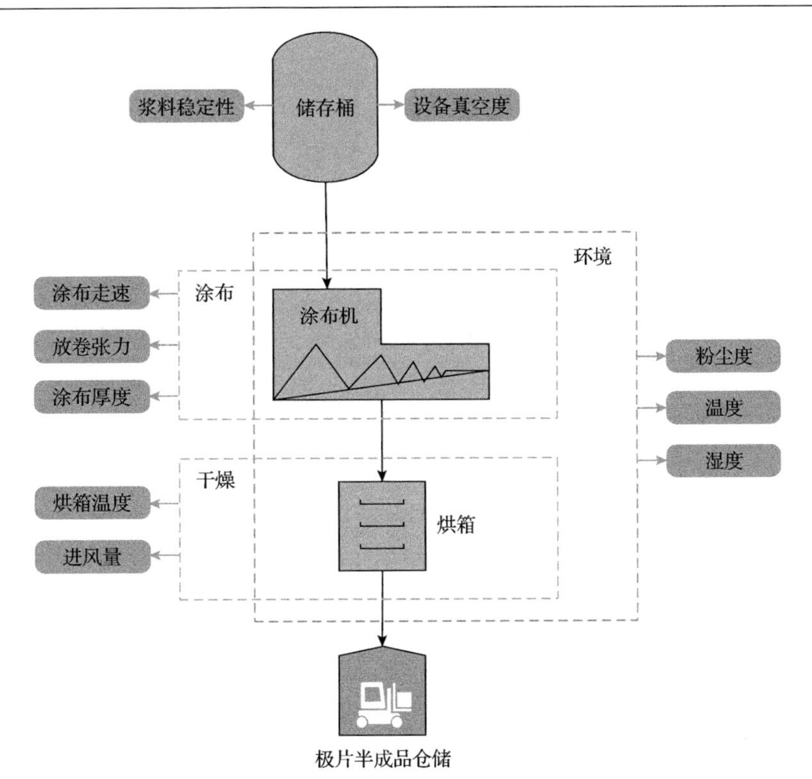

图 6.6　涂布工序和关键信息点采集

涂布工序对应的设备名称如表 6.7 所示。

表 6.7　涂布工序对应的设备名称

序号	工序	设备名称	数量
1	涂布	正极涂布机	2 套
		N-甲基吡咯烷酮回收系统	
		负极涂布机	

在该环节中，涂布机的各种运行工况是需要监控测量的，需要采集的数据如表 6.8 所示。

表 6.8　涂布工序需要采集的数据

序号	工站编码	序号	工站编码
1	线速_MAX	5	减速时间
2	线速_MIN	6	急减时间
3	运行速度	7	涂布速度
4	加速时间	8	牵引速度

续表

序号	工站编码	序号	工站编码
9	倒带速度	39	机头 1-2_供料设定泵速
10	同步速度	40	机头 1-2_点胶设定泵速
11	收卷计米长度	41	机头 1-2_涂布左间隙
12	毛刷速比_HMI	42	机头 1-2_涂布右间隙
13	涂布烘烤温度(A1-A8 节烘烤箱)	43	收卷 1-2_锥度起始直径
14	涂布烘烤鼓风(A1-A8 节烘烤箱)	44	收卷 1-2_锥度张力系数
15	涂布烘烤鼓频(A1-A8 节烘烤箱)	45	收卷 1-2_锥度曲线类型
16	涂布烘烤抽风(A1-A8 节烘烤箱)	46	急停故障
17	涂布烘烤抽频(A1-A8 节烘烤箱)	47	急停故障_放卷
18	涂布 N-甲基吡咯烷酮浓度(A1-A4 节烘烤箱)	48	急停故障_收卷 1-2
19	N-甲基吡咯烷酮设定上限浓度(A1-A4 节烘烤箱)	49	急停故障_机头 1-2
20	N-甲基吡咯烷酮设定报警浓度(A1-A4 节烘烤箱)	50	急停故障_牵引 1-3
21	涂布烘烤温度(B1-B8 节烘烤箱)	51	气源压力故障_机头 1-2
22	涂布烘烤鼓风(B1-B8 节烘烤箱)	52	拉线开关故障_放卷
23	涂布烘烤鼓频(B1-B8 节烘烤箱)	53	拉线开关故障_收卷 1-2
24	涂布烘烤抽风(B1-B8 节烘烤箱)	54	放卷 A/B 驱动故障
25	涂布烘烤抽频(B1-B8 节烘烤箱)	55	收卷 1A-1B 驱动故障
26	涂布 N-甲基吡咯烷酮浓度(B1-B4 节烘烤箱)	56	收卷 2A 驱动故障
27	N-甲基吡咯烷酮设定上限浓度(B1-B4 节烘烤箱	57	收卷 2B 驱动故障
28	N-甲基吡咯烷酮设定报警浓度(B1-B4 节烘烤箱)	58	涂辊 1-2 驱动故障
29	放卷张力实时值	59	牵引 1-3 驱动故障
30	放卷张力设定值	60	爬坡驱动故障
31	牵引 1-3 张力实时值	61	过辊 1_1、1_2、1_3 驱动故障
32	牵引 1-3 张力设定值	62	过辊 2_1、2_2、2_3 驱动故障
33	收卷 1-2 张力实时值	63	放卷摆辊上限故障
34	收卷 1-2 张力设定值	64	牵引 1 摆辊上限故障
35	机头 1-2_涂布压力	65	涂辊 2 摆辊上限故障
36	机头 1-2_回流压力	66	牵引 2 摆辊上限故障
37	机头 1-2_供料压力	67	牵引 3 摆辊上限故障
38	机头 1-2_点胶压力	68	收卷 1 摆辊上限故障

续表

序号	工站编码	序号	工站编码
69	收卷2摆辊上限故障	96	收卷1B卷径过大故障
70	放卷张力上限故障	97	收卷2A卷径过大故障
71	牵引1张力上限故障	98	收卷2B卷径过大故障
72	涂辊2张力上限故障	99	机头1压辊未夹紧警告
73	牵引2张力上限故障	100	机头2压辊未夹紧警告
74	牵引3张力上限故障	101	牵引1压辊未夹紧警告
75	收卷1张力上限故障	102	牵引2压辊未夹紧警告
76	收卷2张力上限故障	103	牵引3压辊未夹紧警告
77	放卷摆辊下限故障	104	鼓风变频故障1_1-1_8
78	牵引1摆辊下限故障	105	鼓风变频故障2_1-2_8
79	涂辊2摆辊下限故障	106	抽风变频故障1_1-1_8
80	牵引2摆辊下限故障	107	抽风变频故障2_1-2_8
81	牵引3摆辊下限故障	108	烘烤箱高温报警1_1-1_8
82	收卷1摆辊下限故障	109	烘烤箱高温报警2_1-2_8
83	收卷2摆辊下限故障	110	温度超上限警告1_1-1_8
84	放卷张力下限故障	111	温度超上限警告2_1-2_8
85	牵引1张力下限故障	112	烘烤箱低温报警1_1-1_8
86	涂辊2张力下限故障	113	烘烤箱低温报警2_1-2_8
87	牵引2张力下限故障	114	温度低下限警告1_1-1_8
88	牵引3张力下限故障	115	温度低下限警告2_1-2_8
89	收卷1张力下限故障	116	发热包超温报警1_1-1_8
90	收卷2张力下限故障	117	发热包超温报警2_1-2_8
91	放卷A轴初始卷径故障	118	烘烤箱浓度一级警告1_1-1_4
92	放卷B轴初始卷径故障	119	烘烤箱浓度二级故障1_1-1_4
93	放卷A轴卷径过小故障	120	烘烤箱浓度一级警告2_1-2_4
94	放卷B轴卷径过小故障	121	烘烤箱浓度二级故障2_1-2_4
95	收卷1A卷径过大故障		

5. 辊压和分切工序数据采集方案设计

辊压是利用辊压机对极片进行对辊，得到基础的极片。切片是将大尺寸的电池材料切成小尺寸的材料，以便后续的电池组装。辊压和分切工序及关键信息点采集如图6.7所示。

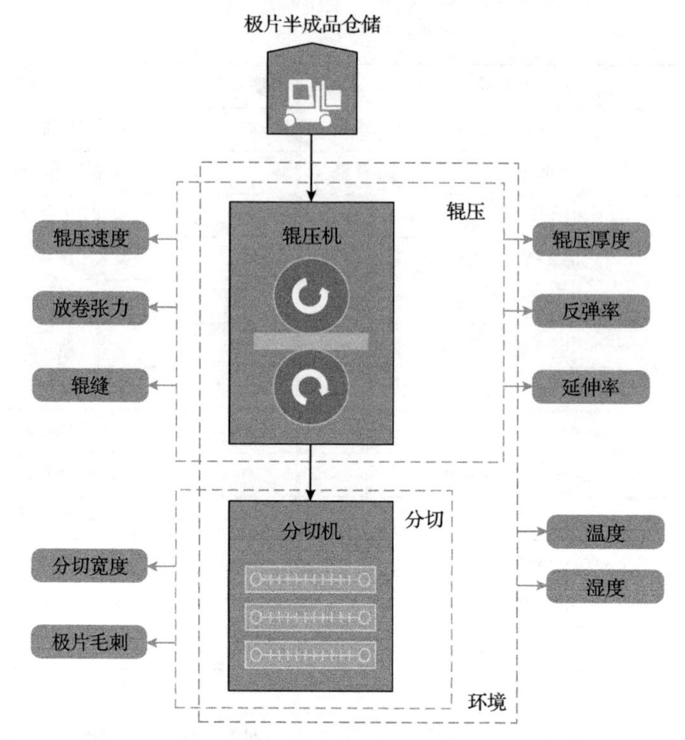

图 6.7　辊压和分切工序及关键信息点采集

辊压和分切工序对应的设备名称如表 6.9 所示。

表 6.9　辊压和分切工序对应的设备名称

序号	工序	设备名称	数量
1	辊压	正极辊压机	2 套
		负极辊压机	
2	分切	正极分切机(含边角料粉碎，视觉检测)	2 套
		负极分切机(含边角料粉碎，视觉检测)	

辊压工序需要采集的数据如表 6.10 所示。

表 6.10　辊压工序需要采集的数据

序号	工站编码	序号	工站编码
1	辊压速度	4	轧辊传动侧辊缝
2	轧辊操作侧轧制力	5	轧辊操作侧辊缝
3	轧辊传动侧轧制力	6	前拉伸张力

续表

序号	工站编码	序号	工站编码
7	后拉伸张力	12	收卷卷径
8	放卷张力	13	辊压开始时间
9	收卷张力	14	辊压结束时间
10	辊压米数	15	设备状态
11	放卷卷径	16	报警信息

分切工序需要采集的参数如表 6.11 所示。

表 6.11　分切工序需要采集的数据

序号	工站编码	序号	工站编码
1	分条速度	8	分切开始时间
2	放卷张力	9	分切结束时间
3	收卷张力	10	分切长度
4	收卷锥度	11	切刀使用长度
5	分切米数	12	设备状态
6	放卷卷径	13	报警信息
7	收卷卷径		

6. 装配工序数据采集方案设计

在圆柱形电池制造过程中，装配主要完成卷绕、注液、入壳、封口等一系列工序。经过分切的正负极片和隔膜进入全自动卷绕机后，通过卷绕的方式组合成裸电芯，配备的视觉检测设备可以实现自动检测和校正，防止卷绕过程中出现错位。随后将电解液注入电池芯内部，填充电池内部空隙，并确保正负极之间有足够的电解液。接着，将电池芯放入外壳中，进行封装封接工序，确保电池内部不泄漏，并具有良好的密封性。装配工序和关键信息点采集如图 6.8 所示。

装配工序对应的设备名称如表 6.12 所示。

7. 化成和分容工序数据采集方案设计

化成是通过对电池进行一定的充放电循环，使电池内部的电解质和电极材料充分活化，以提高电池性能和稳定性。先将组装好的电池进行初次充电，通常会进行一定的充电循环，以激活电池内部的材料，并使电池各部分均匀充满电量。在初次充电后，会进行一定的放电循环，以消除电池内部的一些不稳定因素。在

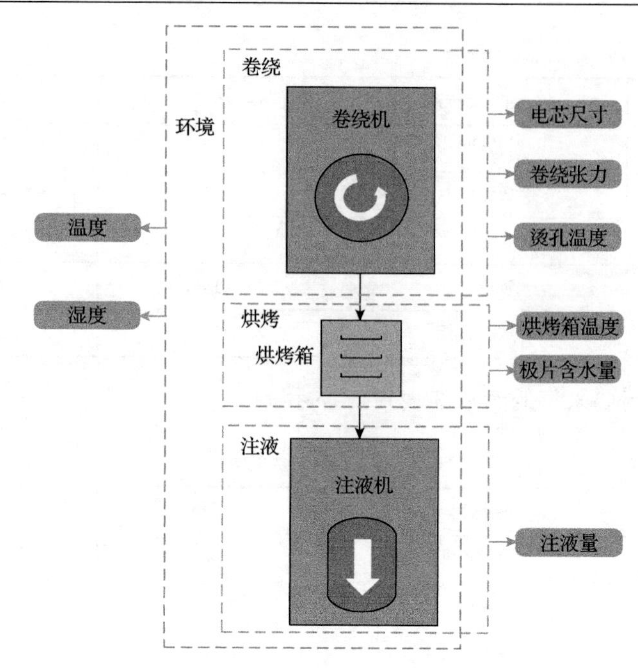

图 6.8　装配工序和关键信息点采集

表 6.12　装配工序对应的设备名称

序号	工序	设备名称	数量
1	模切	正极模切机和负极模切机	4 台
2	卷绕	卷绕机	4 台
3	预热	预热隧道炉	1 套
4	入壳、封口	热压机	1 套
		超声波焊接机	
		转接片激光焊接机	
		包膜机	
		入壳预点焊机	
		激光满焊机	
		一次氦检机	
5	烘烤	上料组盘工位及上料机器人	1 个
		烘烤箱	6 个
		真空泵	2 个
		搬运系统大机器人	1 个

续表

序号	工序	设备名称	数量
5	烘烤	冷却炉和冷凝器	1 个
6	一次注液	注液机	1 个

电池化成过程中，会对电池的容量、内阻等参数进行检测和记录，以确保电池符合规定的性能指标。在化成结束后，需要对组装好的电池进行电性能测试，包括电压、容量、内阻等参数。根据电性能测试结果，将电池分为不同的容量等级（通常会有高容量、中容量和低容量等级），将不同容量等级的电池标记分类，以便后续在生产和销售过程中进行区分。

化成和分容工序对应的设备名称如表 6.13 所示。

表 6.13　化成和分容工序对应的设备名称

序号	工序	设备名称	数量
1	化成和分容	预充机	4 台
		高温含浸库位	1250min
		负压化成	90min
		高温老化库位	1050min
		二次注液	1 次
		密封钉焊接	1 次
		负压氦检	1 次
		分容	30 级
		常温静置	1600
		补电	10 次
		开路电压	4 次
		直流内阻	1 次
		插钉机	1 台
		拔钉机	1 台
		分选机	1 台
		物流（化成和分容）	1 次

8. 工序操作数据集成

工序操作数据是制造过程中各工序的报工操作数据、质检数据、消息数据、首检/巡检数据、出入库数据等，这些数据都是由工序操作员通过开发的终端软件结合扫描枪进行采集的。各工序业务采集的步骤和数据内容详见图 6.9～图 6.12。

采集到的制造过程数据需要与 MES 进行实时交互，故需要对其进行数据集成。本章搭建的智能工厂采用超文本传输协议(hyper text transfer protocol, HTTP)的方式实现工序操作数据与 MES 平台的无缝集成，根据集成需求开发 HTTP 服务应用程序，并提供对外统一资源定位器(uniform resource locator, URL)接口，终端软件只需通过 URL 的方式访问应用服务即可实现数据的交互。

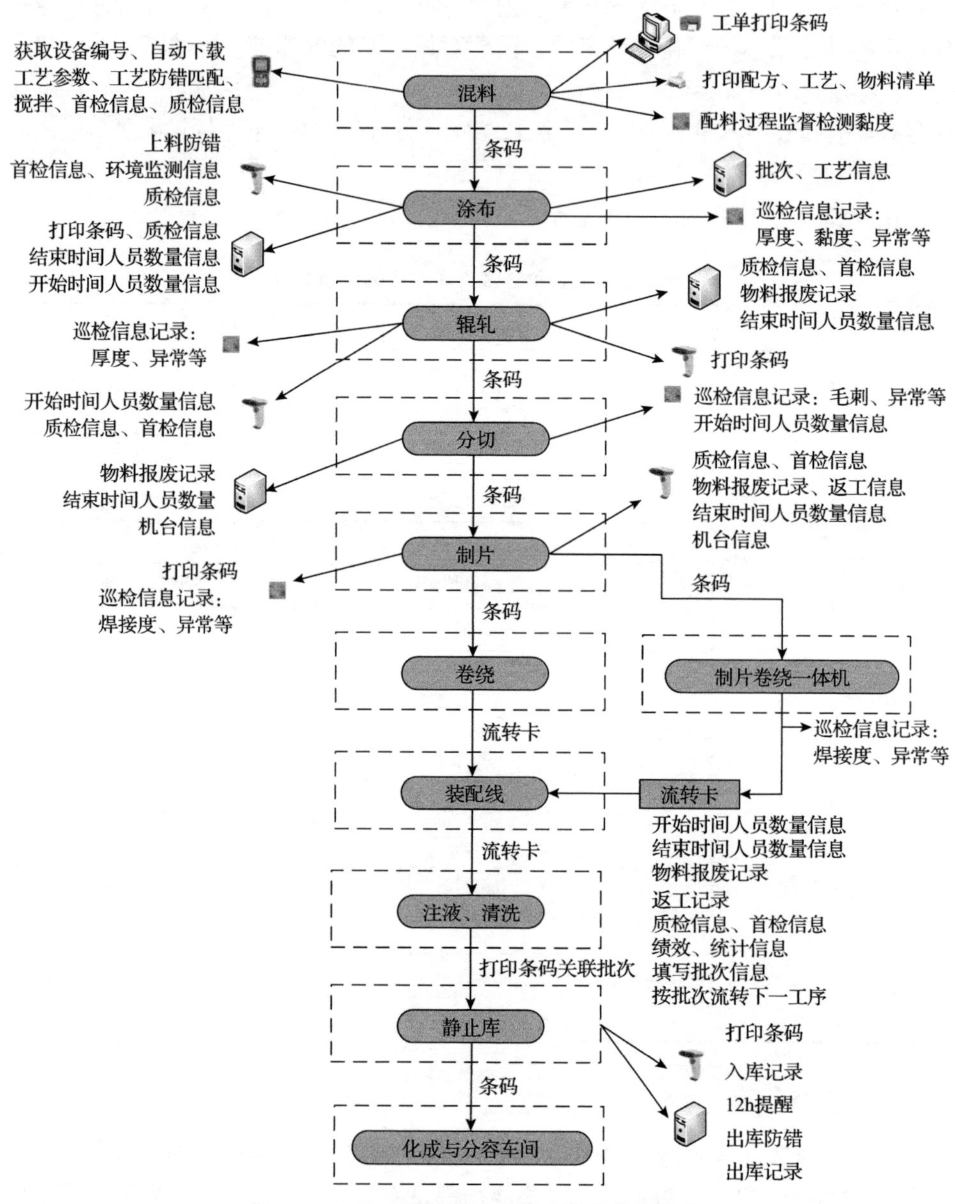

图 6.9　电芯工序业务采集的步骤和数据内容

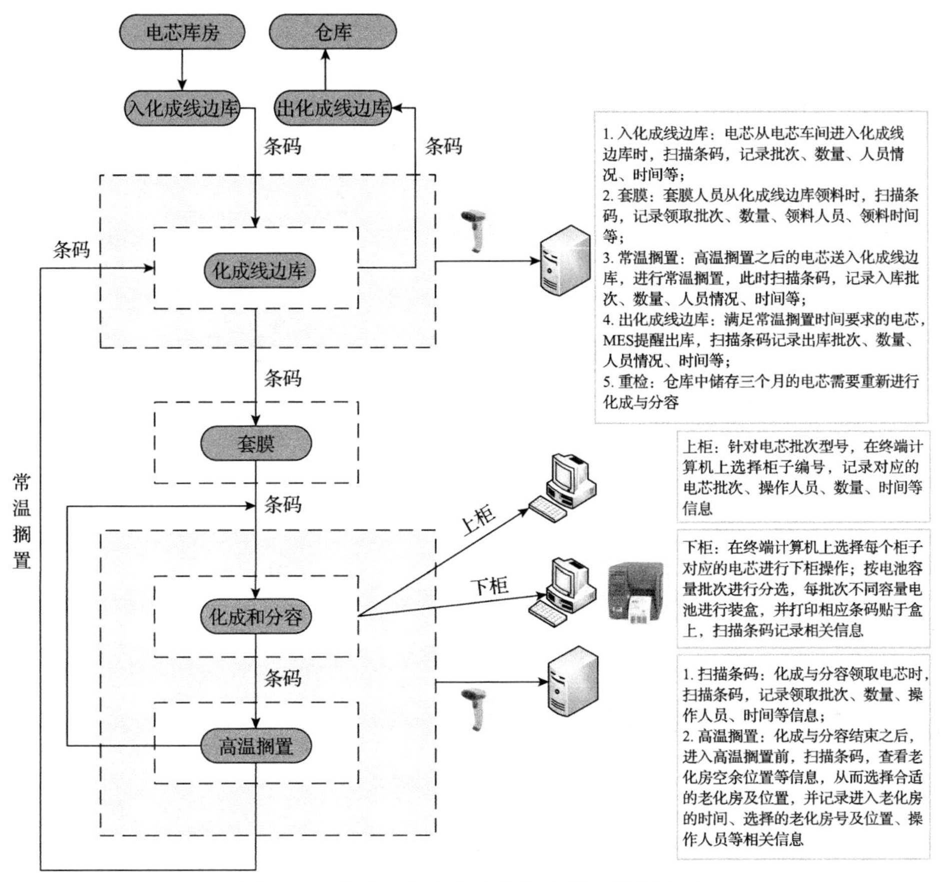

图 6.10　化成工序业务采集的步骤和数据内容

6.2.2　智能工厂设备布局与选型

1. 智能工厂设备布局

参照上述涉及的设备数量与设备型号，依据厂房大小与电池生产流程进行合理布局，做到电池生产流程合理、生产顺序完备、符合电池生产工序，合理安排人工作业通道与作业活动空间。

正负极配料车间布局如图 6.13 所示。正极配料车间与负极配料车间紧邻，方便相同物料运输与相关物料进入下一生产阶段的运行，车间通过传送带运输物料，正负极物料进入上料阶段，采用全自动机器上料，进入搅拌罐。

正极搅拌车间与负极搅拌车间紧邻，中间设有员工作业流通门，搅拌车间布局如图 6.14 所示。

物料随传送带进入下一车间进行涂布，完成后进行烘干。涂布车间布局如图 6.15 所示。

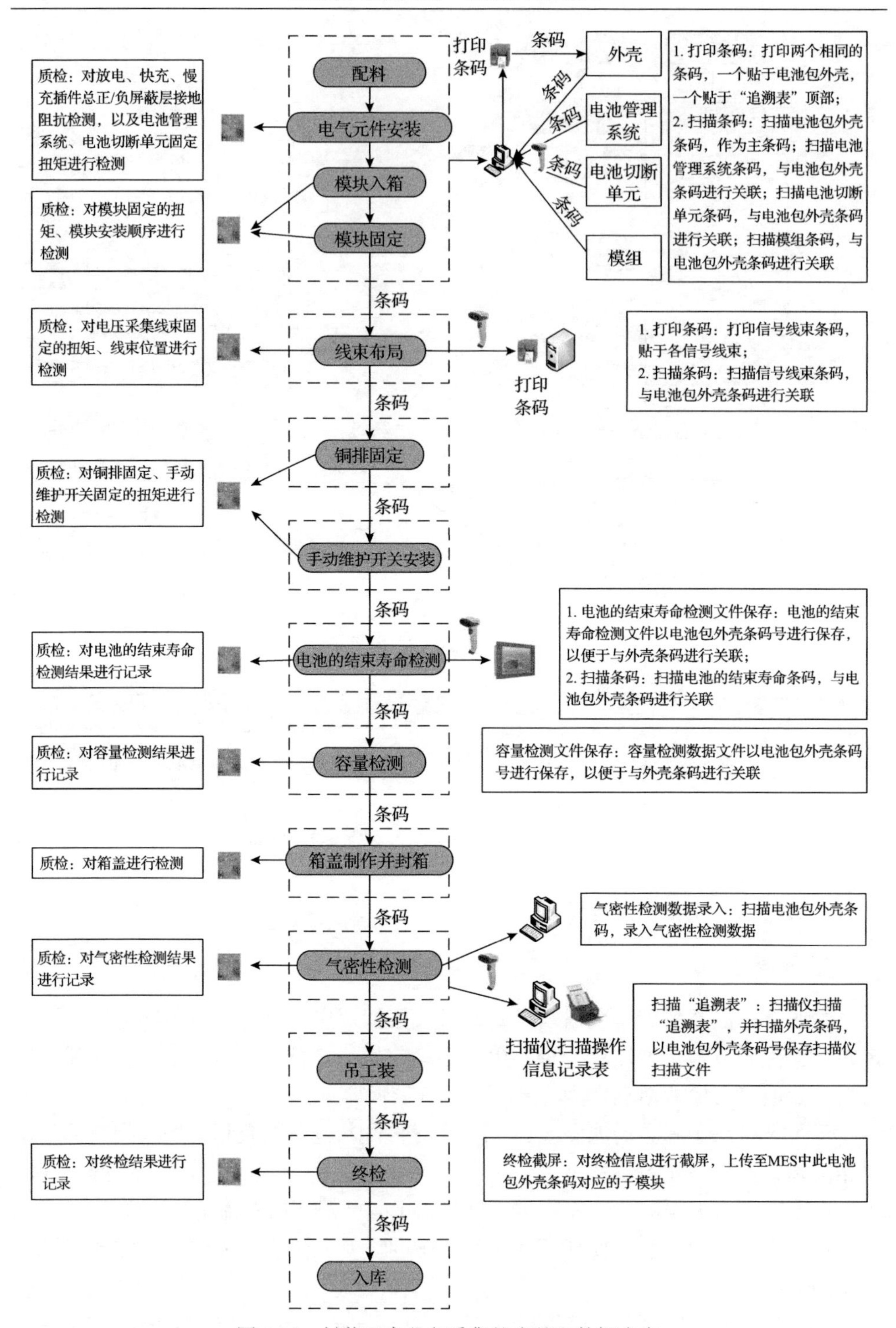

图 6.11　封装工序业务采集的步骤和数据内容

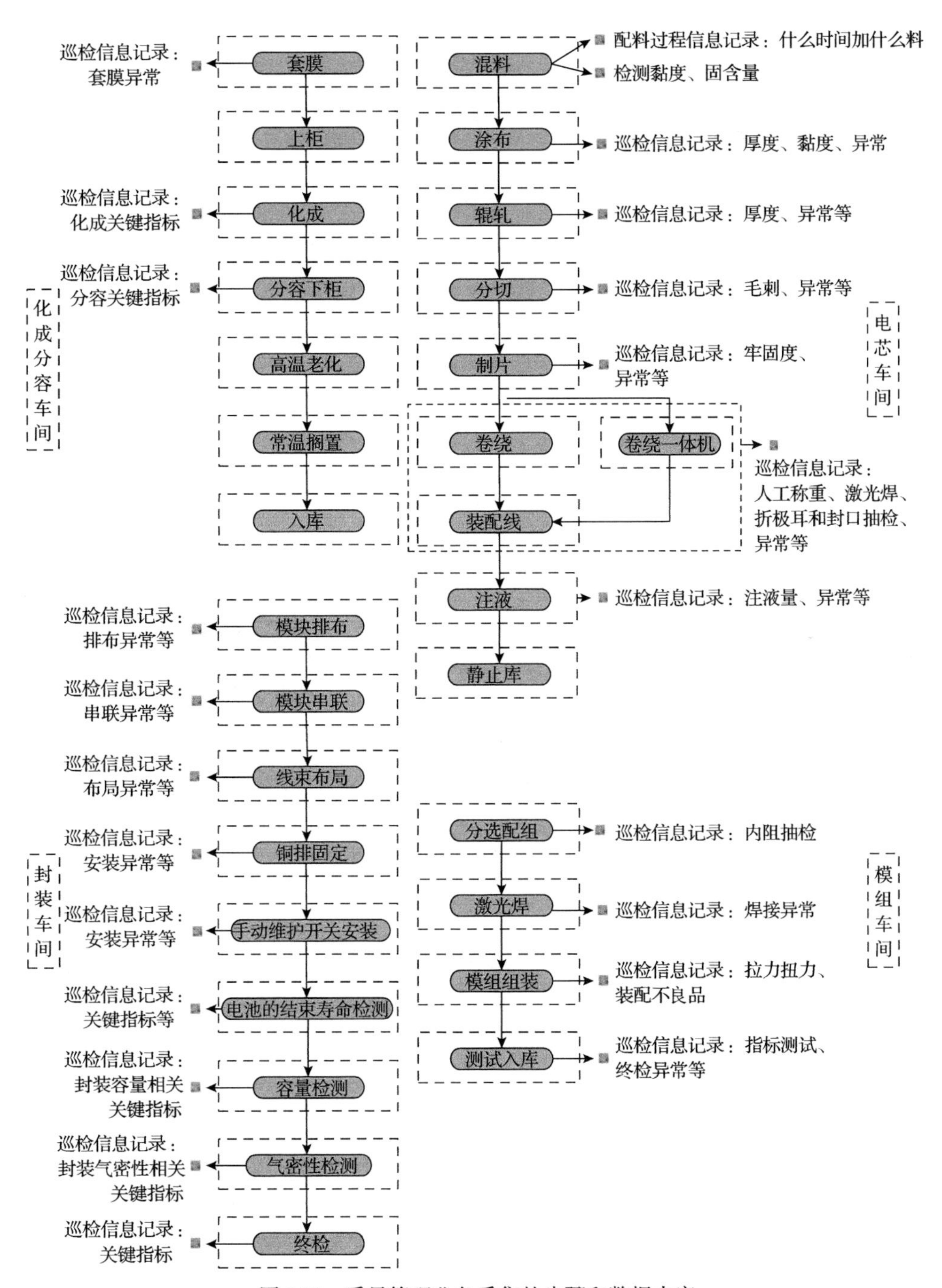

图 6.12　质量管理业务采集的步骤和数据内容

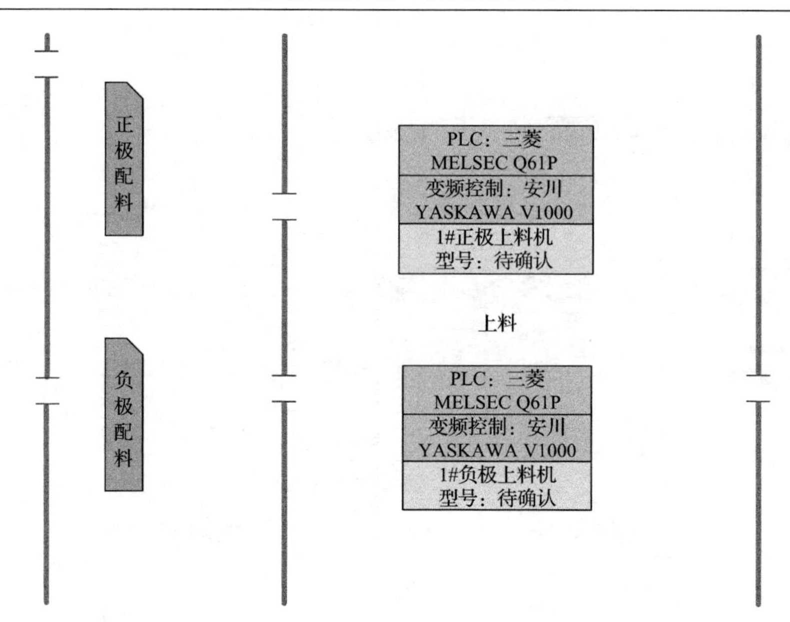

图 6.13　正负极配料车间布局

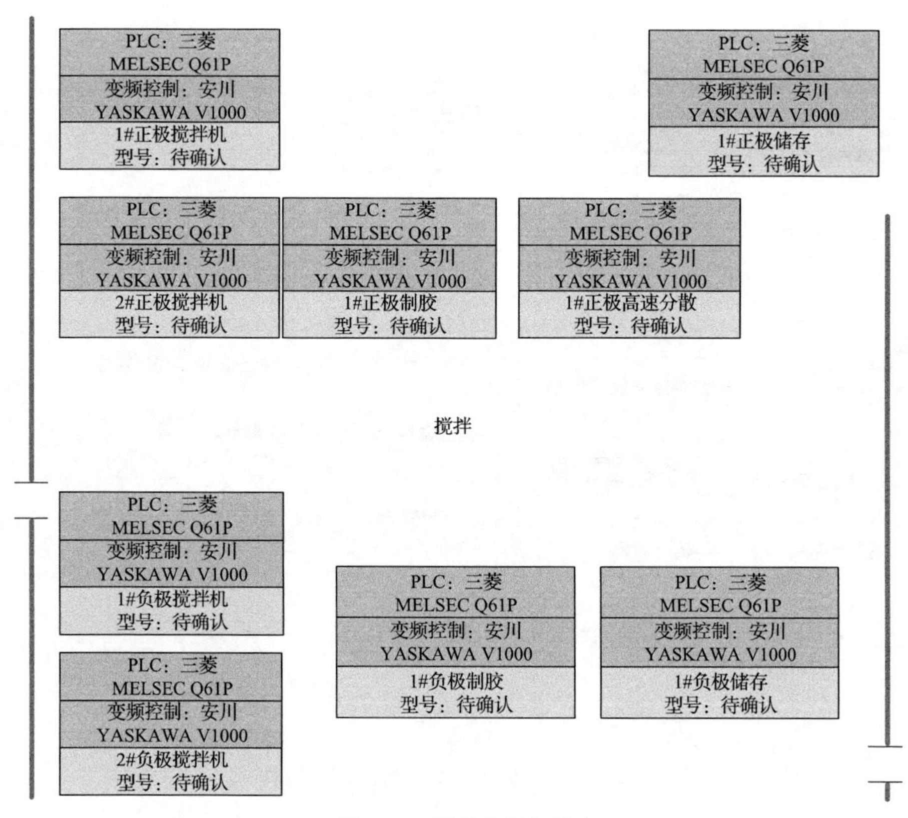

图 6.14　搅拌车间布局

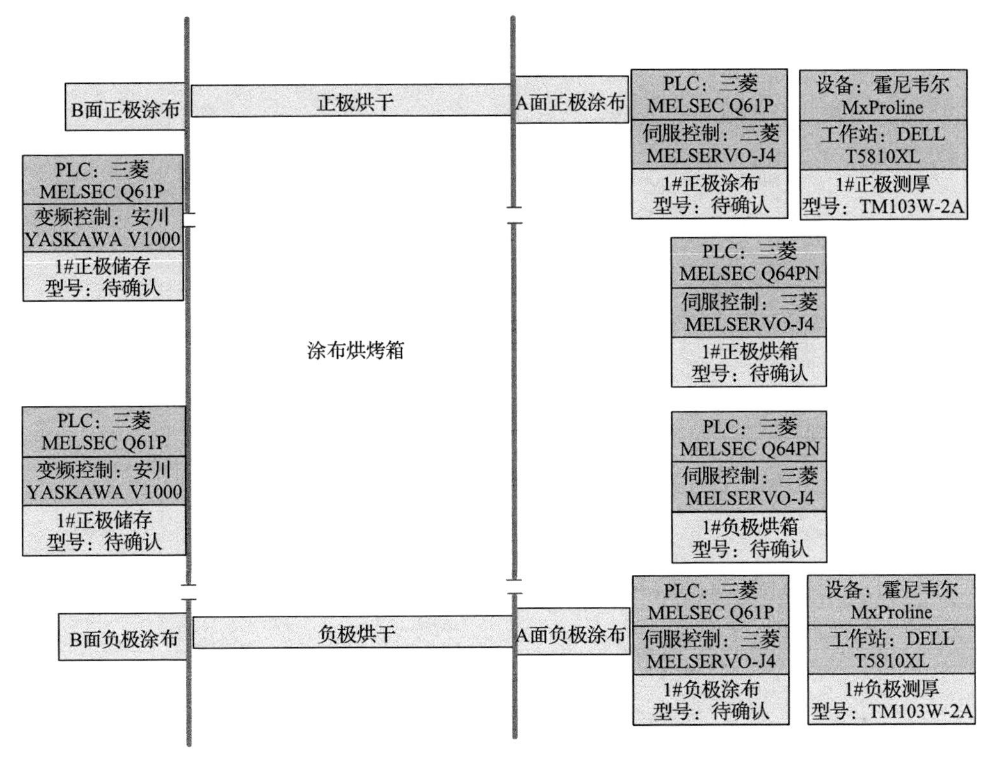

图 6.15 涂布车间布局

涂布和辊压装置放置在同一车间，涂布完毕后的物料直接进入辊压机辊压，在达到设计的辊压长度后，机器自动剪切，保留极片制备原料。辊压与分切车间布局如图 6.16 所示。

在极片放置后，进入分切车间，依据极片尺寸要求分割极片原料，进入冲片阶段，制备好的极片进入烘烤箱，烘干至设定的时间。冲片与烘干车间布局如图 6.17 所示。

进入叠片车间，依据叠片数量进行合理安排，结束后进行称重，之后进行电池的封包、注液。叠片车间布局如图 6.18 所示。

进入化成柜，进行高温老化，高温车间之间设置隔温门，以防止常温与高温串接，保证化成的合理进行。

2. 生产设备选型

车间主要完成动力锂电池电芯的生产，包括制浆、涂布、辊压、分条、制片、叠片、化成、分容和模组装配等工序。采用自主设计和开发的具有国内先进水平的自动化设备，关键设备由企业与设备供应商联合研制，主要包括全自动分散机、挤压模头涂布机、极片连续辊压机、全自动焊接制片机、连续自动分条机、

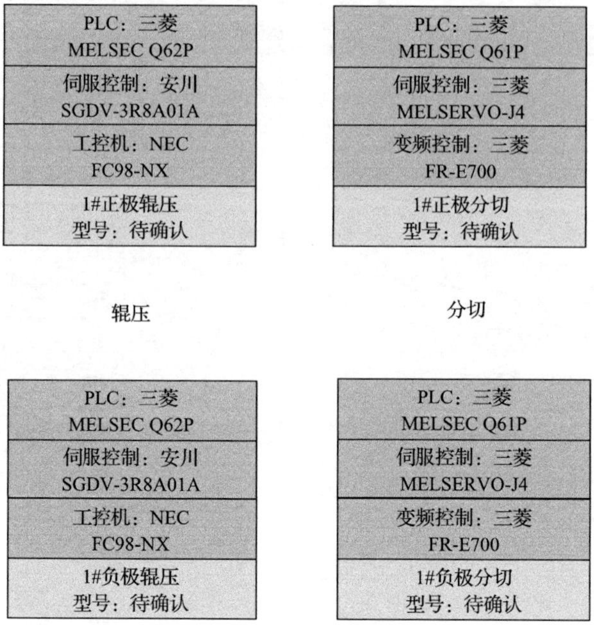

PLC：三菱
MELSEC Q62P
伺服控制：安川
SGDV-3R8A01A
工控机：NEC
FC98-NX
1#正极辊压
型号：待确认
PLC：三菱
MELSEC Q61P
伺服控制：三菱
MELSERVO-J4
变频控制：三菱
FR-E700
1#正极分切
型号：待确认
辊压
分切
PLC：三菱
MELSEC Q62P
伺服控制：安川
SGDV-3R8A01A
工控机：NEC
FC98-NX
1#负极辊压
型号：待确认
PLC：三菱
MELSEC Q61P
伺服控制：三菱
MELSERVO-J4
变频控制：三菱
FR-E700
1#负极分切
型号：待确认

图 6.16　辊压与分切车间布局

工控机：定制计算机
专用控制器：泰道
POWER PMAC 465 CPU
伺服控制：安川
SGDV-180A01A
变频控制：三菱
FR-E700
2#负极冲片
型号：MPNC-1622-180A
工控机：定制计算机
专用控制器：泰道
POWER PMAC 465 CPU
伺服控制：安川
SGDV-180A01A
变频控制：三菱
FR-E700
1#负极冲片
型号：MPNC-1622-180A
冲片
烘烤箱
工控机：定制计算机
专用控制器：泰道
POWER PMAC 465 CPU
伺服控制：安川
SGDV-180A01A
变频控制：三菱
FR-E700
2#正极冲片
型号：MPNC-1622-180A
工控机：定制计算机
专用控制器：泰道
POWER PMAC 465 CPU
伺服控制：安川
SGDV-180A01A
变频控制：三菱
FR-E700
1#正极冲片
型号：MPNC-1622-180A

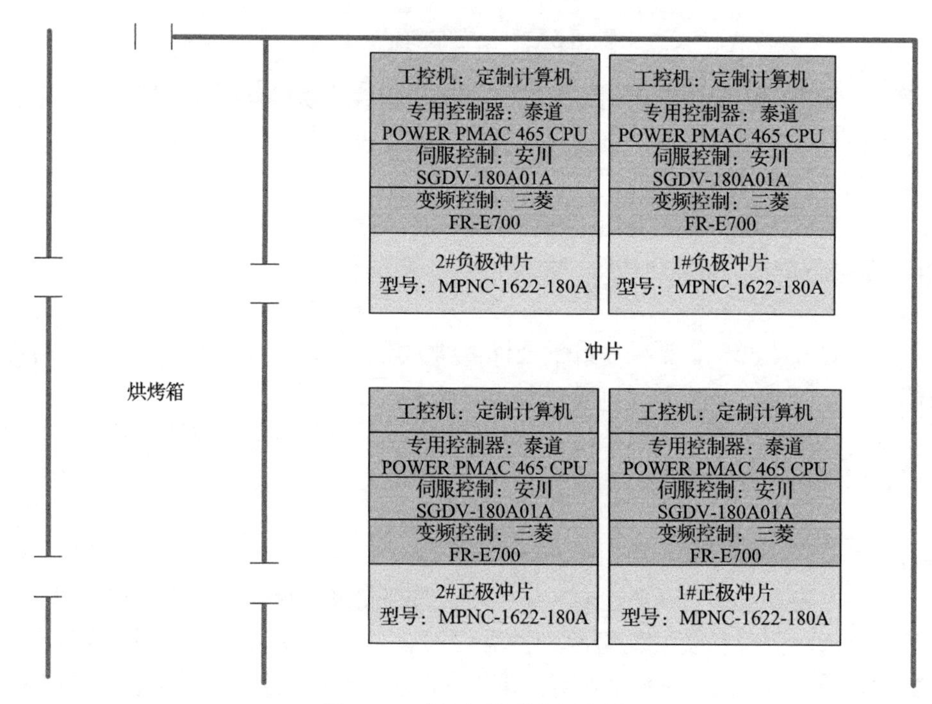

图 6.17　冲片与烘干车间布局

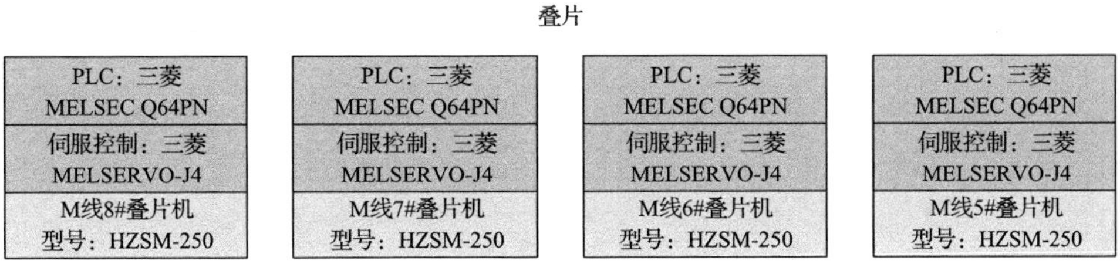

叠片

PLC：三菱 MELSEC Q64PN	PLC：三菱 MELSEC Q64PN	PLC：三菱 MELSEC Q64PN	PLC：三菱 MELSEC Q64PN
伺服控制：三菱 MELSERVO-J4	伺服控制：三菱 MELSERVO-J4	伺服控制：三菱 MELSERVO-J4	伺服控制：三菱 MELSERVO-J4
M线8#叠片机 型号：HZSM-250	M线7#叠片机 型号：HZSM-250	M线6#叠片机 型号：HZSM-250	M线5#叠片机 型号：HZSM-250

图 6.18　叠片车间布局

圆柱全自动叠片机、全自动装配生产线、电池组自动焊接机等工艺设备，以及自动测厚仪、锂电池组综合测试仪、电压内阻自动分选配组机等检测试验设备，并配备供配电、给排水等公用工程设备。

6.2.3　智能工厂数据采集与通信

1. 多源异构网络高效接入技术

本节针对锂电池生产线多源异构设备入网方式不灵活、竞争冲突严重和资源利用率低等接入效率过低的问题，研究了多源异构网络高效接入技术。基于锂电池生产线多源异构设备(包括涂布机、极板短路测试仪等)的网络接入能力、传输数据量与质量需求等接入指标，设计了多源异构设备接入技术选择方案，实现设备接入方式的自适应选择；针对锂电池生产线大量设备同一时刻接入请求，提出了基于排队论与马尔可夫链的接入冲突控制方案，有效减少了设备之间的接入冲突，实现了多源异构设备的可靠接入；针对锂电池生产线设备数据传输时延、速率等需求，优化功率、频谱等传输资源配置，提出了基于深度学习的传输资源分配方案，实现了多源异构设备的高效接入。多源异构网络高效接入技术如图 6.19 所示，其中，多源异构设备的网络包括第二代移动通信技术(2nd generation mobile communication technology, 2G)网络、第三代移动通信技术(3rd generation mobile communication technology, 3G)网络、第四代移动通信技术(4th generation mobile communication technology, 4G)网络、5G 网络、低功耗广域网络(low- power wide-area network, LPWAN)、远距离无线电(long range radio, LoRa)网络、局域网(local area network, LAN)、无线通信技术(wireless fidelity, Wi-Fi)网络。

2. 电池生产关键设备与核心工艺数据采集

针对锂电池生产制造过程中产生的文本(设备运行监控日志等)、图像(极片分切图像等)、时序数据(关键工艺参数、设备状态运行数据、化成中的电压与电流等)等异构数据体量大、类型多样化、数据来源广泛化、协议多样性等特点，从实际业务需求出发，研究出基于企业服务总线(enterprise service bus, ESB)的锂电池

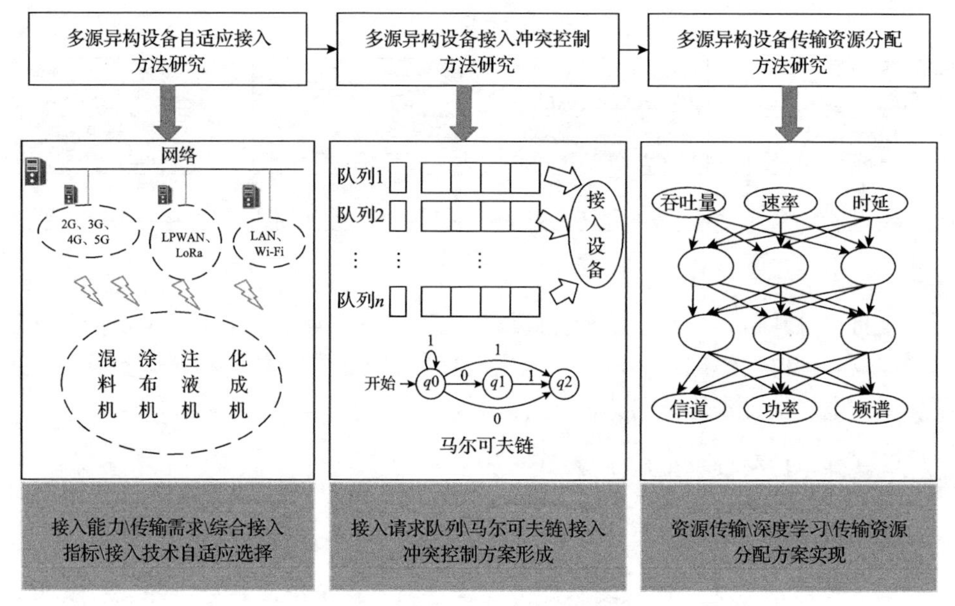

图 6.19　多源异构网络高效接入技术

生产制造过程(包括混料、涂布、装配、注液、化成等)多源异构数据获取方法，实现了多源异构数据的高效、高并发、实时采集。针对获取的电池生产制造过程的数据来源不同、类型多样、属性复杂等特点，研究出基于标记法的数据预处理技术，通过统一规范可扩展标记语言(extensible markup language, XML)来唯一标识异构数据的来源、类型、结构等属性，实现对获取的异构数据的预处理操作。针对电池制造过程中海量多源异构数据存储分散、结构多样化、互操作性差等问题，研究出基于中间件的多源异构数据集成技术，通过建立基于 XML 技术的中间件，将多源异构数据通过网络转换到中间件中进行交互和处理，向下连接各异构数据库系统，向上为外部用户和访问接口提供统一的全局模式，实现多源异构数据的集成和数据共享。研究制定出基于边缘智能技术的关键设备全工艺数据采集相关行业/企业标准，对关键设备全工艺数据采集的数据格式和结构、采集内容和要求、数据采集与更新技术等进行规范。面向多源异构的电池生产关键设备与核心工艺数据采集内容如图 6.20 所示。

3. 多元异构数据采集

对锂电池生产线进行设备组建时，会综合考虑生产工艺特点、部署成本和产品需求等因素，但由于采购的生产设备涉及国内外多家厂商，众多厂商缺乏统一的通信协议与数据标准，同时存在制造系统复杂、设备数量多、数据通信缺少规范标准、多源异构数据类型导致通信效率低、数据平台管理困难等问题，严重阻碍了设备之间的数据交换和信息集成。

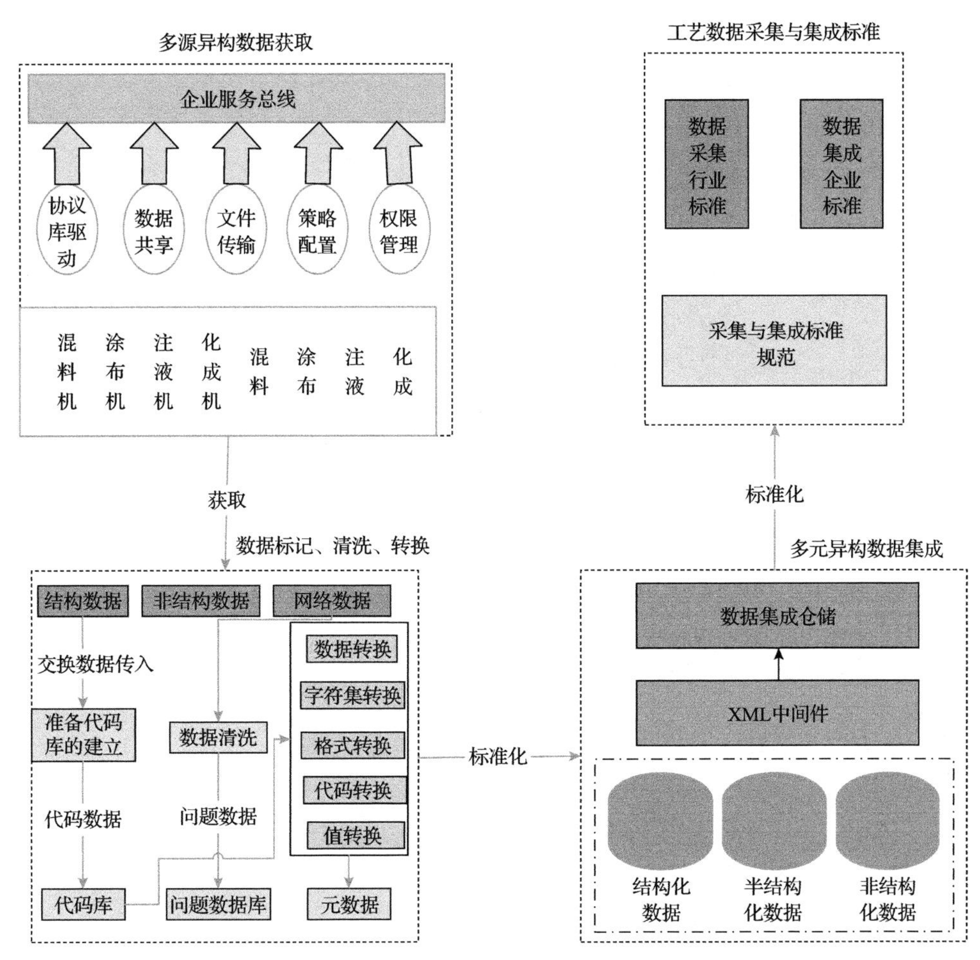

图 6.20　面向多源异构的电池生产关键设备与核心工艺数据采集内容

智能工厂中的开放平台通信-统一架构(open platform communication-unified architecture, OPC-UA)可以解决不同厂商设备和应用程序之间的数据交互问题，使用统一的方式去访问不同设备厂商的产品数据。可以设计基于 OPC-UA 的锂电池数字化车间模型，开发统一数据采集平台，制定电池制造生产线数据通信标准规范。该模型包含静态数据、动态数据、过程方法三类子模型，子模型之间的设置可相互引用，从抽象角度考虑，车间构成包括组织模块、生产模块和业务模块，组织模块包括车间的架构、设备、基础设施等，负责人员管理、设备运行状态监控、运维等；业务模块包含生产调度、质量检验、设备维护、现场操作等；生产模块主要完成这些业务的各种资源管理，如加工设备、原料、半成品、工装辅具等。电芯生产车间涂布工序的 OPC-UA 模型如图 6.21 所示。

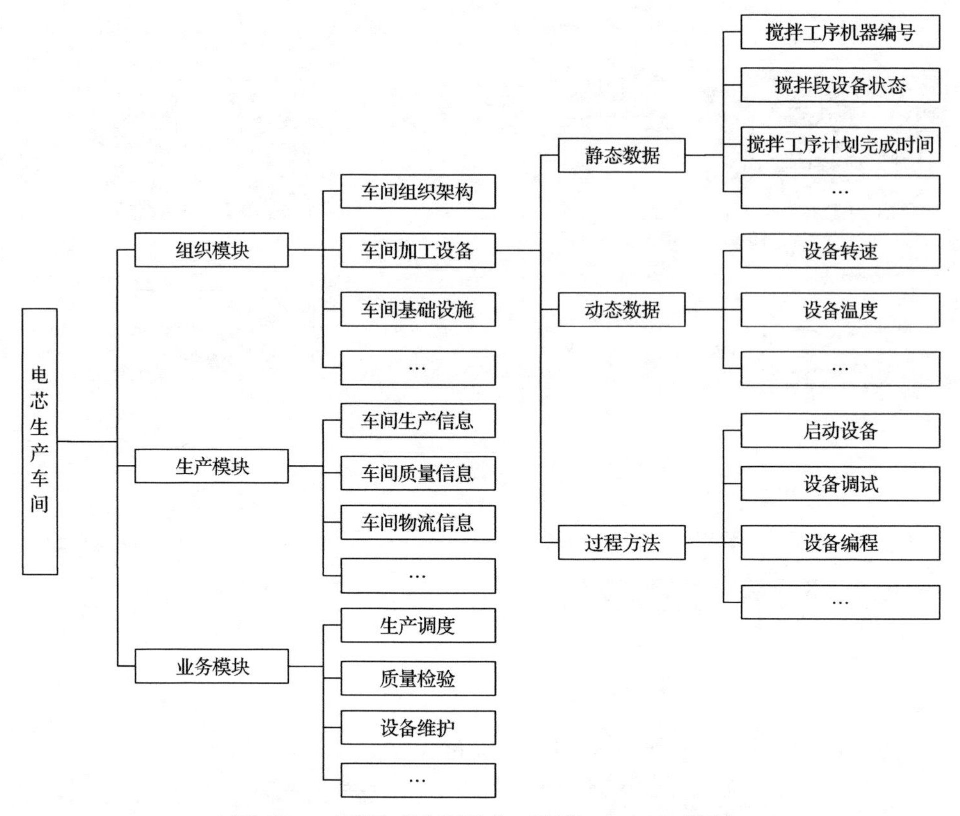

图 6.21　电芯生产车间涂布工序的 OPC-UA 模型

4. NB 通信模块设计

锂电池生产工厂大量的机器设备和传感器部署是典型的超可靠低时延通信(ultra-reliable and low latency communications, uRLLC)场景，为提高智能工厂设计的便捷性和拓展性，同时满足对自动化生产过程数据传输的实时性和可靠性要求，设计基于 5G 的工厂设备互联通信系统，可以在保证一定传输速率和可靠性的前提下，扩大连接规模，同时传输海量生产信息。在搅拌机、涂布机、分切机、卷绕机、注液机等关键生产设备上加装 5G 通信模组，机器设备采集到生产信息后，5G 通信模组通过标准连接线读取该数据，经过调制后将信号发射到车间的基站中，经过基站传输到服务器。端层数据采集如图 6.22 所示。

在锂电池生产工厂中存在较多设备与设备之间进行通信的场景，例如，经过混料、涂布、叠片、分切等流程后生产出的半成品，需要经过传送设备无人搬运小车(automated guided vehicle, AGV)的运输，因此生产设备和运输设备之间、不同运输设备之间需要进行通信。在连接紧密的工艺中，如辊压和分切，极片材料在经过辊压后需要在规定工艺时间内完成切片，因此辊压机和分切机之间也需要

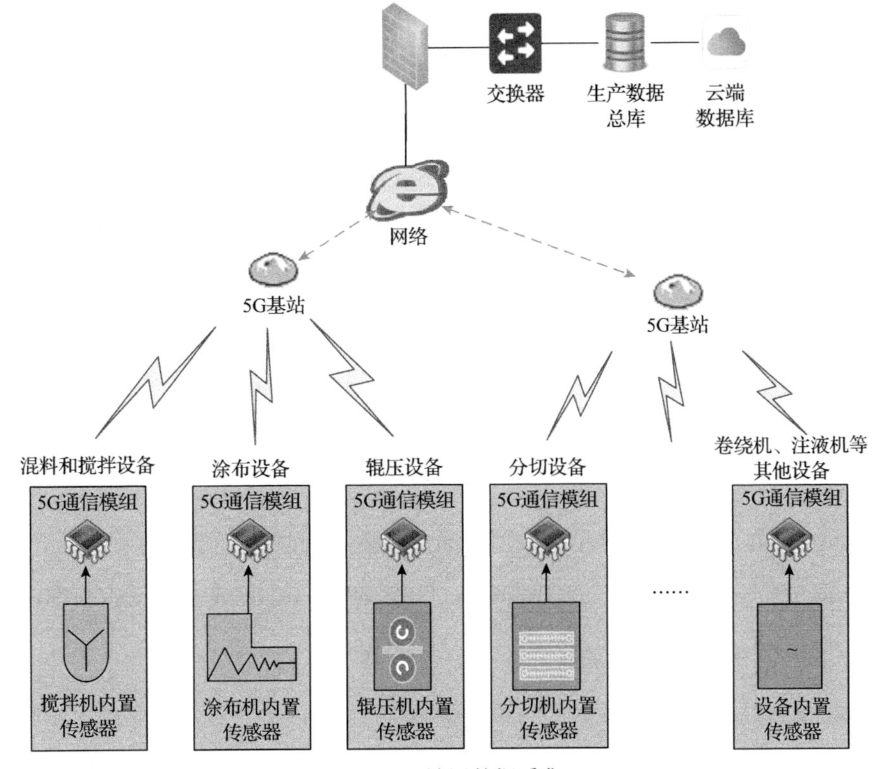

图 6.22　端层数据采集

进行数据传输、协调生产进程，传统的无线通信技术在遇到该情况时，是以基站为中转，采用终端-基站-终端的通信模式，不仅在传输上会产生一定延时，也增加了基站的负担，而采用终端-终端的通信模式，可在节省频谱资源的同时，增加通信方式的灵活性，满足上述场景中设备间直接通信的需求。

带有设备到设备(device-to-device, D2D)功能的通信网络结构如图 6.23 所示。

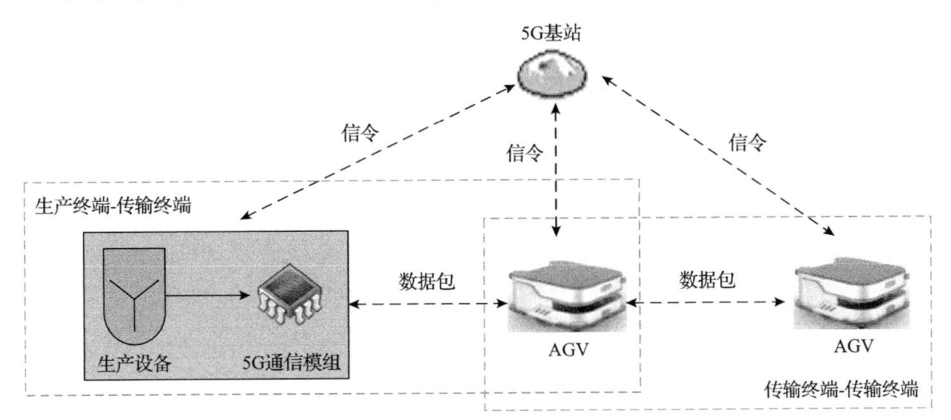

图 6.23　带有 D2D 功能的通信网络结构

终端向基站发出 D2D 通信的请求，基站收到请求后将终端的通信模式切换成 D2D 连接模式，两个终端之间不需要基站中转就可以直接进行通信。

5. 电池生产线数据通信技术

采用基于 OPC-UA 的统一地址空间和对象化的设计模式，将各生产厂商设备转换成统一的访问服务，为各级系统提供实时监控服务，以实现信息交互；同时基于统一架构的安全模型和策略，提供完整的认证、授权和安全审计，保证生产现场数据交互的可靠性。基于 OPC-UA 统一架构的工业数据采集如图 6.24 所示。

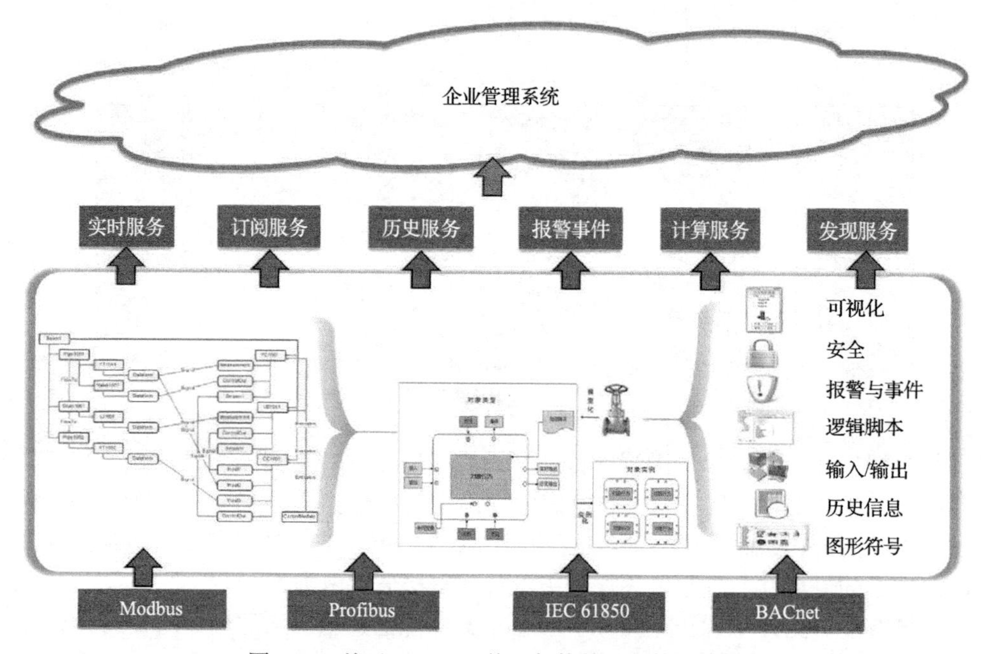

图 6.24　基于 OPC-UA 统一架构的工业数据采集

IO 服务(IO server, 输入输出服务)支持与国内外主流的可编程逻辑控制器(programmable logic controller, PLC)、监控与数据采集(supervisory control and data acquisition, SCADA)系统软硬件、分布式控制系统(distributed control system, DCS)、可编程自动化控制器(programmable automation controller, PAC)等设备的通信与联网等，还支持通过用于过程控制的对象链接和嵌入(object linking and embedding for process control, OPC)、开放数据库互联(open database connectivity, ODBC)、对象链接和嵌入(object linking and embedding, OLE)等方式上传和下载。同时，软件支持以 OPC、Modbus、IEC(国际电工委员会)101 协议、IEC 104 协议等协议对外转发数据完成联网。数据通信设备清单如表 6.14 所示。

表 6.14　数据通信设备清单

序号	产品	数量	序号	产品	数量
1	DB 服务器	2 台	7	网络交换机	5 台
2	MES 服务器	2 台	8	光转发模块	10 个
3	存储器	1 台	9	不间断电源	1 台
4	光纤交换机	1 台	10	打印机	6 台
5	核心交换机	1 台	11	大机箱台式机	1 台
6	光收发一体模块	24 个	12	小机箱台式机	22 台

6. 存储数据库设计

实时历史数据库的核心是工业实时历史数据库引擎——pSpace Server。pSpace Server 通过应用程序接口(application programming interface, API)以及基于 API 的各种接口与外围组件和第三方系统进行交互，如各种现场子系统/设备、关系数据库、应用客户端和其他第三方系统。基于网络的数据引擎 pSpace Server 作为整个系统的核心部分，可运行在 Linux/Windows XP/Windows Server 2003/Windows 7/Windows Server 2008 等操作系统。该平台的功能包括如下几方面：

(1) 实时数据共享。处理所有来自各种外部系统的数据，周期性地将数据进行归档，同时根据需要将报警信息进行发布。

(2) 历史数据存储。采用旋转门压缩方式，结合 Winzip 压缩技术，使得 80GB 存储器就可容纳上万条历史数据。

(3) 网络通信响应。基于元能力跨平台环境(ability cross-platform environment, ACE)架构的网络通信协议，使通信更加可靠、效率更加高效、带宽利用更低，适用环境更广。

(4) 统计数据处理。对实时历史数据库中的数据按照需要的方式进行灵活的统计处理。

(5) 数据二次计算。二次计算功能是一种具有时间确定性的在线计算引擎。它提供了对实时历史数据库中的数据进行二次计算和实施高级运算的功能，具有定时触发计算、条件触发计算等方式。

(6) 事件触发管理。通过事件的定义，完全按照用户的意愿定制系统运行的方式，如触发存储、触发计算、触发统计等。

(7) 自诊断、自恢复。能对模块进行监视，对系统文件、数据文件进行有效性检测，发生系统故障时能自动恢复系统，能对数据文件进行检测，对错误信息进行有效处理，将各种异常情况造成的损失降到最低。

结合工厂条件和用户需求，实时历史数据库采用分布式架构，如图 6.25 所示。通过分布式采集、存储、应用，灵活地构建和组织系统，进而分散对系统的性能压力，从而使系统能够更安全、更稳定地运行。

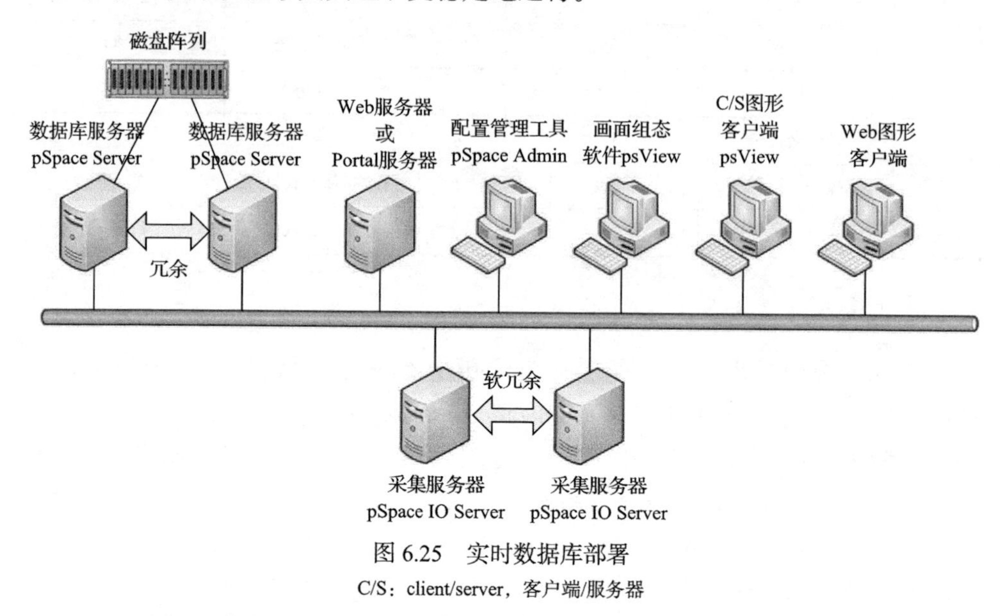

图 6.25　实时数据库部署

C/S：client/server，客户端/服务器

数据库、采集器及各种功能组件均支持远程管理和配置，用户无须登录到服务器进行操作，通过网络即可对实时历史数据库及其各个功能组件进行配置管理，有效降低了工程实施的工作强度。

7. 嵌入式分布设计

智能工厂的“智能”渗透在工业化生产的各个环节，涉及生产、装备、产品、管理、服务等。在人工智能、工业大数据、机器人、物联网、云计算、工业自动化等新兴技术的推动下，传统工业控制技术逐渐完成蜕变升级，向着智能控制技术发展，嵌入式工业智能终端集联网通信、交互触摸、数据采集、数据传输等功能为一体，运行嵌入式操作系统，支持多种标准通信协议，已成为各类智能工厂设计的普遍选择。为锂电池智能工厂部署嵌入式工业智能终端，能够实现对锂电池生产线的全面感知、数据的可靠传递和智能运算。面对车间内各生产设备，工作人员可以借助嵌入式工业智能终端，在触摸屏上进行手动操作，读取设备运行信息或设置运行参数，实时监控设备运行数据、状态、生产状况和报警信息。另外，系统具备一定的统计功能，可在显示界面智能化生成报表、曲线图、柱状图等，配合专业软件进行数据的分析，为生产计划和事务决策提供专业的技术支持。

控制器是嵌入式终端设备的“心脏”，选取时要充分考虑电池生产车间的环境，应具有工业级的抗干扰性能(如启扬 Cortex-A9 i.MX6 开发板)，通常选用 Linux 嵌入式操作系统，同时配备高性能 CPU 和工业级内存，保障设备流畅运行不卡机，支持多种显示接口供连接屏幕使用，配备标准电容屏接口，实现人机交互界面以直观显示生产数据和设备状态等信息，拓展 5G 通信模组进行数据传输，设置多路串口，连接温度与湿度传感器、仪器仪表、PLC、高清摄像头。车间嵌入式工业智能终端设计如图 6.26 所示。

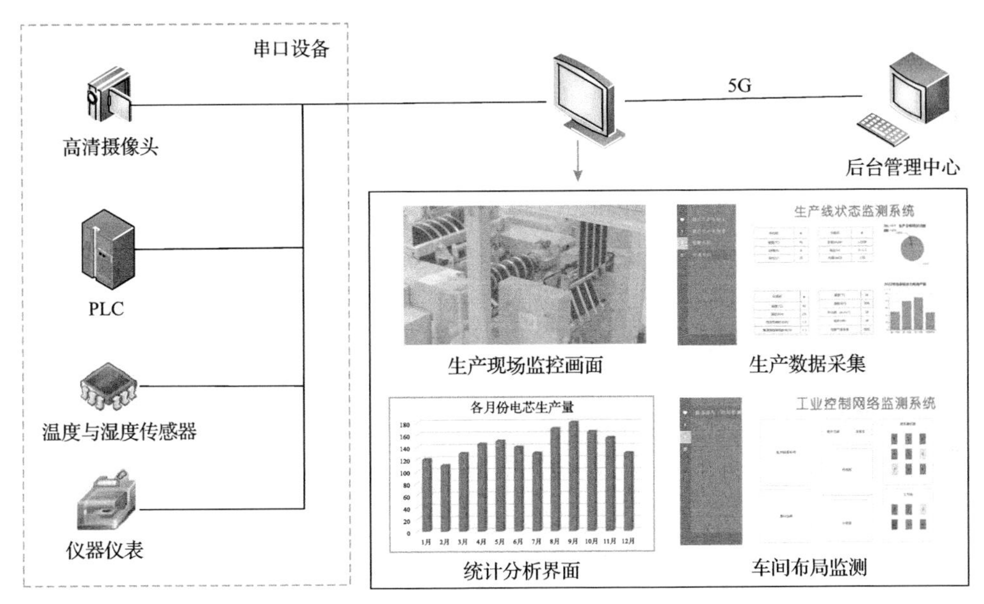

图 6.26　车间嵌入式工业智能终端设计

智能工厂设计涵盖生产车间各类生产线以及仓库、物料运输装置和在线检测设备等。这些设备和生产线由不同的供应商提供，通过开发各类标准接口，实现异构设备数据采集。

6.3　智能工厂管级架构设计方案

6.3.1　锂电池制造 5G+互联网专网设计

1. 5G+互联网专网方案设计

区别于前四代移动通信技术，5G 具有三大特性：增强型移动宽带(enhanced mobile broadband, eMBB)、高可靠性低时延连接(ultra reliable low latency communication, uRLLC)、海量低功耗连接(massive machine type communication, mMTC)，这也决定了5G在实现工业生产人、机、料、信息互联互通的关键性作用。在国家“十四五”规划科技创新与实体经济深度融合的大背景下，技术与产业的结合受到了高度重视，工业互联网将自动化生产与新一代通信技术深度融合，通过工业互联网平台把设备、生产线、工厂、供应商、产品和客户紧密联系起来，实现了对工业生产数据的全面感知、高效传输和实时分析，进一步提高了生产效率，优化了资源配置，形成了科学决策，推进了制造环节的数字化、智能化进程；同时由于工业企业对生产数据传输稳定性和安全性的高度重视，建设互联网专网已经成为智能工厂设计发展的趋势，服务于电池生产工业互联网的 5G 网络也将以专网的形式为主。5G+互联网专网是利用 5G 蜂窝技术构建而成的[18]，相较于其他网络技术(如 Wi-Fi、私有长期演进(long term evolution, LTE)技术等)在工业生产中具有明显优势，依靠网络切片和边缘计算，可以为企业提供有线级别连接的稳定性、更高的移动性和覆盖的全面性。5G+互联网专网能够适应不同业务的技术需求，mMTC 可以将工厂进行全方位连接，解决了企业进行全方位数据采集的需求，eMBB 带来的超高传输速率可以完全适应监控管理和内网办公业务的要求，uRLLC 可以在 1ms 级别的时延保证极高的可靠性连接(99.999%)，充分满足生产控制业务的要求。

锂电池智能工厂涉及的业务主要可分为数据采集、监控管理、生产控制和内网办公等，每一类业务对网络技术要求的侧重点不尽相同。锂电池典型业务及其特点如表 6.15 所示。

表 6.15　锂电池典型业务及其特点

序号	典型业务分类	业务范围	特点
1	数据采集	工厂/园区各类环境、生产、运营数据的采集等	连接量大、位置分散
2	监控管理	安全生产、业务检测、人员管理的数据获取及调度等	带宽要求高，如高清视频等
3	生产控制	生产业务相关的操作、控制、反馈与管理等	高可靠、低时延、数据安全
4	内网办公	内/外网通信、上网、会议系统等	带宽要求高，内外网管控

为满足企业生产的需要，结合运营商政策，企业可自行承担 5G 专网部署的全部工作，申请 5G 专用频谱并自建专网，最大限度地降低时延并实现独立可控，设备信息、控制点信息、用户侧数据流量等不出厂区，与运营商的 5G 公网完全隔离，具有极高的安全性，但需要相当数量的专业人员进行后期维护[19]。

锂电池智能工厂的 5G 专网提供了海量制造数据的传输服务，尤其是考虑到电池制造设备快速运转对传输的低时延和稳定性要求很高，采用的嵌入式智能终端需要在一定的移动范围内保持稳定性和低时延性。此外，由于电池制造车间的生产监控视频数据量大，对锂电池智能工厂的工业互联网技术要求较高。综合以上考虑，本章设计的锂电池制造业的 5G+互联网专网方案设计如图 6.27 所示。5G+互联网的主要网元有接入和移动性管理功能(acess and mobility management function, AMF)、会话管理功能(session management function, SMF)和用户面功能(user plane function, UPF)。

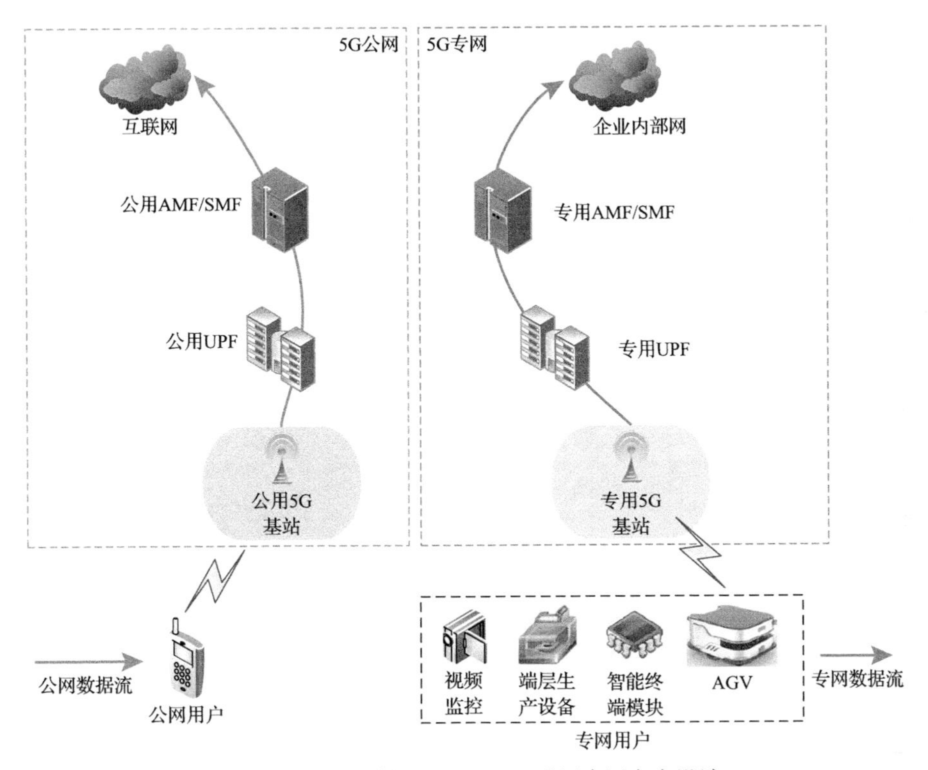

图 6.27　锂电池制造业的 5G+互联网专网方案设计

2. 网络架构设计

针对工业过程数据实时采集异构网络融合体系架构与组网优化机制，在不同的系统之间，提供同一网络间的水平通信和不同网络间的垂直通信[20]。针对工业过程数据采集与传输的需求，结合工业现场总线、工业以太网、工业无线网等多类网络，构建如图 6.28 所示的具备垂直分层拓扑结构的工业过程数据采集与传输网络，其中，TCP/IP 为传输控制协议/互联网协议(transmission control protocol/internet protocol)。基于无线网络对终端接入的灵活性，无线传输网络由高性能无线路由器构成，支持各类传感器、控制器、执行器、RFID 读写器、工业仪表、视频监测设备的无线泛在接入，并具有数据融合功能与视频压缩功能。

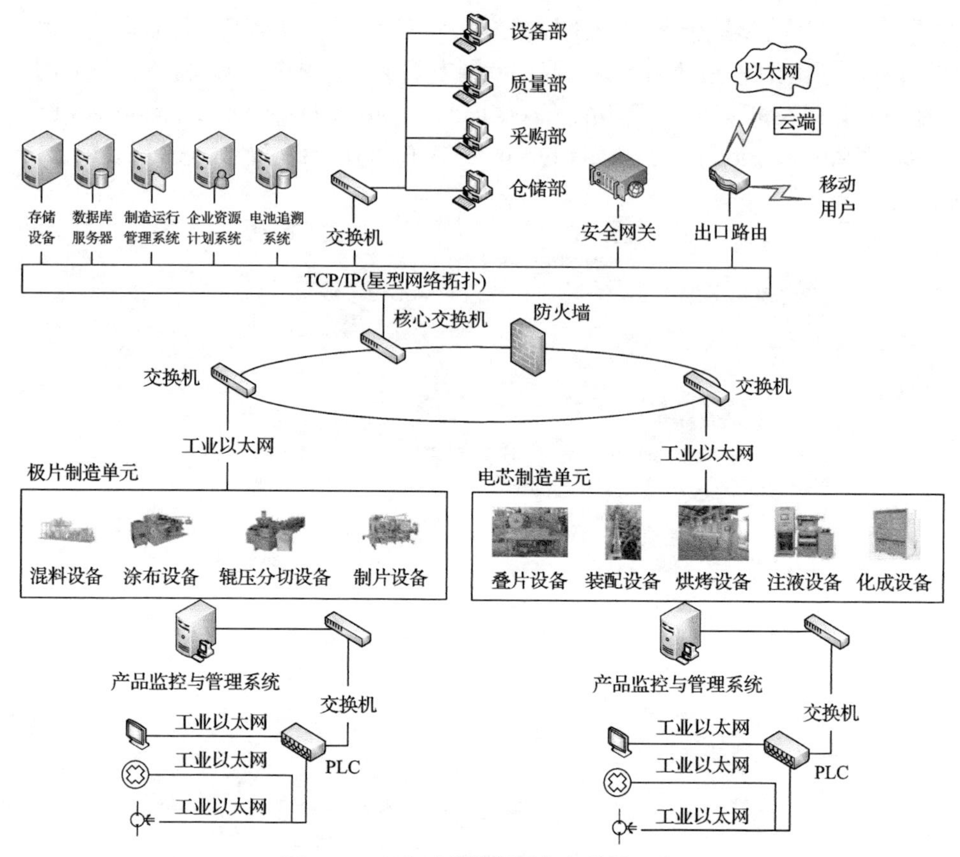

图 6.28　工业过程数据采集与传输网络

结合信息中心网络思想，构建了基于信息中心网络的多尺度异构融合工业物联网参考体系结构，如图 6.29 所示，由物联网层与数据交互层组成，其中物联网层提供工业物联网中复杂、多源、异构多样的终端节点接入，如传感器、无线仪表、执行器、工业机器人等；数据交互层主要分为数据面与管理/控制面，利用分布式缓存、转发与重传策略、数据安全协议、数据内容命名、网络路由与转发、网络资源虚拟化、网络资源配置与协同调度等技术，实现数据的实时高效获取。

3. 安全与维护

专网建设除了要满足锂电池生产中各项业务的需求，还需要充分考虑后期的运营、维护、管理和安全等因素。在运营方面，企业专网通信服务运营的稳定性直接关系到工厂生产的稳定性和持续性，对于锂电池的生产，智能工厂内部专网运营的稳定性直接影响电池生产的质量和效率，因此需要投入比公网维护更高的成本，用于工业互联网专网的运营与维护，组建高质量的专属运营与维护团队，保证对专网服务质量进行 24h 的监管，避免专网运营异常状况的发生。在管理方

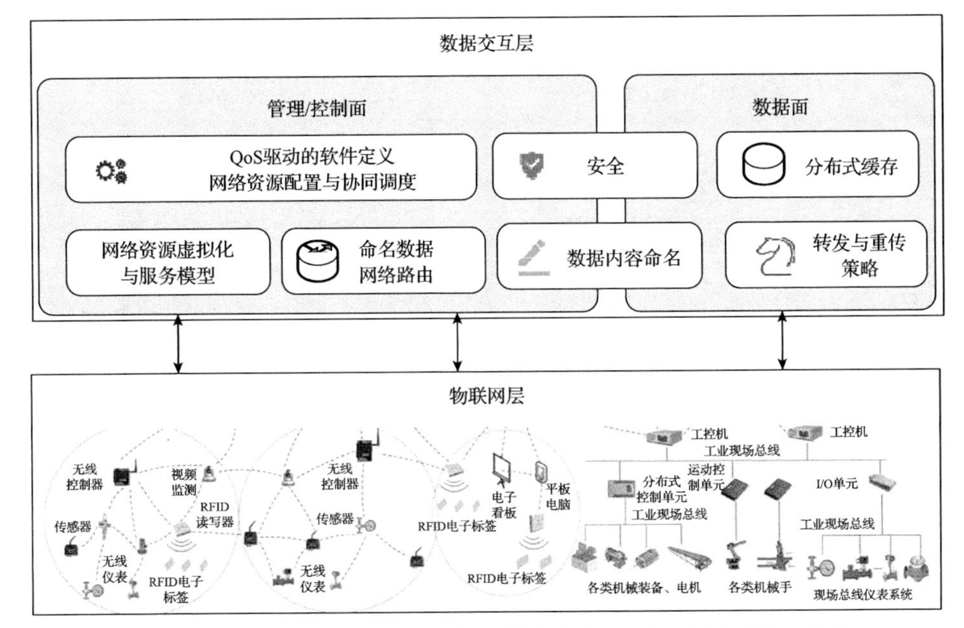

图 6.29　基于信息中心网络的多尺度异构融合工业物联网参考体系结构

面，面向工业生产构建一套严格的自服务、自管理权限体系，对园区进出人员进行管理，建立工业园区人员管理名单，为工作人员设置相应的权限。

6.3.2　服务器与工作站的分布设计

1. 服务器方案设计

综合分析锂电池智能工厂对服务器的性能要求，从以下几个方面对服务器进行设计：

(1) 高安全性。锂电池智能工厂要求生产数据严格控制在工业园区内部，做到数据不出园区，因此需要在生产车间内部自行搭建服务器，根据相应环境标准(包括空调、光照、湿度、防静电级别等)建设服务器机房，保障服务器工作全年无休，确保数据的安全存储与处理[21]。

(2) 分布式架构。在锂电池生产中，海量信息不断向服务器上传，同时还不断进行着高强度的计算，长期处于高并发工作状态。将多个负责相同功能的服务器集中起来，部署服务器集群，当单个服务器处理高并发请求遇到瓶颈时，可使用集群来提升系统的处理能力。

分布式架构的服务器方案设计如图 6.30 所示。

2. 工作站部署

在锂电池智能工厂内，由于每个车间的生产工艺不同，设备的功能和类型也

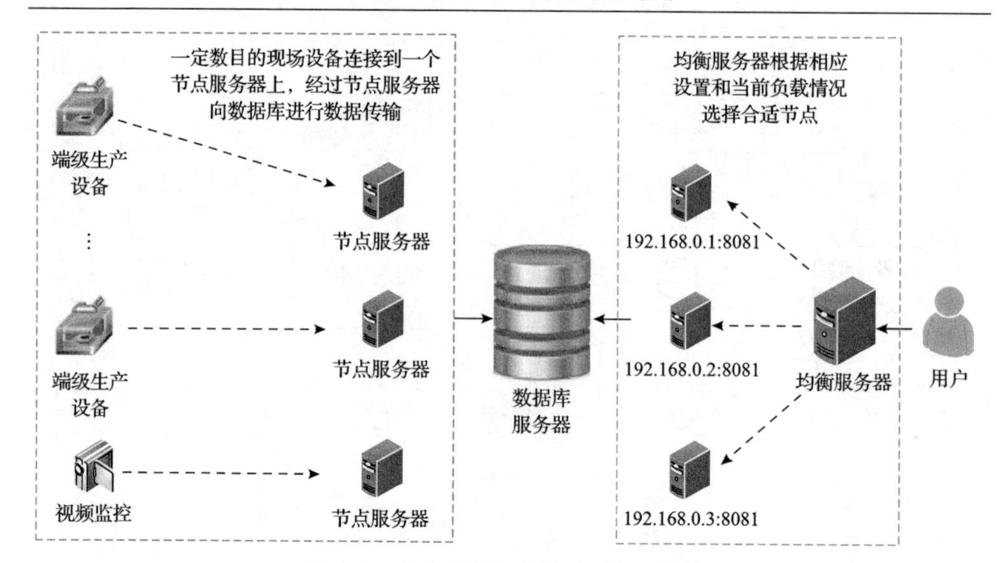

图 6.30　分布式架构的服务器方案设计

各不相同，对各个生产车间都需要进行相应工程工作站的部署。工程工作站有较强的计算能力，配备规范的图形软件，外设接入高分辨率显示器，增加了锂电池成品以及产品零部件的可视化，降低了产品开发的成本。例如，使用工作站对锂电池包进行结构的设计和优化升级(包括几何与尺寸的设计等)，在进一步保障产品质量的同时，也缩短了新产品的研发周期。

一般来说,工作站选用高端通用微型计算机,如惠普 Z 系列、联想 ThinkStation 系列，配备高分辨率大显示器，如宁德时代 P 系列发光二极管显示器、惠普工业显示器，内置超大容量存储；同时配备专业工业设计软件，如 Simcenter BDS(battery design studio)、中望计算机辅助设计软件、锂电池设计应用程序。

在工作站部署环节，需要用到交换机网络设备，来连接设备、网络和服务器。部署工作站连接到交换机网络设备的一般步骤，包括物理连接、配置工作站网络设置、连接测试、网络安全设置、管理与故障排除。智能工厂中的交换机网络设备信息如表 6.16 所示。

表 6.16　交换机网络设备信息

序号	设备名称	管理地址
1	核心交换机 Core-switch	10.0.101.254/24
2	服务器交换机 Server-switch	10.0.101.25/24

内部网络网段规划如表 6.17 所示。

表 6.17　内部网络网段规划

序号	虚拟局域网地址	IP 地址	组
1	虚拟局域网 10	10.0.100.0	PLC，设备
2	虚拟局域网 20	10.0.101.0	MES，服务器，计算机
3	虚拟局域网 30	10.0.102.0	编队
4	虚拟局域网 500	192.168.50.0	交换机管理器

6.3.3　工业控制网络设计

随着现代科学技术的发展，人们对工业生产提出了新的技术要求，工业生产领域通过新技术的结合不断提高产业能效，其中工业自动控制和计算机技术催生的产物将工业生产推向新的高度。工业控制网络的发展也经过了从传统控制网络到现场总线的变革，最初的模拟控制系统(analog control system，ACS)提出了工业控制闭环模型，紧接着直接数字控制(direct digital control，DDC)系统采用数字技术代替了模拟控制系统，提高了控制精度，再到可编程逻辑控制器的问世，推动了集散式控制系统的产生，最终发展到如今的现场总线控制系统(fieldbus control system, FCS)，将现场所有的执行器、传感器、仪器仪表等设备连接在总线上，所有数据通过一根总线电缆传输，大大降低了部署成本，同时进一步提高了数据传输的可靠性。

锂电池智能工厂的工业网络由工业信息网络和工业控制网络两部分构成。工业信息网络主要负责工业控制系统管理和决策，例如，以企业订单为驱动制订生产计划，根据生产模式和生产资源进行排程，将总体生产计划按工厂实际进行任务的分配，处于工业网络上层；而工业控制网络则面向生产现场的自动控制，锂电池生产流程复杂、生产工艺繁多的特点，对自动化生产尤其是各生产工序之间的配合提出了相当高的要求，不仅需要把生产现场设备的运行参数、状态和故障信息等传送至控制室，而且需要将各种控制、维护、组态等命令传输到现场总线，将装有通信模块的测量仪器作为网络节点，采用统一的通信协议，使各终端控制设备之间可以相互传递信息，互相协调配合，共同完成生产任务，形成一张互联互通的自动控制生产网络，这是实现锂电池高水平自动化生产的关键一步。

1. 总线设计

采用控制器局域网(controller area network，CAN)总线对锂电池的工业控制系统进行设计[22]。CAN 总线是德国 BOSCH 公司为应对海量测控部件之间数据交换的问题开发的一种数据通信协议，属于工业现场总线的范畴，是国际标准化的串行通信协议，也是国际上应用最广泛的现场总线之一。CAN 总线的数据通信具有突出的可靠性、实时性和灵活性。按照国际标准化组织/开放系统互联（international organization for standardization/open system interconnection, ISO/OSI）参考模型，CAN 总线通信模型可分为物理层和数据链路层，如图 6.31 所示。

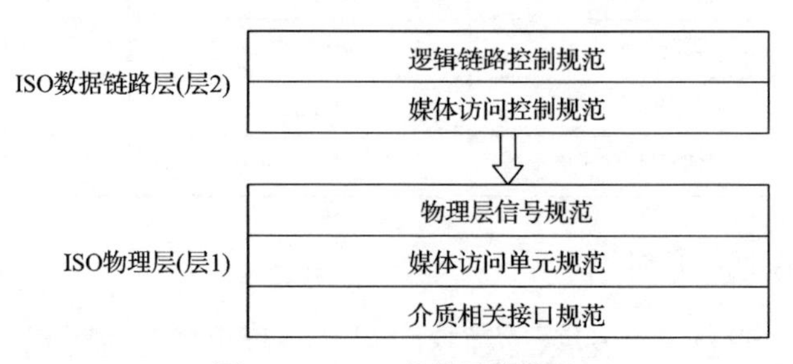

图 6.31　CAN 总线通信模型

锂电池智能工厂的工业控制系统运行时，MES 服务器下达生产命令，上位机获取生产信息并向下传输指令，PLC 接收指令驱动变频器运行，同时设备通过智能传感器将设备运行参数进行实时反馈传输，在设备遇到运行异常的情况时发出警报，并将故障信息上传给上位机，形成一整套生产闭环运行体系。设备层按照现场总线协议标准进行数据交换，完成数据采集，上位机通过扩展槽中的网络接口与 CAN 总线连接，完成采集数据的接收和对设备层的监控工作。基于 CAN 总线的工业控制系统结构如图 6.32 所示。

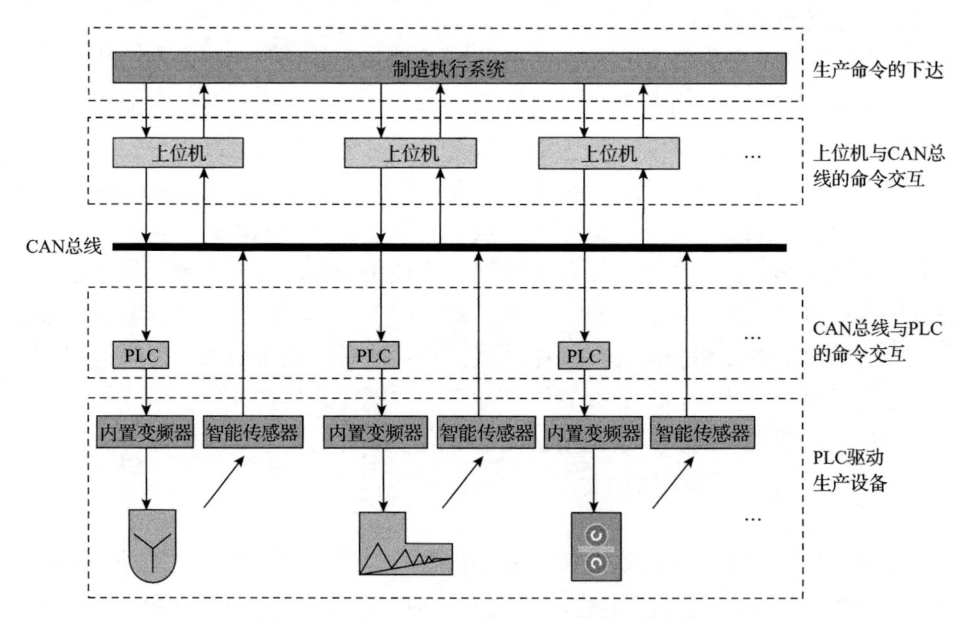

图 6.32　基于 CAN 总线的工业控制系统结构

整个控制系统基于 CAN 总线，在总线上外挂各类从站，CAN 总线节点应包含输入输出模块、芯片模块和控制器模块，输入和输出功能采用触摸显示屏实现，芯片模块包括接口芯片和串口转换芯片，可以支持编写控制软件编写，协调各模块工作，完成 CAN 总线收发信息的功能。在对信号接收的过程中，要充分考虑总线脱离、错误和报警等情况的检测，设计相应的程序进行处理。

2. 工业安全隔离网关

工业安全隔离网关的控制端与信息端主机分别运行工业网络隔离系统，主机之间的通信使用私有协议，协议采用专有加密算法实现数据高速加解密处理，以保证数据传输的安全。该系统全面支持各种主流工业网络协议，包括 OPC、Modbus 等，而且可以深度解析各种工业网络协议，对协议数据进行细粒度的处理。

控制端与信息端系统中的隔离通信组件和中间的隔离单元三者构成了工业网络隔离系统的核心。隔离通信组件负责根据用户配置提取所需要的工业网络数据，屏蔽其他协议数据和用户配置之外的工业网络数据，并对数据进行必要的解析和安全检查；隔离单元负责使用加密的私有协议进行控制端和信息端之间的数据摆渡。

安全隔离开关提供多种内容安全过滤与内容访问控制功能，既能有效防止外部恶意代码进入内网，也能控制内网用户对外部资源不良内容的访问及敏感信息的泄露。内容检查机制可以针对超文本传输协议、文件传输协议(file transfer protocol, FTP)、邮件及文件交换等应用完成包括统一资源定位符过滤、关键字过滤、Cookie 过滤、文件类型检查及病毒查杀等操作，如图 6.33 所示。

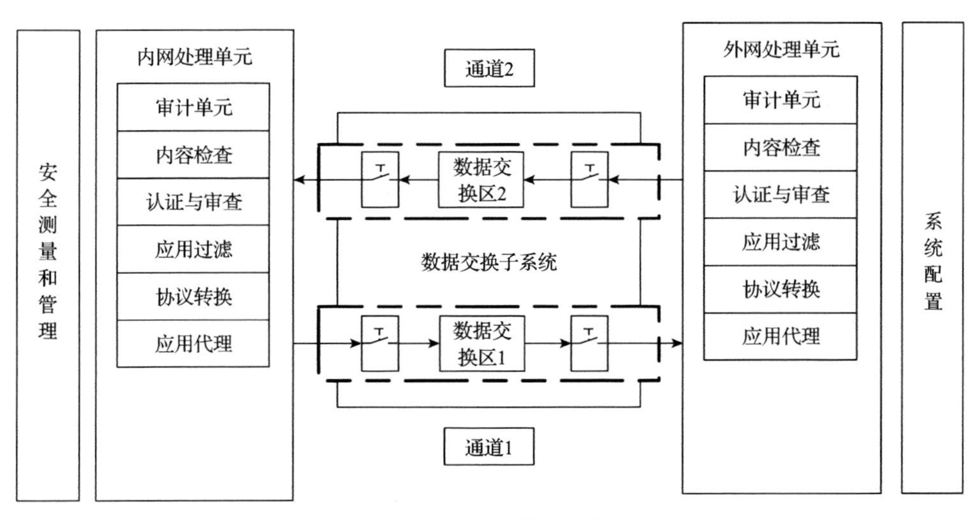

图 6.33 内容检查机制

安全隔离网关实现了传输控制协议完全终结的数据摆渡模式，数据摆渡过程示意图如图 6.34 所示。内、外网主机模块分别负责接收来自所连接网络的访问请求，两模块间没有直接的物理连接，形成一个物理隔断，从而保证可信网络和不可信网络之间没有数据包的交换。

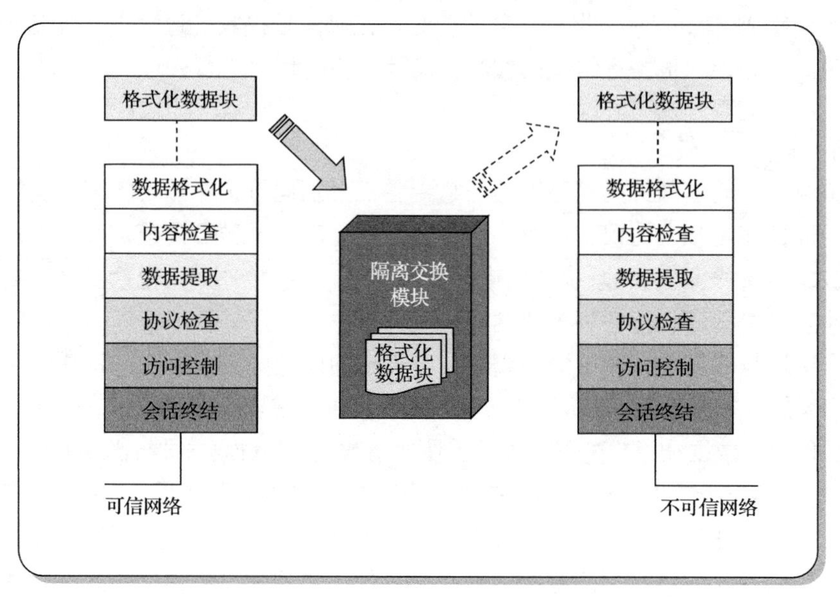

图 6.34　数据摆渡过程示意图

在企业环境中，由于地理位置不同、厂区不同、工艺流程不同，过程控制网络内部又可能分为多个子系统，各子系统有自己独立的控制系统和控制流程，同时也会与平行的其他子系统有一定的数据交换。在过程控制网络内部不同子系统之间部署工业隔离网关，如图 6.35 所示。

3. 工业防火墙

工业防火墙对工业网络协议进行访问控制和安全过滤，支持对 Modbus、Profinet 等工业网络协议进行深度过滤，支持基本的访问控制，还针对工业网络协议的内容和数据进行细致的合规性检查，例如，工业防火墙的 Modbus 协议管控模块可以针对 Modbus 协议的设备地址、寄存器类型、寄存器范围和读写属性等进行检查。通过类似的管控模块，能有效地防范各种非法的操作和数据进入现场控制网络，最大限度地保护控制系统的安全。工业防火墙可视化配置如图 6.36 所示。

在工业网络与公用网络接口处部署防火墙，并启用虚拟专用网络（virtual private network，VPN）功能，将其作为远程维护的堡垒设备。远程维护人员使用 VPN 连接到防火墙上，一方面进行身份认证，另一方面对通过公用网络完成的远程维护操作进行加密保护，实现安全的远程维护。工业防火墙部署连接图如图 6.37 所示。

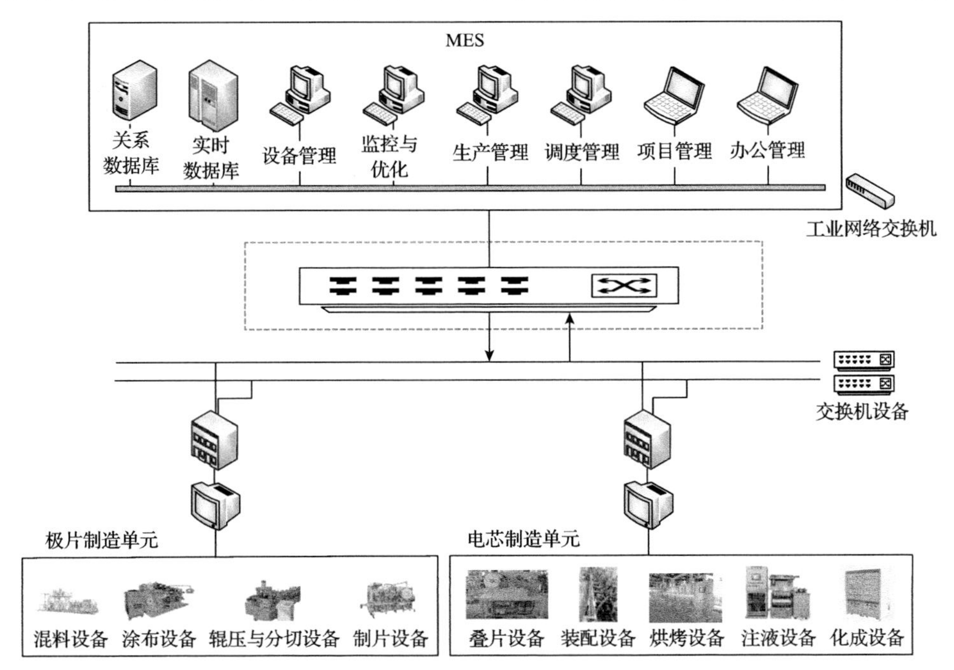

图6.35　工业安全隔离网关部署应用

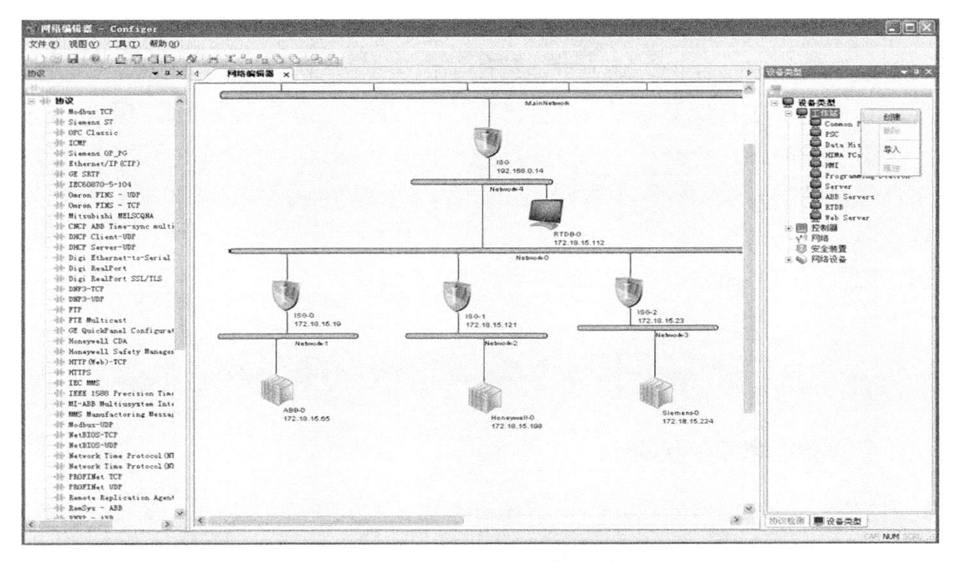

图6.36　工业防火墙可视化配置

4. 工业控制网络信息系统安全设计

动力电池的生产过程由多道加工工序共同完成，属于典型的离散型制造业，各类生产设备通过工业控制网络与生产数据紧密联系在一起，在便于共享数据的

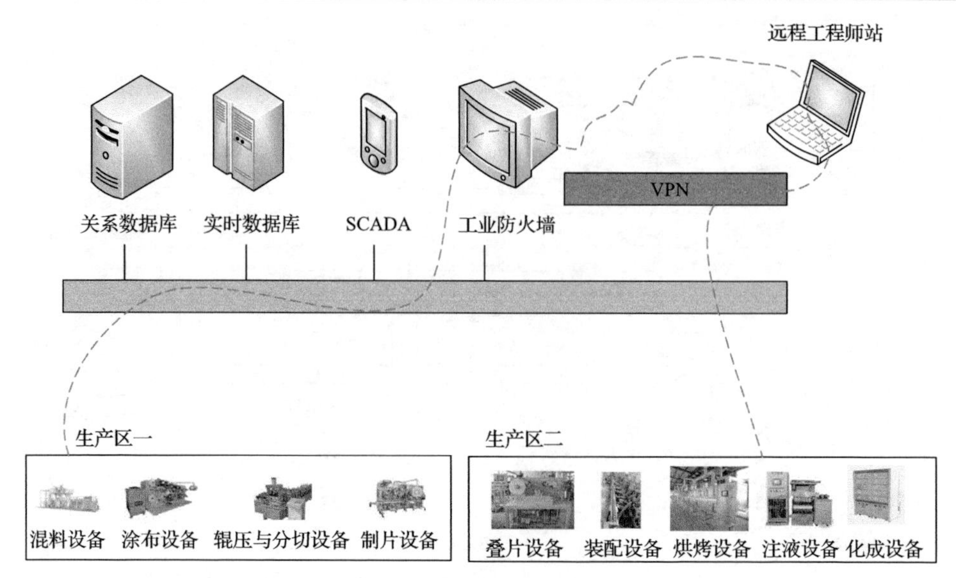

图 6.37　工业防火墙部署连接图

同时也带来了安全隐患，网络病毒的入侵、黑客的攻击都会影响产业发展，导致企业内部机密数据泄露，因此需要加强工业控制网络的安全建设。

在动力电池智能工厂的工业控制网络中，根据离散型制造的特点，需要从多方面对系统进行安全保护。动力电池智能工厂内部署有大量的生产设备，在日常生产过程中需要对各设备的接口进行严格防护与控制，防止不明外来数据的进入；对于关键数据的输出与共享，如将生产数据传输给测试、开发库，需要进行数据脱敏以保障数据安全；利用工业网关建立企业的黑白名单，对企业的数据访问进行物理隔离；为防止机密数据被恶意恢复，采用随机数多次覆写的方式进行数据销毁，以提高服务器安全。

6.4　智能工厂云级架构设计方案

6.4.1　云级智能管控平台设计

根据用户对不同性能指标的定制化订单需求，基于所开发的电池生产制造智能管控平台，开发锂电池大批量定制化生产线，利用所采集的多源异构设备和工艺数据，应用基于数字化仿真与数字孪生技术的工艺优化软件、电池生产工艺能力分析与制造能力在线预测软件、基于生产过程数据分析的设备智能诊断和产品质量控制决策管控系统软件，对生产线进行优化提升，使其适用于三元锂、磷酸铁锂等两种以上锂电池生产，实现锂电池多层次、全方位、全流程的高效智能制造体系，形成以装备为基础、以信息化系统为载体的集数据流、信息流于一体的面向订单的智能化高效生产模式。云级智能管控平台采取模块化方式开发，包含以下四大子模块：

(1) 电子商务平台。电子商务平台面向企业的各个客户。客户根据自身需求在电子商务平台下单，平台获取订单需求后，传输给智能管控平台以及云级数据中心进行后续的订单分析、订单排产等工作。

(2) 云级数据中心。云级数据中心包括多用户接入引擎、流数据处理及事件触发机制、云级动态数据库。

(3) 云级智能监控模块。云级智能监控模块主要包括设备状态监控、物料余量监控、产品质量管理监控、工厂环境监控。

(4) 云级生产分析模块。云级生产分析模块主要包括生产过程中的生产工艺分析、面对定制化订单的工艺变更操作、发生排产时的生产线重组、根据历史生产数据对未来制造能力的预测。

智能管控和生产能力分析借助于云级平台，但隶属于应用级，具体将在第 7 章进行介绍。

6.4.2 电子商务平台

1. 客户下单

动力锂电池智能工厂首先立足于定制化订单，以客户订单为中心。客户在电子商务平台下单，智能工厂云级数据中心开展订单选择、订单分解、作业指派、车间调度等工作，锂电池工厂在接受客户订单之后协调采购部或制造部确定锂电池生产工艺中所需要的正极材料、负极材料、隔膜、电解液等；完成电池原料的筹备工作后，需要根据工厂自身的产能与客户订单需求数量的关系，对客户下达的订单进行分解，同时进行订单的排产与车间调度；客户订单完成之后，通过第三方物流商将产品运输给客户。云级数据中心订单排产调度模型如图 6.38 所示。

2. 订单选择

对于面向定制化制造的动力锂电池智能工厂，客户的订单是订单排产、调度的起点和数据源，因此订单选择是智能工厂线排产的关键，对企业的快速响应能力以及柔性制造能力具有重要影响。在企业中，生产活动的组织都以订单为基础，如采购部为订单采购电池生产原料，制造部为订单制订并执行生产计划。但是，顾客的需求变化势必会导致生产计划的变化，从而降低企业的生产成本和经营成本。在面对数量庞大的订单时，生产能力不足的企业只能完成部分订单，所以只能有选择地接受部分订单。科学、合理的订单选择方式能够使企业的经营更加平稳，更好地利用现有的生产资源，增强企业在市场上的竞争力，从而提高企业的盈利水平。

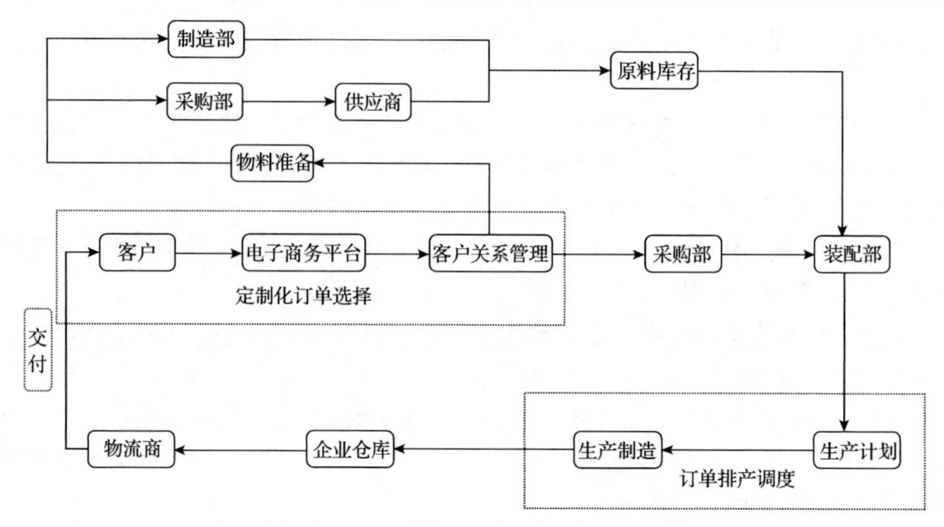

图 6.38 云级数据中心订单排产调度模型

3. 订单排产调度

如何进行订单排产是动力锂电池工厂的一个关键问题，而提高计划排产的效率、生产计划的精确度，是优化生产过程、改善生产管理水平的一个重要途径。影响订单排产的指标体系有很多，约束理论以及生产战略为订单排产调度影响因素的选取提供了理论依据。一方面，企业的产能、库存和生产成本对企业的排产进度有直接的影响；另一方面，订单的数量、价格、交货期、产品利润、订单延期惩罚、客户潜在价值等都是影响订单生产计划的重要因素。锂电池定制化制造环节中，应该选用合适的算法构建排产调度模型，使得锂电池工厂能够根据订单交货期以及客户订单需求产品数量等信息，规划订单在生产计划内各时段的生产数量，使得企业利润最大化。定制化锂电池制造生产计划的内容包括订单类型、生产数量、优先级和日期等，按照锂电池制造工厂的生产工艺流程，根据电芯的生产排产得出浆料和极片的生产计划等，批量导入云级数据中心。

4. 生产计划管理

生产过程是一个将原料、设备、能源和人力等各种要素进行组合并最终产出目标产品的过程，其中，投入的各种生产要素构成企业的生产成本，直接影响企业生产的经济收益。各个生产要素的投入量依各个企业的生产工艺、设备状况、运营管理水平等的不同而不同。通过生产计划制订过程的优化，挖掘企业的生产潜力，合理调配各个生产要素，充分发挥企业优势，更好地满足外部用户对产品数量和质量的需求，同时尽可能降低企业的生产成本。生产计划管理功能采用自动和人工相结合的方式实现生产排程，生产计划管理是 MES 执行的源头。生产计划管理模块的功能主要包含生产订单管理、生产订单分解、智能生产排程、作业派发，主要分为计划订单、生产工单(批次)、作业任务三个层级。生产计划管理模块业务流程如图 6.39 所示。

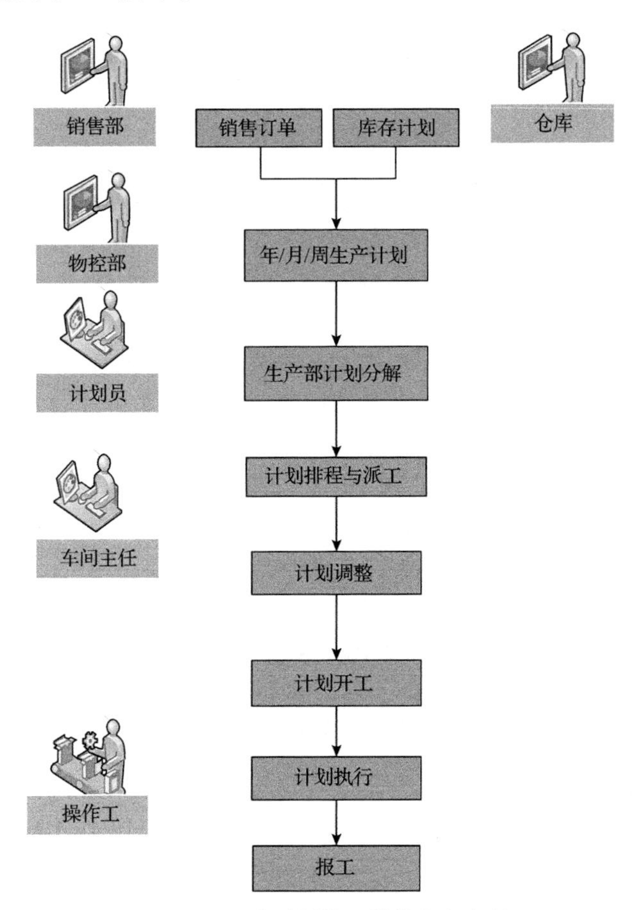

图 6.39　生产计划管理模块业务流程

1)生产订单管理

生产订单管理功能展示生产主计划信息，数据来源于销售订单或厂家的预测计划，主要采用手工添加、Excel 导入、系统应用和产品智能自动同步获取的方式进行数据输入，从而实现电池生产订单智能引入以及订单智慧生产管理。

2)生产订单分解

生产订单分解功能是将生产决策部门下发的主计划结合车间产能智能分析，分解成实际合理的生产批次计划。通过权限的下发与回收，实现不同的生产车间只能查看自己车间的生产批次计划，加强车间智能化管理能力。当生产计划有变动时，生产计划管理模块可将其自动挂起，保障生产线智慧运行，待该计划恢复正常后，可将其重新启动进行正常生产，从而实现订单与车间生产的智能结合。

3) 智能生产排程

根据订单分解、资源状态情况、工厂日历、工序标准产能等进行智能生产排程。平台根据负责人输入的指令，计算订单开始时间、结束时间和排产计划。全智能生产排程提高了自动化派单能力，提升了电池工厂的生产效率。

4) 作业派发

作业派发功能实现生产任务的派发以及作业任务状态的实时智慧监控。作业任务派发到具体工位上，相关工位操作工人登录系统后便能看到工位作业任务，并进行相关操作，实现了作业智能化管理。

6.4.3　云级数据中心

云级数据中心是智能工厂云级架构的组成部分，通过服务器、存储设备、网络设备等硬件设施，以及云计算平台，提供云存储和云数据库等云数据处理服务。

1. 面向制造的多用户接入引擎

5G 窄带物联网、超可靠低时延通信以及 eMTC 等技术的快速发展，为工业物联网提供了强大的技术支撑。因此，在设计动力锂电池制造云级平台时，云级数据中心下接锂电池技术数据库，将生产现场采集到的数据作为实时数据的来源，通过读取器将从技术数据库读取到的生产数据作为流，通过在不同服务节点、操作系统进程、组件、线程中的移动，最后由写入器接收并写入云级数据中心动态数据库。云级数据中心数据流模型如图 6.40 所示。

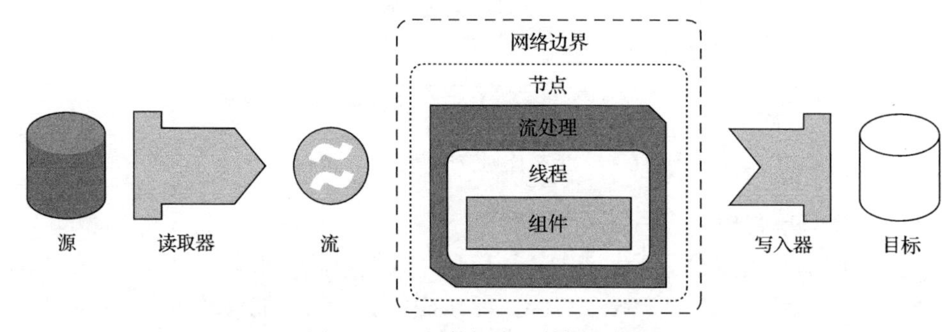

图 6.40　云级数据中心数据流模型

锂电池生产设备“碎片化”严重，这种碎片化体现在很多维度，例如，有的边缘网关是超高配置的物理机服务器，而有的传感设备的计算、存储和网络流量资源极其受限；有的设备没有访问公网的能力，必须要借助网关才能连接云端；有的设备对功耗的要求极高，发一条消息就要休眠，有的工业场景的传感器设备则一天 24h 极其高频地大量上报点位信息等。对于已经具备数据采集功能的设备，在接入智能工厂云级架构时，需要在具备使用云级数据中心提供的数字化建模功能的同时，减少对设备现有功能的限制。这些不同的形态特点所带来的需求和挑战也是不同的。因此，在设计面向定制化制造的动力锂电池云级数据中心时，首先要解决的问题就是将不同物联网协议的设备统一标准，适配已有自建基础设施的工厂存量设备或者非标准协议的设备，使得多用户可以实现平滑接入云端(也称为上云)的目标。

对于存量设备或者第三方协议设备的接入适配，云级平台提供两种方式：一种方式是在用户侧适配，即在用户侧搭建泛化桥接服务器，云级数据中心提供泛化软件开发工具包(software development kit, SDK)，包含用户与云级数据中心之间的上下行通信协议，用户只需要设定自定义协议的转换逻辑，并调用泛化 SDK 的相应接口，就可以完成第三方协议的上云适配。在桥接服务器部署在用户侧的情况下，用户需要自行完成相关的资源部署和运维工作。另一种方式是在云级适配，也称为云网关，即在云级通过配置的方式直接生成标准资源，在云级进行托管部署，省去用户的资源配置和部署运维工作。

2. 流处理及事件触发机制

锂电池生产的复杂性会导致生产系统设计的过度工程化和要求的不确定性、电池生产的高报废率以及电池客户的广泛验收测试。因此，需采取流处理与事件触发机制，使得锂电池生产过程数据经过数据库的封装后可以实时上传到云端数据处理中心。对于存在时序关联或日志操作关联的生产环节，数据信息资源之间存在较大的关联关系，可以采用关联分析方法；对于随时间变化的测试类数据，可以采用偏差检测分析方法；对于设备或辅料购置、维修、更换等信息，可以构建分类预测算法进行自动类别划分。

在面向定制化制造的动力锂电池智能工厂中，流处理模块设计的主要作用有：加快数据的异步处理、启用数据的并行处理、跨网络边界移动数据处理，以及数据中心到云等功能。数据流促进了数据的异步处理，使得流处理和数据交付不需要与数据摄入紧密耦合，可以在一定程度上独立工作。同时，数据流还支持并行处理数据，当在群集处理平台中的多个节点之间存在逻辑数据流时，可以通过流分区机制确定将在其上处理特定事件的节点。流处理方式的重点是对于数据的处理，这是因为它的生成非常迅速，必须得到及时处理。流处理系统可以及时对新增的锂电池生产线数据进行处理，使其能为生产线管理人员提供生产线的最新工况，从而对突发状况做出反应。

云级数据中心的动态数据库中存储数据的当前状态，查询它们只返回该状态，因此并不天生适合通过查询机制进行流数据集成。同时，传统的基于批处理的方法每天移动数据一次或多次，会带来时延，并降低组织的操作价值，因此需要使用另一种方法将数据库转换为流数据源：变更数据捕获(change data capture, CDC)。在对时间敏感的高速数据锂电池生产线中，低时延、可靠和可伸缩的 CDC 支持的数据流，对于不同操作改变的捕获至关重要。

当设备端与底层技术数据库交互，例如，技术人员对锂电池生产流程中的物料、原料状态进行录入、更改、删除等操作时，CDC 可以直接拦截底层技术数据库中的活动，并收集发生的更改、增加、删除事件，将它们转换为云级服务平台中的流事件，作为流数据的数据源。当底层技术数据库发生事件时，CDC 通过不断地移动和处理数据来提供实时或接近实时的数据移动，全天不断地移动数据，也更有效地利用了网络带宽。使用基于日志的 CDC，可以从源数据库的事务或重做日志中读取新的数据库事务(包括更改、增加、删除)。在捕获更改时，无须进行应用程序级的更改，也不需要扫描操作表，使得使用更为便捷。锂电池智能工厂云级数据中心采取基于日志的 CDC，最小化了源系统的开销，减少了性能下降，同时这种机制是非侵入性的，无须对应用进行更改，如添加触发器。

当然，通过 CDC 接收技术数据库中的变更数据只是第一步，但它是最重要的一步。为了对快速持续到达的锂电池生产过程中的数据流进行有效处理，支持云级数据中心的其他需求，需要新的数据模型和查询处理方法。流数据模型的特点如下：数据流的数据元素持续到达；数据流处理系统不能控制数据元素到达的顺序；数据流有可能是无限的，或者说数据流是无限大的；数据流的一个数据元素被处理后，可以丢弃或者归档，一般不容易再次提取，除非目前该数据元素还在内存中。本节将工厂数据流传输视作管道，从读取器收集并由写入器传递，通常，从流数据中读取数据，并在传递到辅助流之前对其进行过滤、转换、聚合、丰富和关联。

数据源组件从外部接口(数据文件形式等)不断读取数据流，然后将数据流装配为元组发送给对应的数据逻辑处理组件。数据逻辑处理组件对接收到的监控数据进行过滤、聚合、计算等操作，或者向下一数据逻辑处理组件传送新的数据。流处理的目标是将数据立即转换为目标技术所需的形式。源连接器发布的事件包含底层技术数据库所需的所有信息，它由以下部分组成：元数据(提供诸如表名等信息)、操作类型(插入、删除等)、源连接器进行或捕获变更时的时间戳等。以锂电池智能工厂生产线总的原料库存为例，基于日志的 CDC 处理过程如图 6.41 所示，图中，item 为库存中物品的名称，id 为库存中物品的编号，Cathode 为电池负极，quantity 为库存中物品的数量。当技术人员在智能工厂系统中录入正极材料库存时，CDC 就会对其更改进行捕捉；当对库存进行更改或删除时，CDC 也会及时、敏捷地进行处理。

在锂电池的生产过程中，由于多项数据流存在并行改变的情形，单线程单节点的数据流处理无法满足需求，需设计多进程模型，其中读取器和写入器独立且

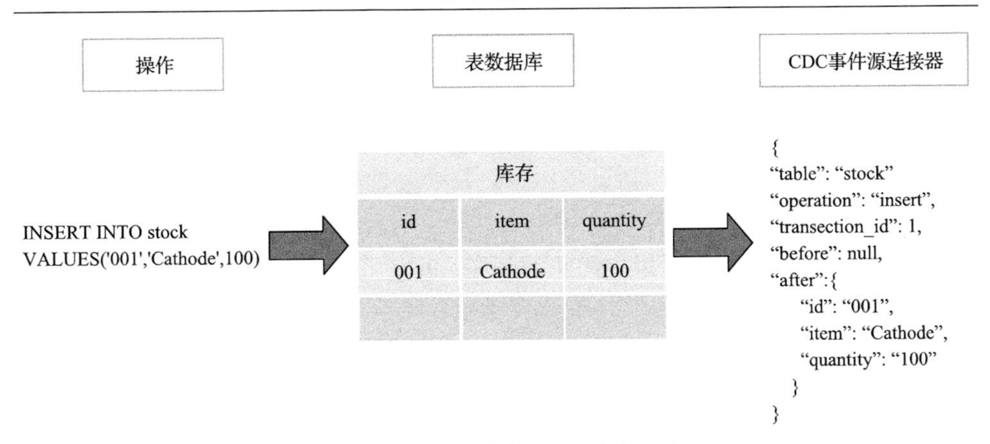

图 6.41　基于日志的 CDC 处理过程

并行运行，使用处理器的关联性将中央处理器内核分配给特定的进程。在这种情况下，读取器和写入器在不同的操作系统进程中运行，数据流需要跨越两者的内存空间。这可以通过多种方式来完成：利用共享内存，使用 TCP 或其他套接字连接，或者利用第三方消息传递系统实现流。基于大量实时的设备监控数据、物料库存数据等生产数据以及客户定制化交互数据，通过大数据处理、分析与决策技术来满足不同维度的锂电池工厂智能化服务应用需求，多进程模型如图 6.42 所示。

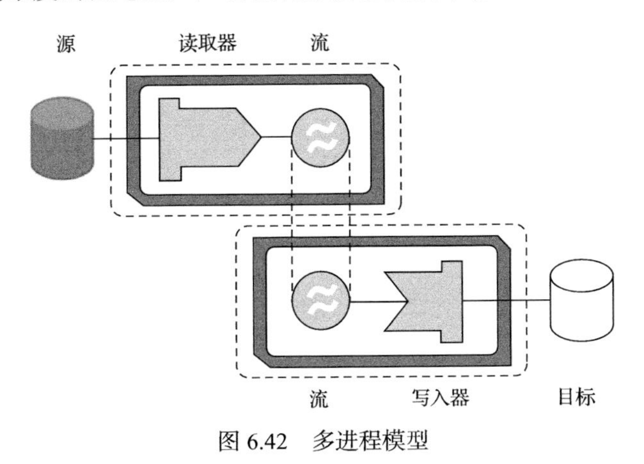

图 6.42　多进程模型

3. 云级动态数据库

锂电池生产过程中的数据主要有：①生产过程数据，包括设备数据、仪器仪表数据、第三方系统数据等，这类数据是通过部署实时数据库系统进行集中采集与存储的；②生产业务数据，主要是制造过程中产生的业务数据，包括物料数据、质量数据、开报工数据、首检数据等，这类数据则是通过扫描枪等采集设备获取并存储到关系数据库中的；③生产决策数据，包括根据生产数据得到的产能预测数据、工艺变更数据等。

云级动态数据库设计主要包括如下几个方面。

1）实时数据库数据集成

锂电池生产过程数据包括设备数据、仪表数据、第三方系统数据（测厚）等，通过实时数据库系统进行高速实时采集并分类存储在磁盘阵列中，通过实时数据库提供的 API 开发数据采集的驱动程序，用于解析实时数据库中的数据并存储到大数据平台的数据库中，从而实现大数据平台与生产过程数据的无缝集成。

2）关系数据库数据集成

锂电池生产过程中的业务数据主要存储在关系数据库中，包括 MES 数据、化成数据等。其中，MES 数据存储在 SQL Server 数据库中，化成数据存储在 Access 数据库中，封装电池包容量检测数据存储在 Excel 数据库中。针对 Microsoft SQL Server 2008 数据平台，通过 Java 数据库连接（Java database connectivity, JDBC）的方式进行数据集成，针对化成数据，则通过在数据平台开发解析程序访问 Access 数据库，并将其数据解析成大数据平台数据存储格式，针对封装电池包容量检测数据，同样开发解析应用程序实现数据无缝集成。

3）非结构化数据获取

锂电池生产过程中的非结构化数据主要是设备异常图片、视频图像等，以及经验知识、机理知识等，通过开发相应接口应用程序，将数据存储到 Hadoop 分布式文件系统中。

4）平台架构及分析工具层搭建

平台架构及分析工具层主要进行 MapReduce 程序开发、Hive 程序开发、HBase 程序开发等。

云级数据中心的动态数据库是云级数据中心环节一个非常关键的组件，用于汇总和存储数据流，即实现生产线数据流的在线汇总、大数据分析、电池生产环节已完成工序的记录、未完成工序的回传调度、离线数据结果的分析等。根据云级动态数据库的功能，总结了数据存储的四个关键需求，如图 6.43 所示。

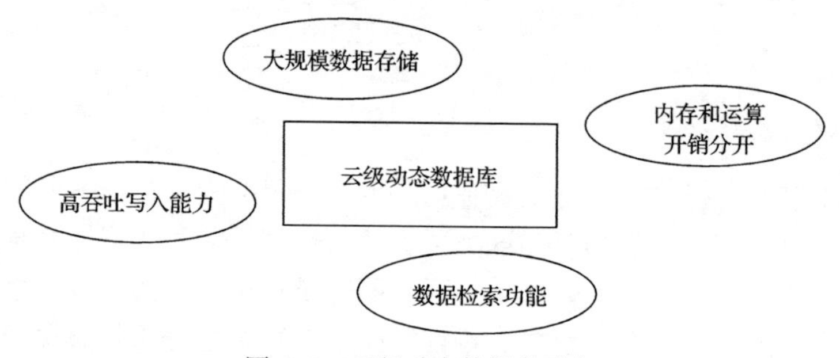

图 6.43　云级动态数据库需求

(1) 大规模数据存储。云级动态数据库存储的定位是集中式的存储，作为在线数据库的汇总(大宽表模式)，或者离线计算的输入和输出，必须能支撑百万级规模数据的存储，才能够有空间存储海量的生产数据。

(2) 高吞吐写入能力。数据从在线存储到离线存储的转换，通常通过提取转换加载(extract-transform load, ETL)工具、*T*+1 式的同步或者实时同步来实现。云级数据存储需要能支撑多个在线数据库内数据的导入，同时为了保证数据的传输速度，还需要有足够的能力，才能支持大量的数据输出。

(3) 数据检索功能。结构化的大数据存储是辅助数据系统中的辅助存储，需要具备在线查询优化功能。常用的查询优化算法有缓存、高并发的随机查询、复杂的任意域条件组合查询、数据查询等。

(4) 内存和运算开销分开。内存和运算开销分开是当前较为流行的体系结构，但其优点很少被普通应用接受。在云端大数据环境下，内存和运算的分离将充分发挥其优越性。在分布式体系结构下，内存和运算的分离具有更多的灵活性，可以极大地增强内存和运算的可扩展性。在成本管理中，只有在内存和运算分开体系结构的基础上，才能将内存和运算开销分开。在大数据环境中，内存和运算开销分开的优点将更加突出。

传统的关系数据库可能会存在一些缺点，如难以应付高并发数据写入、海量数据的查询效率不高、数据量达到一定规模后难以扩展、表结构修改困难、难以适应经常变更的业务需求、许可费用与扩展费用高等，因此在面对拥有海量数据、实时更新的锂电池智能工厂中，应该采用非关系型数据库。近年来较为热门的非关系型数据库有键值型数据库(如 Redis)、图数据库(如 IndiGrid)、文档型数据库(如 MongoDB)、列存储数据库(如 HBase)。在面向定制化的动力锂电池云级工厂中，较为适合的应该是文档型数据库(如 MongoDB)或者列存储数据库(如 HBase)，二者皆满足一致性、可用性和分区容错性(consistency, availability, partition tolerance, CAP)原则中的一致性和分区容错性。

6.5　锂电池定制化制造智能工厂设计效益

利用构建的电池设备故障样本增强数据集和完备故障字典，建立基于数据驱动的电池生产设备智能诊断模型。同时，建立基于机器学习的电池生产工艺波动层次化分析系统，实现定制化电池生产工艺波动分析。实现电池产品质量与生产设备状态、工艺参数波动之间关系的可视化描述，有效实现定制化电池的质量管控和质量追踪，形成基于机器学习的锂电池生产工艺调整和生产线优化的闭环决策。

1. 经济效益

通过锂电池制造智能工厂设计，能够使产品合格率达到96%以上，产品的过程能力指数≥1.33，锂电池生产成本≤0.8 元/(W·h)，锂电池产品研制周期缩短25%～30%，电池产线自动数据采集率提升至 80%以上，大批量电池生产效率提升 30%以上。

通过智能工厂的实施，提升了锂电池制造智能化水平、增强了面向定制化大批量生产的工艺灵活性、降低了电池产品的次品率，企业应用相关技术制造的产品价值将产生显著的直接经济效益。其中，磷酸铁锂类型的锂电池产线的年产值为 3 亿元，次品率降低和产品一致性提升带来的效益约为 600 万元；三元锂类型的锂电池生产线的年产值为 1.5 亿元，次品率降低和产品一致性带来的效益约为500 万元，合计 1100 万元。

另外，相关技术可以在企业其他电池产品制造过程中进行应用推广，产生可观的经济效益和价值；同时，设备的智能诊断技术降低了生产设备的折损率，电池制造品质的提升也提高了电池的使用性能，多型号共用下的锂电池智能生产线降低了企业的固定资产投入和能耗，锂电池生产过程智能管控技术的提升则降低了人力劳动的支出，这些因素也降低了一定的生产成本。

2. 社会效益

1)同行业示范引领作用

锂电池制造正处于国家大力发展阶段，通过“高端电池制造智能工厂设计”的推广应用，有助于深化动力电池行业两化融合应用，带动汽车动力电池企业产品质量和档次提升，更好地满足新能源汽车产业快速发展需求；帮助新能源汽车动力电池生产企业提高劳动生产率，进一步提升我国高端汽车电池生产企业国际竞争力，促进行业发展。此外，还能够促进锂电池智能化装备制造业发展，优化产业结构，促进产业升级，不断提高我国动力电池生产装备的国际竞争力，对新能源汽车动力电池行业两化深度融合的发展起到引领和示范作用。全新的智能工厂的设计架构也给相关科学与制造行业提供了案例，锂电池定制化制造智能工厂设计架构总结如图 6.44 所示。

2)推动行业水平提升

智能工厂设计将数字信息与物理现实之间同频一体化，使锂电池的生产工艺与管理流程全面融合，并面向大批量定制化生产条件，通过对生产设备、生产工艺、产品质量的实时监控与分析，实现对工艺的自主优化变更、制造能力在线预测、生产设备智能诊断、决策管控，从而显著提升锂电池生产的效率和品质，同时降低技术人员的劳动强度。通过对锂电池定制化产品品质的把控与提升，在满

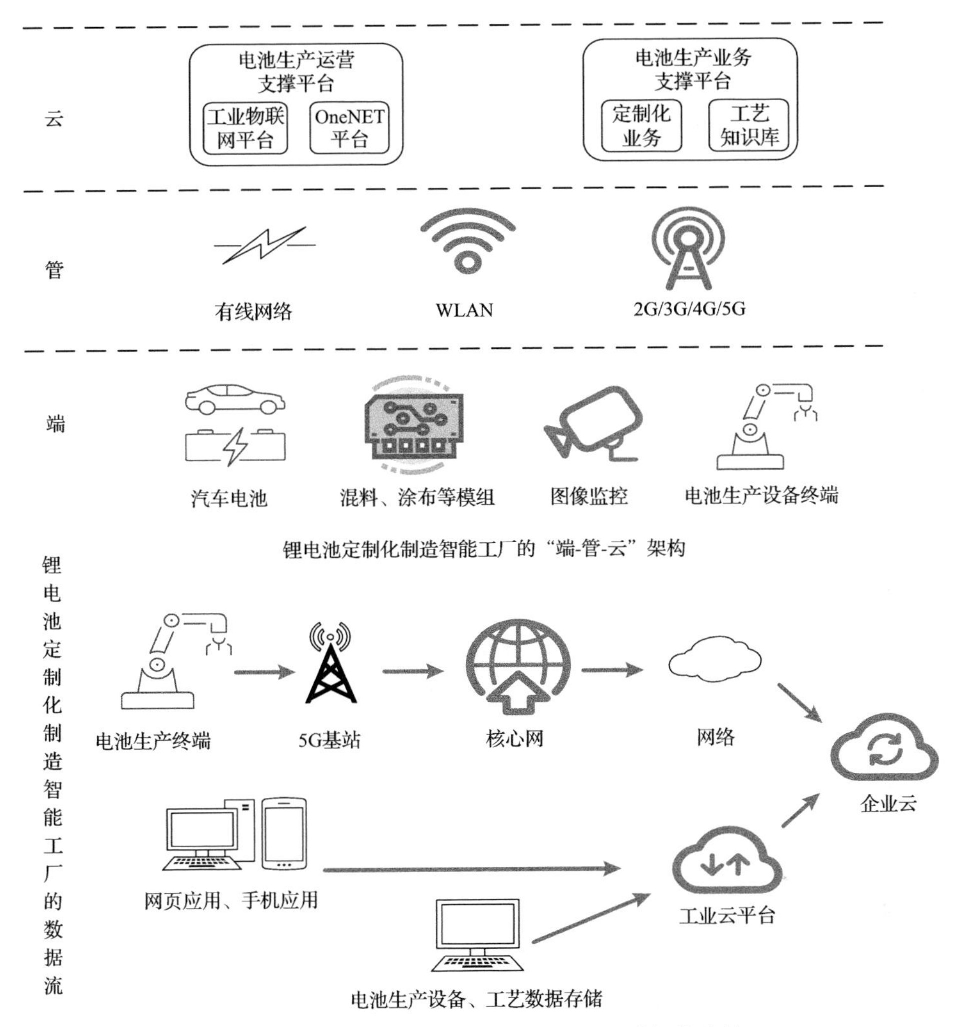

图 6.44　锂电池定制化制造智能工厂设计架构总结

足客户个性化订单需求、提升企业在行业竞争力的同时，进一步提升我国动力锂电池行业的整体技术水平。

提升我国锂电池制造行业的产品生产过程控制水平。我国电芯质量和容量已经取得了长足的进步，但是电池的生产过程与国外同行业还有较大差距，动力电池的过程控制问题突出。通过实现动力电池生产过程自动化和智能化水平，加强电池制造过程中的质量控制，建立生产过程的全流程追溯体系，实现生产过程中过程工艺参数的实时采集、监控并进行智能化调整，提高了生产效率，由此提升了我国动力电池整体的质量控制水平。

3)增强国内电池产业的国际竞争力和市场份额

随着新能源产业的快速发展，动力电池产业成为具有广阔发展前景的新兴行业。与日韩等国家相比，我国锂电池产业起步较晚，技术和产品处于劣势。通过整体技术体系互联网化、信息化和智能化，可增强响应客户和市场需求的能力，改善产品质量管控，降低制造成本，提高生产效率，缩短产品的研制和生产周期，提升设备运维水平和能源使用效率，利用“互联网+”的契机大幅提升生产制造的信息化水平，增强与国外产品的市场竞争力。通过一系列安全可控核心智能制造装备的研制和集成应用，促进我国锂电池先进装备制造水平的提升、关键装备的应用示范与市场推广，有助于提高我国新能源锂动力电池装备制造企业的市场份额。

4)生态效益

锂电池定制化制造智能工厂设计适应两类以上锂电池大批量定制化生产线的开发，将减少电池生产原料的消耗，降低智能生产线主体机械设备的能源消耗，符合当前降低碳排放、实现绿色制造的制造技术发展趋势和要求。同时，电池合格率的显著提升，也将加快以充电电池品质为核心的电动汽车对传统燃油汽车的替代，从而减少温室气体排放，降低环境污染，带动新能源产业的发展和产业升级，高度符合我国当前新能源战略的发展需求。

5)科学价值

在锂电池制造领域，面向定制化大批量生产的智能管控平台开发至关重要，直接影响到锂电池生产的可靠性和平稳性。在该智能工厂设计方案中围绕锂电池定制化大批量生产过程中工艺变更分析匮乏、制造能力分析不足、数字孪生平台搭建难度大、设备产品诊断效率低等共性关键问题开展深入研究，运用机器学习等先进智能方法、结合 OPC-UA 等关键技术，研究多源异构设备全工艺数据采集通信分析问题，实现面向锂电池生产的数字孪生平台快速轻量化搭建，突破定制化大批量生产环境下工艺变更和制造能力在线预测瓶颈，提出电池生产设备诊断、工艺分析和产品质量追溯的全方位制造管控技术，形成具有自主知识产权的锂电池定制化制造智能工厂，对于促进锂电池生产领域的转型升级和智能制造水平的提升具有重要的科学价值。

6.6 本章小结

本章概括了锂电池定制化制造智能工厂的设计方案，并重点介绍了面向实际生产数据的端级数据采集设备与其布置点位、面向数据通信与网络设计的管级网络与服务器安排，以及面向订单分析到实际排产的云级架构设计，为国内锂电池定制化制造智能工厂设计提供了思路，最后总结了锂电池定制化制造智能工厂设计的效益。

参 考 文 献

[1] 邱鑫豪, 陈世杰. 全球锂电池市场状况和应用发展综述[J]. 工业设计, 2016, (6): 178-181.

[2] 阳如坤. 动力电池数字化车间蓝图[J]. 汽车工艺师, 2021,(8): 55-64.

[3] 周济. 智能制造——“中国制造 2025”的主攻方向[J]. 中国机械工程, 2015, 26(17): 2273- 2284.

[4] 李凌云. 中国新能源汽车用锂电池产业现状及发展趋势[J]. 电源技术, 2020, 44(4): 628-630.

[5] 龚淑蕾, 李堃, 童恩, 等. 基于蜂窝工业物联网的智能工厂解决方案[J]. 物联网学报, 2019, 3(2): 108-114.

[6] Singh A, Gaur A, Kumar A, et al. Sensing technologies for monitoring intelligent buildings: A review[J]. IEEE Sensors Journal, 2019, 18(12): 4847-4860.

[7] 韩有军, 胡跃明, 王亚青, 等. 基于物联网的动力电池生产数据采集研究[J]. 电源技术, 2020, 44(10): 1510-1513.

[8] 张亚琼, 李东明, 王玉辉, 等. 智能化动力电池工厂规划设计概述[J]. 电气时代, 2019, (9): 27-30.

[9] 李泓, 许晓雄. 固态锂电池研发愿景和策略[J]. 储能科学与技术, 2016, 5(5): 607-614.

[10] 韩倩茹, 田锦. 基于海思芯片的 NB-IoT 通信模块设计与实现[J]. 金陵科技学院学报, 2019, 35(3): 16-20.

[11] 刘文静, 陈小麟. 基于智能工厂理念的厂房建筑设计探索——以新能源智能网联科技园锂电池及其配套工程项目为例[J]. 智能建筑与工程机械, 2020, 2(12): 13-14.

[12] 毛松科. 锂离子电池生产工艺及其发展前景[J]. 化工时刊, 2019, 33(9): 29-32.

[13] 钱龙, 朱丹, 饶睦敏, 等. 锂离子电池负极分散工艺研究[J]. 电池, 2016, 46(2): 95-97.

[14] 国思茗, 朱鹤. 锂电池极片辊压工艺变形分析[J]. 精密成形工程, 2017, 9(5): 225-229.

[15] 张大峰, 刘炜, 刘丽. 软包锂电池高温胀气改善研究[J]. 电源技术, 2019, 43(2): 231-233.

[16] 魏文飞, 钟宽, 蒋世用. 锂离子电池高温化成工艺研究[J]. 储能科学与技术, 2018, 7(5): 908-912.

[17] 张海林, 闫建忠, 毕磊. 锂离子电池生产中的温度控制[J]. 电池, 2012, 42(1): 23-25.

[18] 朱瓔, 许洁, 陈晓雯. “5G+工业互联网”行业专网建网模式的思考与分析[J]. 通信与信息技术, 2021, (4): 69-71,74.

[19] 刘佳, 石红晓, 钱华. 工业互联网 5G 核心专网部署模式及方案探索[J]. 电信快报, 2021, (10): 40-43.

[20] 莫俊彬, 潘桂新, 成静静. 面向工业互联网的电信运营商 5G 专网解决方案[J]. 数据通信, 2020, (6): 25-29.

[21] 朱妍, 罗天昊, 李维刚. 谈工业控制中服务器的正确使用[J]. 石油化工自动化, 2011, 47(3): 46-48,60.

[22] 徐子毅. 基于 CAN 总线的工业现场数据采集系统设计[D]. 武汉: 华中科技大学, 2013.

第 7 章　锂电池定制化制造智能管控平台

随着通信等技术的发展，越来越多的制造型企业开始建设智能管控平台来对产品制造过程进行在线管理。本章将详细介绍锂电池定制化制造智能管控平台的建设方案，主要分为平台架构、数字孪生模块、设备/工艺监控模块、生产工艺能力分析模块、制造能力预测模块等部分。其中，平台架构部分是对建设方案的总体概述，数字孪生模块、设备/工艺监控模块、生产工艺能力分析模块、制造能力预测模块部分是对平台主要功能的具体介绍。

7.1　平 台 架 构

本书作者以锂电池大批量定制化智能产线为基础，依托工业互联网平台[1]，研发和完善基于开放性生产控制和统一架构标准格式的锂电池海量生产设备和工艺数据采集与传输、数据空间构建、生产数据建模与分析、锂电池工艺机理分析、数字化仿真、数字孪生、智能诊断与预测等智能引擎的锂电池生产专用工业互联网系统平台；同时，结合企业管理需求和特点，以及集成的基于数字孪生技术的智能产线工艺优化、基于生产过程数据分析的设备和产品智能诊断控制决策等系统软件与管理、决策等功能组件，通过构建基于超文本传输协议、发布-订阅形式的消息队列、定制化的接口等多种形式的跨平台可伸缩高可用集成接口，将数据采集、订单接收、订单下发、设备状态监控、库存余量监控、工艺变更及产线重组、工艺波动分析、制造能力预测、故障诊断等模块集成在一起，形成基于工业互联网架构的锂电池定制化大批量生产的智能管控平台，打通从企业生产到运营的全生命周期数据链路，消除信息孤岛，实现锂电池定制化大批量全生命周期生产控制智能化、数据分析查询高效便捷化、质量追溯精确化。

智能管控平台架构图如图 7.1 所示，主要包含数字孪生模块、设备/工艺监控模块、生产工艺能力分析模块和制造能力预测模块。生产线数字化仿真在智能管控平台的控制中起到了至关重要的作用，本章将介绍使用数字孪生技术构建数字化仿真平台，实现生产线在线模拟生产、数据获取等操作。

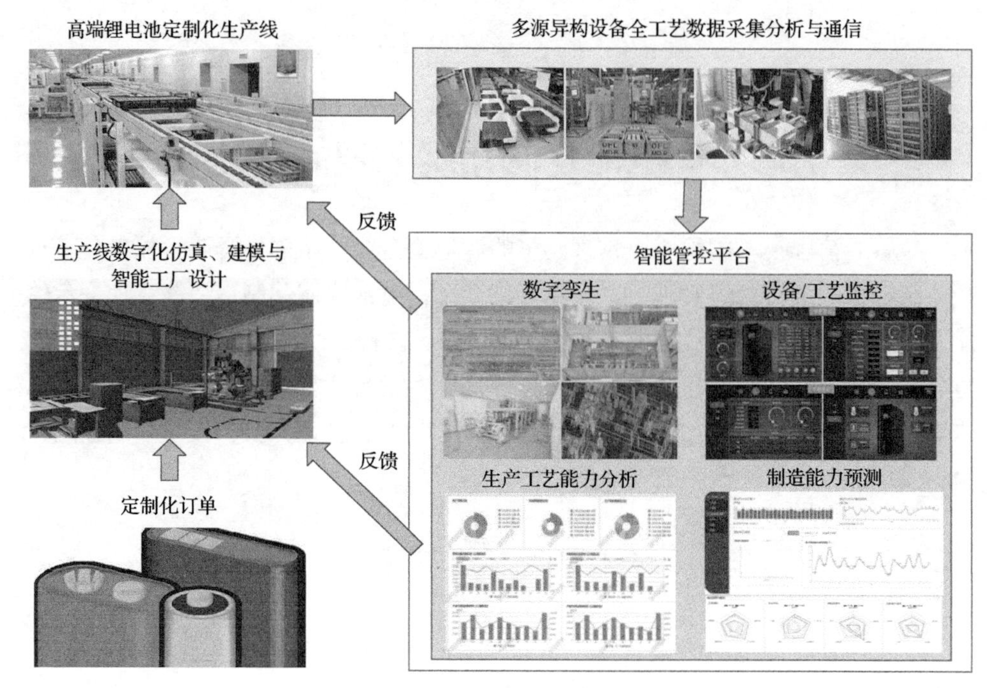

图 7.1 智能管控平台架构图

7.2 数字孪生模块

7.2.1 数字孪生平台概述

数字孪生平台是一种综合运用三维建模、多系统数据融合、大数据分析、数字孪生等技术的管理平台[2]，旨在展现实际业务生产状态、安全态势、生产绩效、设备可靠性和系统报警等全面信息，实现整体态势掌控和细节动态监控。数字孪生平台的主要应用场景包括智慧园区、智慧工厂、智慧城市、智慧交通、智慧水利、智能电力、智慧农业、智慧矿山等。

数字孪生平台的作用包括以下几个方面[3]。

(1) 打通数据孤岛：整合制造执行系统、仓储管理系统、企业资源计划系统等数据，避免真实信息被层层过滤、业务流程被层层等待。

(2) 提高协同效率：实现多部门、多岗位信息共享，避免问题权责不清、事实不明带来的流程滞后。

(3) 支撑运维决策：显示数据的关联、分析和业务仿真模拟，支撑生产管理人员进行高效、准确的生产问题诊断和改善。

(4) 创新展示：实现生产能力与精益服务水平可视化、透明化，打造企业科技创新展示平台。

(5) 提高生产效率：可以实时监测设备运行状态和关键参数，实现数字化智能运营，提高生产效率。

(6) 提高资源利用率：可以对实体系统进行虚拟建模和仿真，模拟不同操作方案和场景，评估资源利用率和效果，帮助优化生产流程和资源配置。

7.2.2 数字孪生的应用

本节以某公司厂房实际生产线为例介绍数字孪生技术在锂电池生产过程中的具体应用。将车间内的人员、设备、物料、环境等全要素信息通过建模构建出来，通过数据采集以及传输技术，获取原料库存情况、生产线实际生产情况、设备运行情况、各工艺能力以及工艺波动等情况，实时传输至信息层，并在数字孪生平台进行实时展示，同时精准控制混杂动态环境下电池生产车间的生产制造行为。

数字孪生平台是利用 i-Factory 技术[4]对实际生产线进行模拟构建的，基于厂房设计图纸、机器布局等，利用 i-Factory 技术构建虚拟模型，同时利用基于虚实结合的数字孪生技术实现将操作从虚拟模型到实际产线的映射。

数字孪生平台对于智能管控平台设计方案起着重要的作用，实际生产中通过与数字孪生平台的多次交互得到更优秀的生产方案、排产计划、工艺流程。数字孪生平台与实际生产的响应流程如图 7.2 所示。

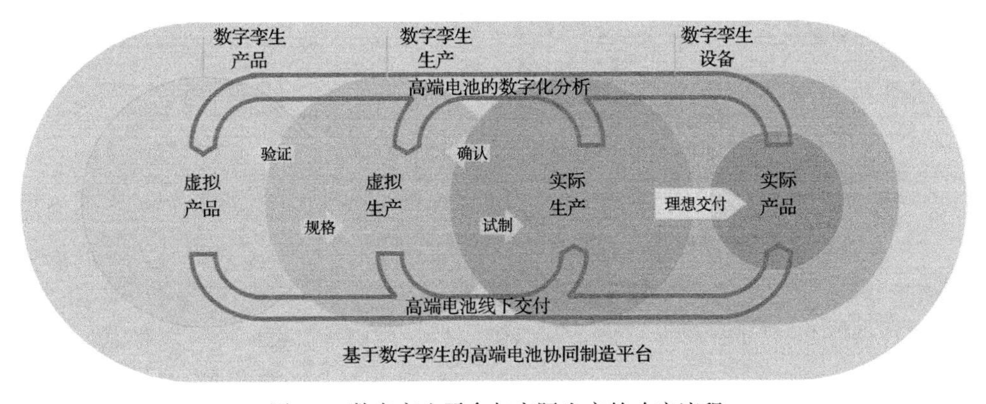

图 7.2　数字孪生平台与实际生产的响应流程

对生产厂房的图纸进行自动识别和自动转换，同时利用搅拌机、涂布机、叠片机等电池生产关键设备的图纸和视觉拍摄效果，对生产设备建立仿真模型，并建立设备的运动模型、运动轨迹，以及设备各部件、设备与设备的运动约束模型；基于电气施工图纸，建立车间和生产线的电气模型，对电气开关的状态、通路进行建模。

建立电池生产的物料模型、工艺模型(包括工艺路线、工艺控制参数等)、质量模型(产品部件、质量的检验控制计划等)，结合物理空间模型、设备模型、产品模型与生产工艺模型，建立模型间的逻辑关联，针对各个模型分别设定对应的数据采集项、数据驱动项，搭建各种状态、各种数据或数据区间所对应设备的运动模型，基于轻量化的 i-Factory 虚拟引擎结构，实现物理空间与生产线、生产设备与工艺、产品部件与质量的六维度快速建模。数字孪生平台建模方法如图 7.3 所示。

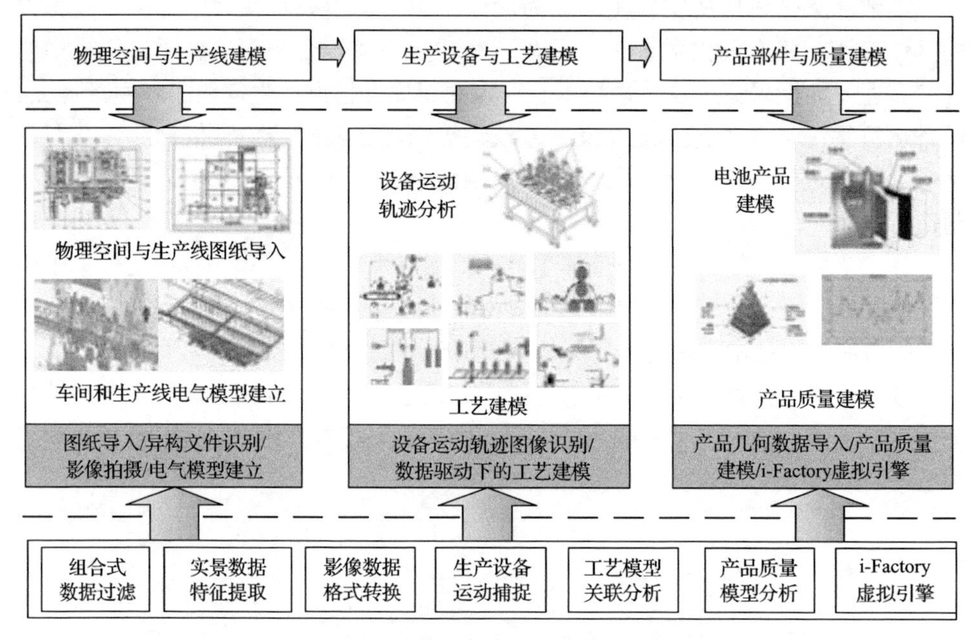

图 7.3　数字孪生平台建模方法

数字孪生平台通过企业的服务器获取人员、设备、物料、环境异构全要素信息，将动态网络环境下的海量感知数据(含设备数据、生产工艺数据、产品质量数据)实时传输至信息层，精准控制生产车间的生产行为，实现车间内“人-机-物-环境”全要素的智能感知与互联、高效数据传输与集成、实时交互与控制、智能协作与共融。

基于虚实结合的电池制造过程数字孪生技术有以下关键点[5]：

(1) 根据锂电池制造虚拟车间行为-规则模型关联关系与映射机制，建立电池生产工艺模型，描述生产环境变化等扰动因素影响下的电池生产行为特征、设备动态响应机制。

(2) 根据面向锂电池生产制造的大数据融合技术，实现车间物理融合与模型融合，对物理工厂模型数据、产线现场实时数据、虚拟车间模型数据、仿真数据、车间服务系统数据等进行生成、建模、清洗、关联、聚类、挖掘、迭代、演化、融合等操作，真实地刻画和反映电池生产运行状态、要素行为等各类动态演化过程、演化规律和统计学特性。

(3) 基于电池生产工艺模型，通过所采集数据对生产加工过程进行管控，融合产品设计、远程运维、个性定制、制造执行管理等功能，设计统一的数据驱动接口，完成数据驱动下电池制造过程的大数据集成。

(4) 基于锂电池生产要素管理、生产计划、生产过程等功能模块，将所采集数据与设备运动模型进行匹配，找到对应的动作模式、轨迹，驱动模型基于数据按照物理空间运作，实现电池制造过程的数字孪生。

基于虚实结合的电池制造过程数字孪生技术实现如图 7.4 所示。

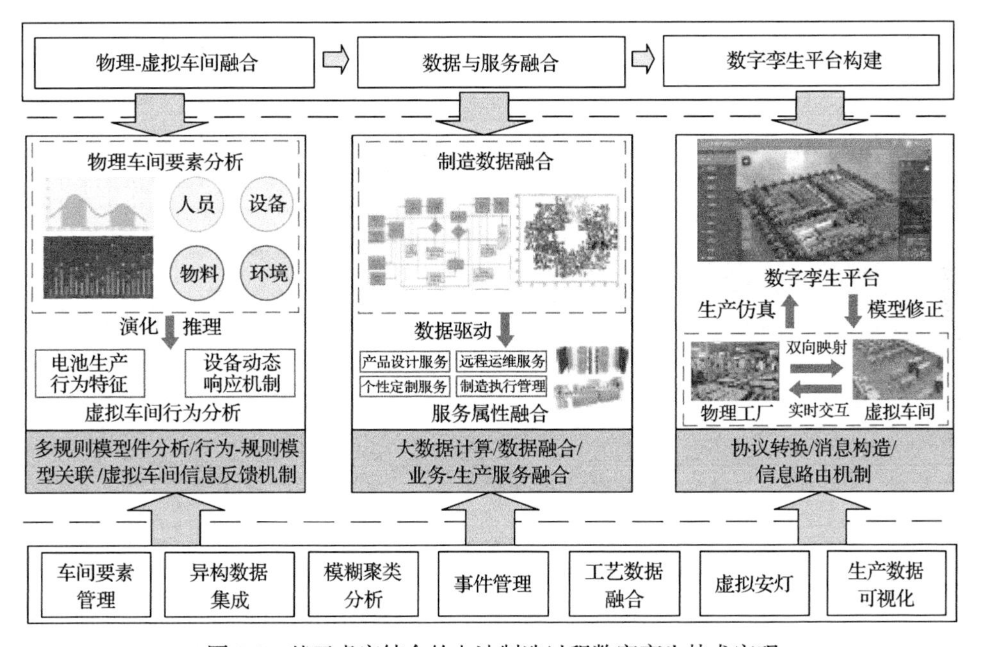

图 7.4　基于虚实结合的电池制造过程数字孪生技术实现

7.2.3　数字孪生平台实现效果

图 7.5 为利用 i-Factory 虚拟技术基于实际生产线建模得到的虚拟模型，利用数字孪生技术实时监控设备状态以及相关数据。图片正中显示实际生产线 3D 模型，包括所有机器布局，侧边栏显示对应设备的参数状态以及数据。

机器状态信息展示如图 7.6 所示，以负极涂布机为例，通过点击对应的机器模型，即可展示该机器对应的运行工况以及相关数据。

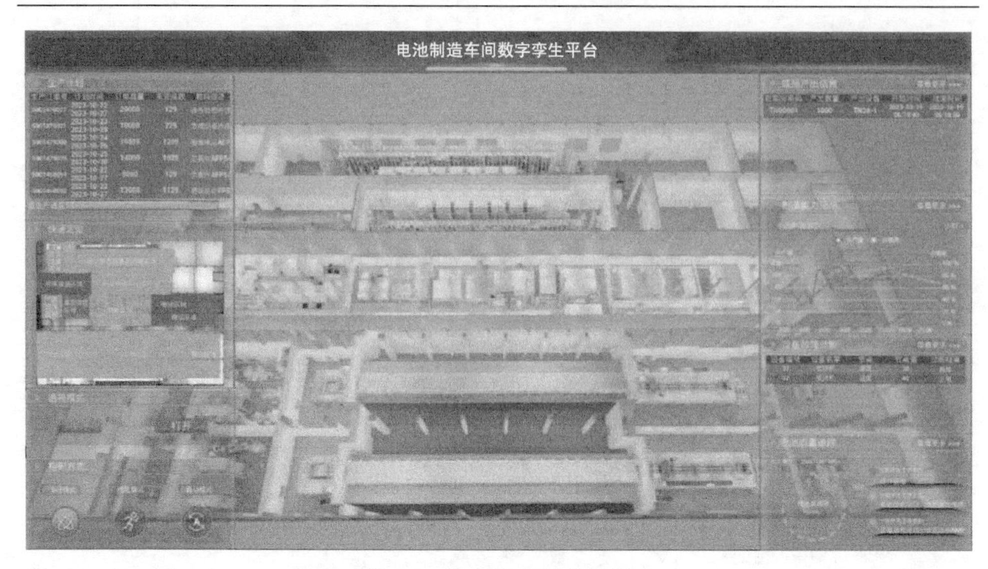

图 7.5　数字孪生平台效果

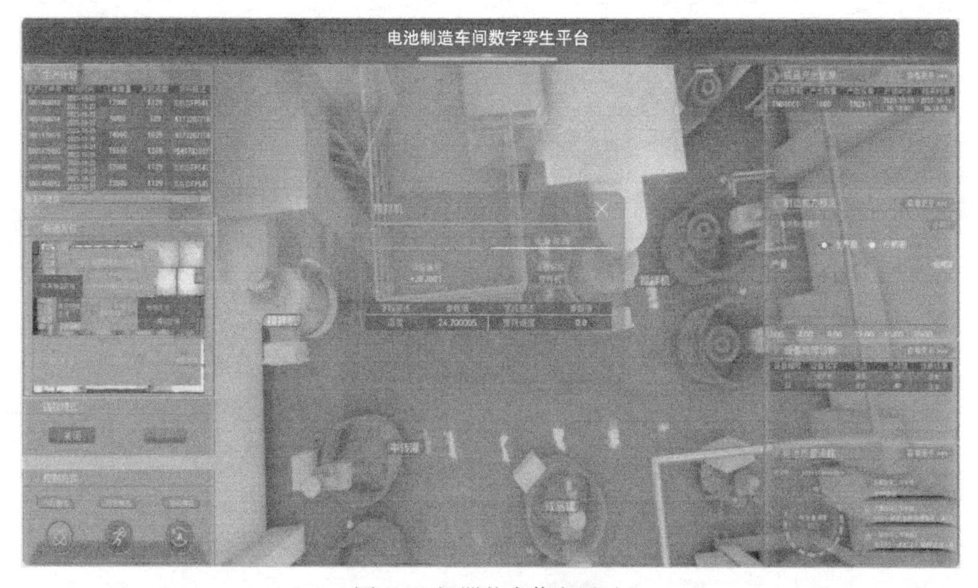

图 7.6　机器状态信息展示

7.3　设备/工艺监控模块

7.3.1　生产设备故障监控和诊断

设备故障监控是通过实时监测设备状态和性能来预测设备故障和维护需求，

对于企业特别是电池制造业非常重要[6]，其主要起到以下作用：

(1) 提高设备利用率。通过设备故障监控，可以及时识别和解决设备故障，避免设备停机，从而提高设备利用率。

(2) 降低维护成本。通过设备故障监控，可以提前预测设备故障，并在故障发生前进行维护，从而降低维护成本。此外，通过定期的设备故障监控，可以确保设备始终保持最佳状态，从而减少由设备故障导致的生产停机和维修成本。

(3) 提高设备可靠性。通过设备故障监控，可以实时监测设备状态和性能，及时发现并解决设备故障，从而提高设备可靠性。

(4) 提高生产效率。通过设备故障监控，可以实时监测设备状态和性能，及时发现并解决设备故障，避免设备停机，从而提高生产效率。

(5) 提高设备安全性。通过设备故障监控，可以实时监测设备状态和性能，及时发现并解决设备故障，从而提高设备安全性。

由于电池生产中的设备故障数据稀缺且分布不均衡，本节以实测真实小样本故障数据为基础，采一种基于 Wasserstein 距离[7]的生成样本与真实样本差异性的直观表征方法，融合特定的梯度惩罚策略，设计智能感知损失函数，建立基于生成对抗网络的电池生产设备故障样本增强模型，生成与真实设备故障数据同分布的候选故障设备工况数据，以提高后续电池生产设备故障诊断的准确率。

提取增强数据样本的前后关联信息，对故障样本进行快速分类标记，实现混料机、涂布机、辊压机、分切机、注液机等关键设备故障类型的有效定位与识别，从而制定电池生产设备故障排除的有效方案。生产设备故障诊断实现内容如图 7.7 所示。

图7.8 为生产设备故障诊断实现流程图，选取锂电池生产过程中重要的四个工序(混料、涂布、叠片、化成)为主要诊断对象[8]。按照生产顺序从混料→涂布→叠片→化成对每一个工序均使用生产设备故障诊断算法进行模型异常检测，最终将异常结果汇总到智能管控平台。

使用 Python 语言，基于 PyCharm 平台进行算法实现，以涂布工序为例，采集涂布工序中影响较大的工艺点：涂布速度-HMI、涂布烘烤温度(A1 节烘烤箱)(设定值)、涂布烘烤温度(A1 节烘烤箱)(实际值)、涂布烘烤温度(B1 节烘烤箱)(设定值)、涂布烘烤温度(B1 节烘烤箱)(实际值)、机头 1_涂布压力、机头 2_涂布压力、烘烤箱高温报警 1_1、烘烤箱低温报警 1_1、烘烤箱浓度一级警告 1_1 作为生产设备故障诊断算法的诊断依据。表 7.1 为涂布段生产设备故障诊断入参设计。

表 7.2 为涂布段生产设备故障诊断出参设计。

图 7.9 为涂布工序设备故障诊断模块集成智能管控平台后的效果图。

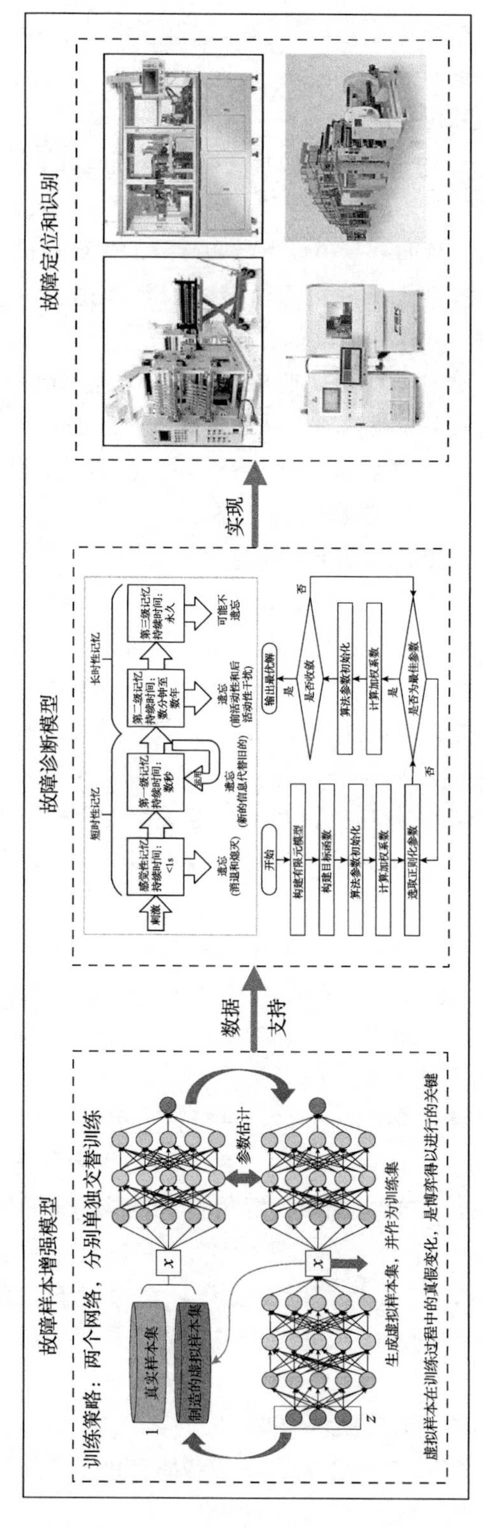

图 7.7　生产设备故障诊断实现内容

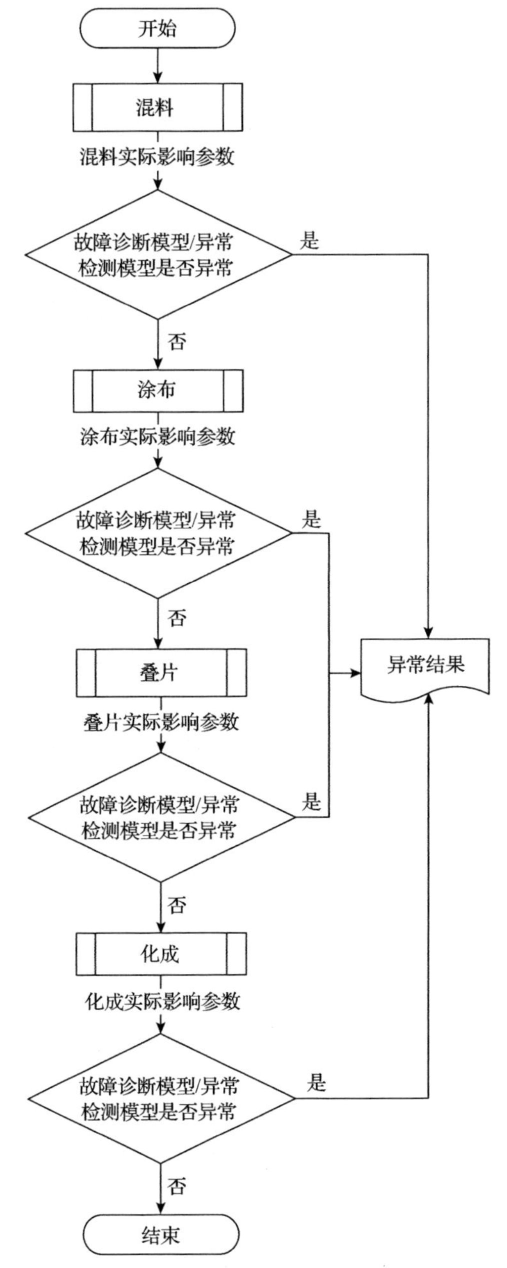

图 7.8　生产设备故障诊断实现流程图

表 7.1　涂布段生产设备故障诊断入参设计

序号	字段名称	字段描述	类型
1	processCode	工序编号	String

续表

序号	字段名称	字段描述	类型
2	processName	工序名称	String
3	deviceId	设备编号	String
4	deviceName	设备名称	String
5	coateSpeed	涂布速度_HMI	Integer
6	fixedCoateBakeTemperatureA1	涂布烘烤温度(A1 节烘烤箱)(设定值)	Integer
7	actualCoateBakeTemperatureA1	涂布烘烤温度(A1 节烘烤箱)(实际值)	Integer
8	fixedCoateBakeTemperatureB1	涂布烘烤温度(B1 节烘烤箱)(设定值)	Integer
9	actualCoateBakeTemperatureB1	涂布烘烤温度(B1 节烘烤箱)(实际值)	Integer
10	noseCoatepressure1	机头 1_涂布压力	Integer
11	noseCoatepressure2	机头 2_涂布压力	Integer
12	scramFault	急停故障	String
13	highTemperatureAlarm1	烘烤箱高温报警 1_1	String
14	lowTemperatureAlarm1	烘烤箱低温报警 1_1	String
15	ovenConcentrationLevelWarning1	烘烤箱浓度一级警告 1_1	String

表 7.2　涂布段生产设备故障诊断出参设计

序号	字段名称	字段描述	类型
1	deviceId	设备编号	String
2	fluctuationPeriodAbnormal	异常波动时间段	String
3	faultDeviceType	设备故障类型	String

7.3.2　生产工艺波动监控

生产工艺波动监控是指在生产过程中，通过对工艺参数的波动情况进行监测与分析，来预测生产过程的稳定性和可靠性，从而保证产品质量和生产效率[9]。生产工艺波动监控对于企业生产的稳定性能起到至关重要的作用，体现在如下方面：

(1)提高产品质量。生产工艺波动监控可以帮助企业对生产过程进行优化，提高产品质量。通过对工艺参数的波动情况进行分析，可以及时发现生产过程中存在的问题，如设备故障、工艺不稳定等，从而及时采取措施进行调整和修复，保证产品的质量和一致性。

(2)提高生产效率。通过对工艺参数的波动情况进行分析，可以及时发现生产过程中存在的问题，如生产线拥堵、设备故障等，从而及时采取措施进行调整和修复，避免生产停机和浪费，提高生产效率。

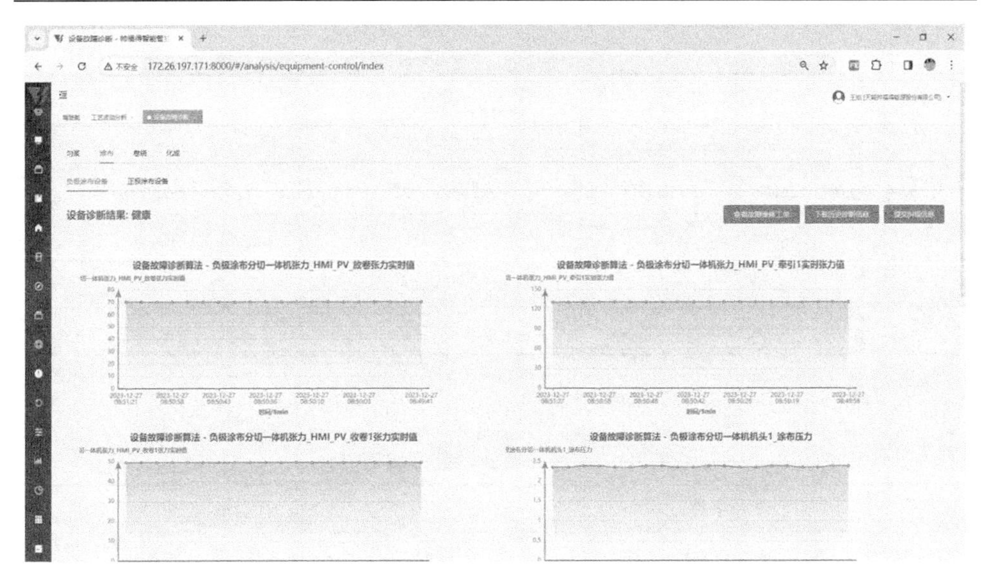

图 7.9　涂布工序设备故障诊断模块集成智能管控平台后的效果图

(3)降低生产成本。通过对工艺参数的波动情况进行分析，可以及时发现生产过程中存在的问题，如生产浪费、资源浪费等，从而及时采取措施进行调整和修复，降低生产成本。

(4)提高生产可靠性。通过智能排程和优化调度算法，合理安排生产计划和资源配置，可以避免过度负荷和不必要的变动，降低工艺波动对生产的影响。

基于 Apache Spark 混合数据处理框架[10]，构建自适应权重粒子群优化算法的深度残差收缩网络，再结合现代传感器理论和技术[11]，对电池生产核心工艺(混料、涂布、辊压、分切、叠片、检测、化成)过程中波动参数的特征进行提取，完成加权树状层次化性能的动态分析，从而实现电池生产工艺参数(时间、温度、湿度、系统转速、系统张力等)的波动特性模拟与表征。

选取锂电池实际生产中最为关键的四个工艺点(混料、涂布、叠片、化成)进行工艺波动分析，程序使用 Python 语言，基于 PyCharm 平台进行编写。以混料段为例，表 7.3 为混料工艺波动监控入参设计。

表 7.3　混料工艺波动监控入参设计

序号	字段名称	字段描述	类型
1	processCode	工序编号	String
2	processName	工序名称	String
3	deviceId	设备编号	String
4	deviceName	设备名称	String

续表

序号	字段名称	字段描述	类型
5	actualStirringSpeed	实际搅拌速度	Integer
6	actualDispersionSpeed	实际分散速度	Integer
7	mixingTemperature	搅拌温度	Integer
8	stirringElectric	搅拌电流	Integer
9	dispersedElectric	分散电流	Integer

表 7.4 为混料工艺波动监控出参设计。

表 7.4　混料工艺波动监控出参设计

序号	字段名称	字段描述	类型
1	processCode	工序编号	String
2	processName	工序名称	String
3	deviceId	设备编号	String
4	deviceName	设备名称	String
5	fluctuationPeriodAbnormal	异常波动时间段	String
6	faultDeviceType	设备故障类型	String

图 7.10 为工艺波动监控智能管控平台界面。在该界面下，管理人员可以通过

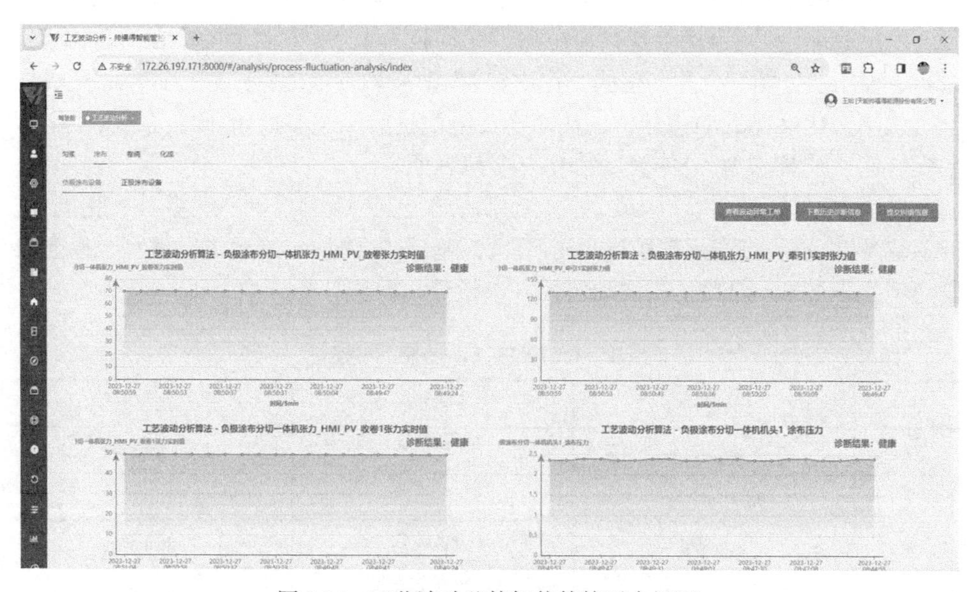

图 7.10　工艺波动监控智能管控平台界面

单击上方各工序按钮切换到各工序生产工艺波动分析界面。以搅拌工序为例，采集关键参数(温度、搅拌电流、分散电流)在不同时间点处的波动，通过算法计算出最终的工艺波动异常值编码，在界面下方展示工艺的异常编码值以及对应的异常情况。

7.4　生产工艺能力分析模块

7.4.1　生产工艺能力分析模块概述

生产工艺能力分析是一种用于评估制造系统能力的方法，主要通过测量和分析生产过程中的性能指标来确定系统的能力水平，主要起到的作用有以下方面[12]：

(1)提高生产效率。通过分析生产过程中的性能指标，可以找到生产过程中存在的问题，如生产速度慢、生产质量差等，从而优化生产过程，提高生产效率。

(2)提高产品质量。通过分析生产过程中的性能指标，可以找到生产过程中存在的问题，如产品一致性差、质量控制难等，从而优化生产过程，提高产品质量。

(3)降低生产成本。通过分析生产过程中的性能指标，可以找到生产过程中存在的问题，如生产浪费、资源浪费等，从而优化生产过程，降低生产成本。

(4)提高生产可靠性。通过分析生产过程中的性能指标，可以找到生产过程中存在的问题，如生产故障、产品质量波动等，从而优化生产过程，提高生产可靠性。

(5)预测和控制风险。通过了解工艺能力的变化，分析可能存在的工艺瓶颈，企业可以识别潜在的生产风险，采取相应的预防措施，更好地规划和管理生产，降低运营风险。

根据工况信息与生产工艺能力的关联机制，建立基于贝叶斯估计的工况信息[13](如投料、混料、涂布、辊压、分切、叠片、装配、注液、化成、分容、封装等)与电池产品参数(电芯容量、开路电压、内阻、倍率、高低温性能、循环寿命等)的小样本关联模型，分析其关联性。分析电池生产工艺和装备、产线及原料的适应性，采用生产工艺波动性、次品率构建工艺能力评价的一般性指标体系，设计指标权重自适应律，提出综合评价指标。根据工序间的误差传递关系，得出工艺参数对电池生产质量的影响。通过用群智能算法设计的生产工艺能力分析奖赏函数，得出锂电池生产工艺分析过程中的收敛性与奖赏函数参数的映射关系，利用质量控制图得到生产工艺能力指数，使用 Python 语言，基于 PyCharm 平台进行算法实现。表7.5为生产工艺能力分析入参设计。

表 7.5　生产工艺能力分析入参设计

序号	字段名称	字段描述	类型
1	deviceCode	设备编号	Integer
2	deviceName	设备名称	String
3	nodeList	节点列表	Array
4	nodeId	节点编号	Integer
5	nodeName	节点名称	String
6	nodeValuesList	节点值列表	Array
7	createTime	采集时间点	String
8	actualValue	实际参数值	Float
9	fixedValue	设定参数值	Float

表 7.6 为生产工艺能力分析出参设计。

表 7.6　生产工艺能力分析出参设计

序号	字段名称	字段描述	类型
1	deviceCode	设备编号	Integer
2	deviceName	设备名称	String
3	nodeList	节点列表	Array
4	nodeId	节点编号	Integer
5	nodeName	节点名称	String
6	nodeValuesList	节点值列表	Array
7	createTime	采集时间点	String
8	processCapabilityIndex	工艺能力指数	Float
9	comprehensiveScoreList	综合评分列表	Float
10	comprehensiveScore	综合评价得分	Float

将生产工艺能力分析子模块集成到智能管控平台，如图 7.11 所示。选取电池制造过程中重要的四个工艺点：混料、涂布、叠片和化成，分别采集各工序重要工艺能力指数，通过算法对工艺能力指数进行分析，得到各工序生产工艺能力分析的评价得分。

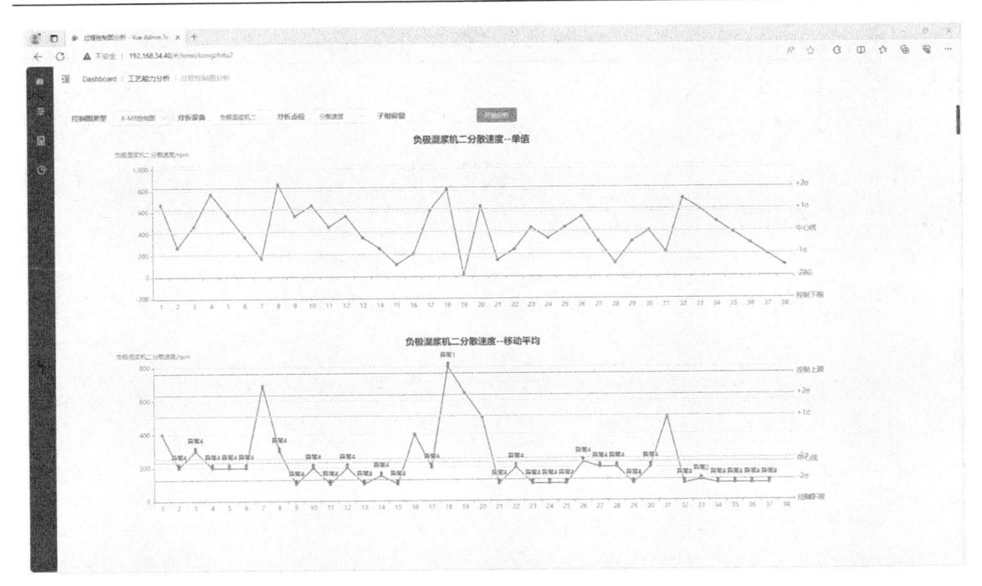
图 7.11 生产工艺能力分析界面

7.4.2 生产工艺变更和生产线重组

生产工艺变更是指对现有的生产工艺进行修改和改进，以提高生产效率、降低成本、提高产品质量等[14]。生产工艺变更主要涉及以下几个方面：

(1) 生产工艺参数：影响产品制造过程和产品质量的关键参数，如温度、压力、速度、时间等。生产工艺变更可能涉及对这些参数的调整、改变或优化，以提高产品质量、生产效率或节约成本。

(2) 生产流程：产品从原材料到最终产品的整个生产过程。生产工艺变更可能涉及对生产流程的调整、优化或改变，以提高生产效率、降低生产成本或提高产品质量。

(3) 生产设备：用于产品制造的各种设备和工具。生产工艺变更可能涉及对生产设备的更换、升级、调整或优化，以适应新的生产需求或提高生产效率。

(4) 产品设计：用于确定产品的材料、外观、尺寸和构造。生产工艺变更可能涉及对产品设计的调整或改变，以优化产品结构、性能或外观，提高产品竞争力和市场需求。

生产工艺变更可能带来积极的影响，如提高生产效率、降低成本、提高产品质量等，也可能带来消极的影响，如增加生产风险等。因此，本节实现的生产工艺变更是基于实际生产线效果出发的，使得生产工艺变更能得到良好的变更效果。

生产线重组是指对生产线上的生产模块、工位、设备等进行重新组合和调整，以实现生产流程的优化、生产效率的提高和资源利用的最大化。在进行生产线重组时，通常涉及以下几个主要模块：

(1)生产模块：生产线上的一个独立生产单元，通常包括一组工位、设备和工具，用于完成特定的生产任务。在生产线重组中，可以调整生产模块的位置、顺序或组合，以优化生产流程和提高生产效率。

(2)工位布局：生产线上各个工位的位置、间距和布局方式。在生产线重组中，可以重新设计和调整工位布局，使得生产过程更加流畅、节省空间和提高作业效率。

(3)设备配置：生产线上使用的各种生产设备和工具的安装和配置方式。在生产线重组中，可以重新配置设备，选用更高效、更智能的设备，以提高生产效率和降低生产成本。

(4)物料流程：原材料、半成品和成品在生产线上的流动路径和传递方式。在生产线重组中，可以优化物料流程，减少物料运输时间和浪费，提高生产效率和生产能力。

生产线重组是企业进行生产优化和效率提升的重要手段，它可能带来一系列积极和消极影响。一方面，通过生产线重组可以重新配置设备和工位，优化生产线布局，减少物料运输时间和浪费，进而降低生产成本，提高企业盈利能力；另一方面，生产线重组可能需要暂停生产线，进行设备调整和工艺改变，导致生产中断和生产能力下降。在面临定制化和柔性化制造场景时，企业需要谨慎选择生产线重组的时机和规模。

综上可知，生产工艺变更和生产线重组是双刃剑，变更的好坏会对生产线效果产生或好或坏的效果。因此，本节将两种手段结合在一起进行研究，以期得到最好的生产工艺变更和生产线重组效果，具体如下：

(1)构建基于产品-工序-目标的三维本体工艺知识库，将比能量、体积能量密度、循环次数、单体电压、单体容量、充放电倍率等电池产品关键指标作为产品类，将电芯生产、分选、封装等环节作为工序类，将安全性、经济性、环保性、技术参数性能作为目标类，以此将锂电池生产过程的实际工艺数据进行映射，建立工艺知识库。

(2)基于工艺知识库和电池生产知识本体进行检索和推理，融合工况检测数据、模型测试结果和决策图，基于数字孪生虚拟仿真平台实现定制化锂电池生产线优化重组。

根据实际车间生产与设备情况，将整条生产线分为前段、中段、后段三段生产过程，获取公司实际业务下不同段的定制化订单排产需求，利用动态优先级调度算法对不同生产过程的订单进行排产，实现生产线不同段的订单重组生产，并依据不同订单电池型号匹配对应工艺路线，给出每个订单实际生产的工艺方案；同时对于实际生产中的紧急插单情况进行插单优先级权重判断，改变排产顺序和对应的工艺方案。生产工艺变更和生产线重组流程如图 7.12 所示。

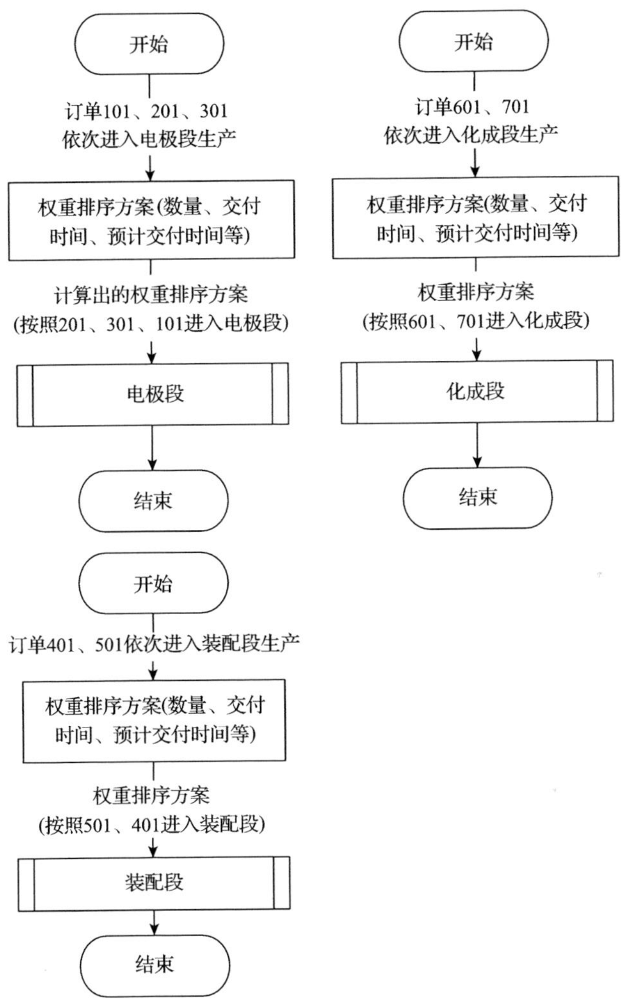

图 7.12　生产工艺变更和生产线重组流程

使用 Java 语言，基于 IDEA 平台编写生产工艺变更和生产线重组实现代码。生产工艺变更和生产线重组入参设计如表 7.7 所示。

表 7.7　生产工艺变更和生产线重组入参设计

序号	字段名称	字段描述	类型
1	orderCode	订单编号	String

续表

序号	字段名称	字段描述	类型
2	workCenterCode	工作中心编号	String
3	workCenterName	工作中心名称	String
4	productCode	产品编码	String
5	productName	产品名称	String
6	productModle	产品型号	String
7	orderEstimatedDeliveryTime	订单预计交付天数	Integer
8	saleOrderTime	销售交付订单总天数	Integer
9	orderNumbers	订单数量	Integer
10	orderStatus	当前订单状态	String
11	orderInsertStatus	是否插单	String

表 7.8 为生产工艺变更和生产线重组出参设计。

表 7.8 生产工艺变更和生产线重组出参设计

序号	字段名称	字段描述	类型
1	orderCode	订单编号	String
2	workCenterCode	工作中心编号	String
3	workCenterName	工作中心名称	String
4	productCode	产品编码	String
5	productName	产品名称	String
6	productModle	产品型号	String
7	orderWeight	订单权重	BigDecimal
8	Scheme	工艺路线方案	String
9	orderInsertStatus	是否插单	String

图 7.13 为嵌入智能管控平台内的生产工艺变更和生产线重组界面对于每一个订单匹配对应的工艺方案，应用生产工艺变更和生产线重组算法实现插单效果。

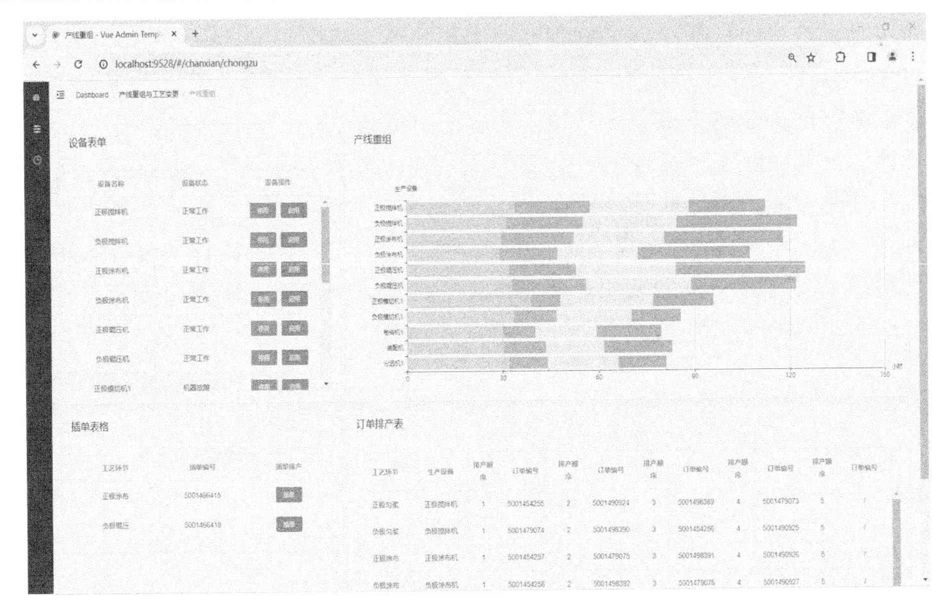

图 7.13　生产工艺变更和生产线重组界面

7.5　制造能力预测模块

制造能力预测是指通过对制造企业的生产计划、生产能力、原料供应、设备利用率、人员配置等因素进行分析和评估[15]，来预测制造企业在未来一段时间内的制造能力。

制造能力预测的主要目的是为企业决策者提供有关制造能力的信息，以便他们做出正确的决策，包括制订生产计划、优化生产能力、调整生产流程等。

制造能力预测主要涉及以下几个方面。

(1) 生产计划：企业在特定时间范围内根据市场需求和资源情况制订的生产活动安排和计划。通过生产计划，企业可以更好地评估和预测自身的制造能力，以确保资源的合理利用和生产活动的高效进行。

(2) 生产能力：制造企业在特定条件下生产产品的能力，对制造能力预测有着直接的影响。企业在进行制造能力预测时，需要考虑生产能力的实际情况，合理评估生产设备、技术水平、人力资源等因素，以确保制造能力预测的准确性和可靠性。

(3) 原料供应：制造能力预测的重要组成部分。通过对原料供应的情况进行分析和评估，可以预测制造企业的原料储备情况，从而影响制造能力。

(4) 设备利用率：制造能力预测的重要指标。通过监测设备利用率可以了解设备的实际生产能力。高设备利用率通常意味着生产设备的有效利用，有利于提高生产效率和产量，从而对未来的制造能力预测产生积极影响。

(5) 人员配置：制造能力预测的重要因素。通过对人员配置进行分析和评估，可以预测制造企业的人员需求，从而影响制造能力[16]。

根据公司实际业务获取的定制化订单，结合实际车间生产历史数据，同时建立生产线制造能力预测模型，依据强化学习算法对不同时间尺度下的制造能力进行预测；输入近期的电池生产数据，生成未来一小时、一天或者一个月的制造能力预测结果；使用 Java 语言，基于 IDEA 平台进行制造能力预测功能开发。制造能力预测流程如图 7.14 所示。

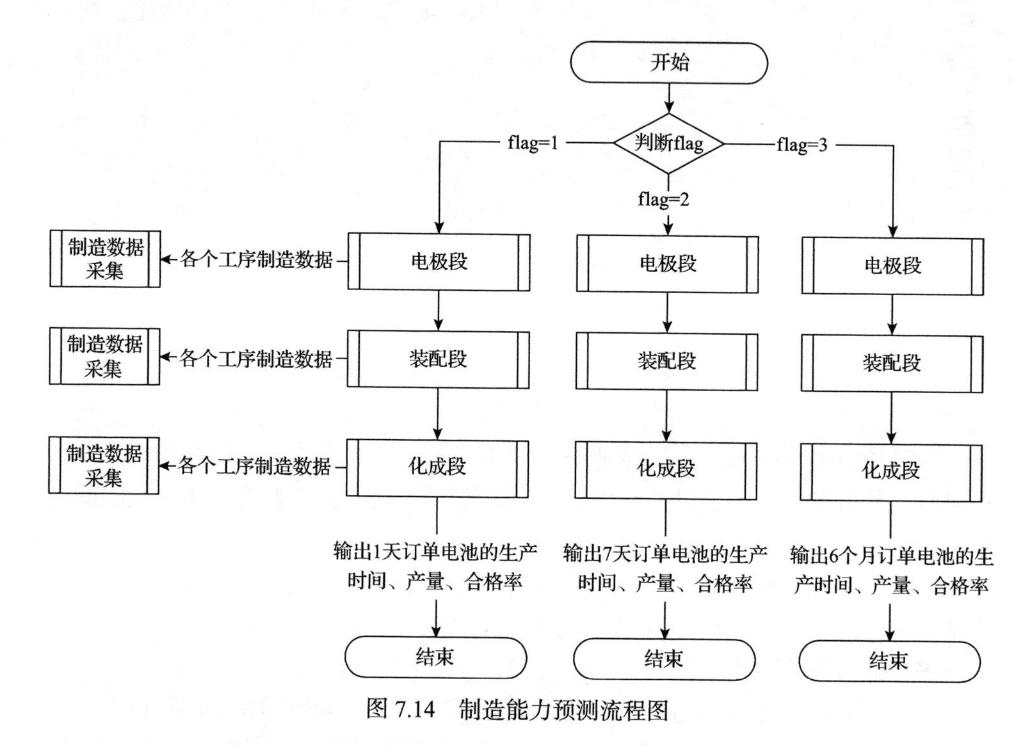

图 7.14 制造能力预测流程图

表 7.9 为制造能力预测入参设计。

表 7.9 制造能力预测入参设计

序号	字段名称	字段描述	类型
1	flag	分析维度	String
2	produceDate	电池生产日期	String
3	passRate	电池合格率	BigDecimal
4	num	单位时间(小时)电池生产量	Integer
5	batteryList	制造能力集合	List

续表

序号	字段名称	字段描述	类型
6	produceDate	电池生产日期	String
7	passRate	电池合格率	BigDecimal
8	num	单位时间(小时)电池生产量	Integer

表 7.10 为制造能力预测出参设计。

表 7.10　制造能力预测出参设计

序号	字段名称	字段描述	类型
1	produceDate	电池生产日期	String
2	passRate	电池合格率	BigDecimal
3	num	单位时间(小时)电池生产量	Integer
4	batteryList	制造能力集合	List
5	produceDate	电池生产日期	String
6	passRate	电池合格率	BigDecimal
7	num	单位时间(小时)电池生产量	Integer

基于实际生产情况，通常在化成段生产数量基本稳定，可以作为最后的产能，因此选择化成段的历史数据作为输入进行算法模型的训练。

图 7.15 为制造能力预测界面，根据历史的小时、天以及月的产量数据和合格

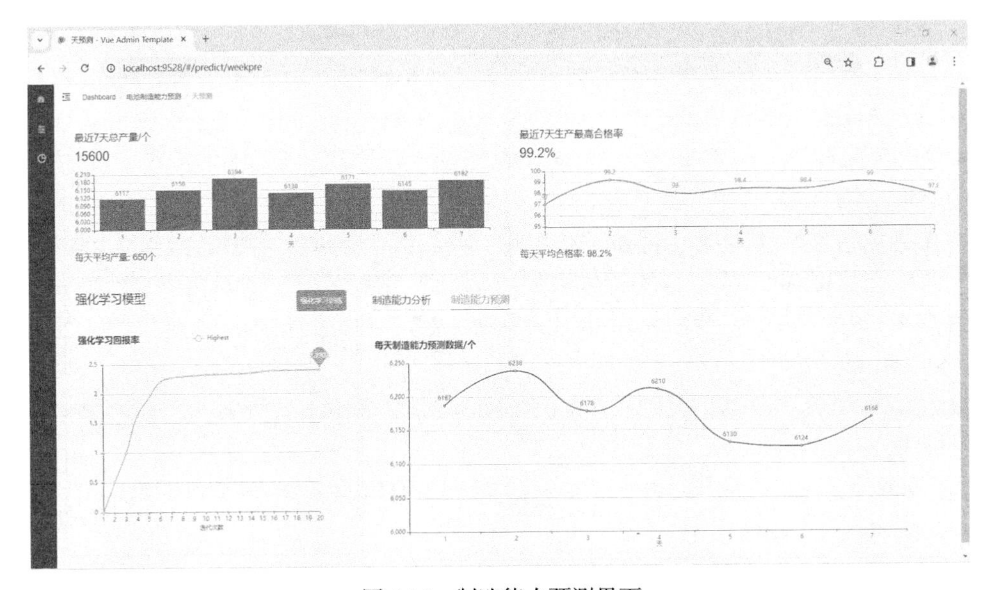

图 7.15　制造能力预测界面

率数据分别对未来的小时、天以及月的制造能力进行预测。在界面下方，以三大工段为尺度展示该工段正在生产的订单编号、订单名称、产量预期、交货时间、合格率、产品一致性以及工作状态等生产信息。

7.6 本章小结

智能管控平台好比人的中枢大脑，负责处理信号的往来、命令的发送、数据的处理等繁杂工作，因此一个高效的智能管控平台对于企业的生产效益有重要的影响。本章详细介绍了锂电池定制化制造智能管控平台的设计方案。首先从平台架构出发对智能管控平台的设计以及功能进行了总体介绍，其次介绍了平台的主要功能模块，包括设计思想、实现流程、字段确定以及效果展示等，以帮助读者更详尽地了解锂电池定制化制造智能管控平台的设计思路。

参考文献

[1] 王斐, 丛培虎. “5G+工业互联网”时代的高端装备智能制造对策[J]. 智慧中国, 2023, 9: 34-35.

[2] 张云龙. 数字孪生技术在智能建筑运维平台中的应用分析[J]. 绿色建造与智能建筑, 2023, 6: 20-24.

[3] 张波, 赵松鹏. 基于数字孪生的安全生产风险管控平台研究[J]. 人民珠江, 2023, 44(9): 104-110, 116.

[4] 向雨馨, 陆渊祖, 马天阔, 等. 基于数字孪生技术的三维可视化网络仿真平台[J]. 现代信息科技, 2023, 7(17): 88-91.

[5] 彭博, 袁三男, 沃煜敏. 基于数字孪生的虚拟仿真系统研究与应用[J]. 计算机测量与控制, 2023, 31(10): 166-173.

[6] 张淑媛, 张科峰, 李县辉, 等. 安全智能管控平台在作业管理中的应用[J]. 电力安全技术, 2022, 24(12): 8-10.

[7] 苏连成, 朱娇娇, 郭高鑫, 等. 基于XGBoost和Wasserstein距离的风电机组塔架振动监测研究[J]. 太阳能学报, 2023, 44(1): 306-312.

[8] 李奥, 周俊, 罗灯兰. 锂电池组装配生产系统的建模及仿真优化[J]. 制造业自动化, 2023, 45(2): 120-125.

[9] 杜玲玲, 肖昶, 孙玉昕, 等. 基于 CIM 的规划智能报批管控研究与实践[J]. 地理空间信息, 2022, 20(8): 93-97.

[10] 陈凯, 兰敬爽, 英振, 等. 装配式建筑全生命周期的智能建造管控及应用研究[J]. 住宅产业, 2022, (7): 95-97.

[11] 朱春明, 何仁平, 周来. 基于数字孪生的总装车间质量智能管控决策应用技术[J]. 兵工自

动化, 2022, 41(6): 24-30.

[12] 张磊. 基于工艺能力分析对产品 A 的压片工艺研究[J]. 化工与医药工程, 2021, 42(3): 26-30.

[13] 栾凌, 潘连武, 闫雷, 等. 基于边缘计算的输变电工程全环节单元确认的精准造价智能管控技术研究[J]. 计算机科学, 2021, 48(S2): 688-692.

[14] 方伟光, 郭宇, 黄少华, 等. 大数据驱动的离散制造车间生产过程智能管控方法研究[J]. 机械工程学报, 2021, 57(20): 277-291.

[15] 易伟明, 董沛武, 王晶. 基于高阶张量分析的企业智能制造能力评价模型研究[J]. 工业技术经济, 2018, 37(1): 11-16.

[16] 阮小雪. 中国智能制造能力综合分析及其对制造业的影响[J]. 郑州航空工业管理学院学报, 2017, 35(5): 39-49.